卫星频率和轨道资源技术系列

卫星频率轨道资源
国际申报与协调

潘冀　石会鹏　张晓燕　刘畅　韩锐

李建欣　李钢　张磊　张海燕　————　著

人民邮电出版社

北　京

图书在版编目（ＣＩＰ）数据

卫星频率轨道资源国际申报与协调 / 潘冀等著. --
北京 ： 人民邮电出版社，2024.1
（卫星频率和轨道资源技术系列）
ISBN 978-7-115-62309-6

Ⅰ．①卫… Ⅱ．①潘… Ⅲ．①卫星轨道－资源－申请
②卫星轨道－资源－协调 Ⅳ．①V412.4

中国国家版本馆CIP数据核字(2023)第130409号

内 容 提 要

  本书以卫星频率轨道资源为核心，立足于国际电信联盟的相关国际规则和技术要求，聚焦卫星频率轨道资源管理技术的重点和难点问题——国际申报与协调，将国际电信联盟《无线电规则》与我国相关管理要求相融合，对维护和拓展卫星频率轨道资源全流程的各项技术内容进行深度剖析，对相关技术方法和操作流程进行清晰描述。希望使读者达到对卫星频率轨道资源国际申报、协调、登记与维护以及周报处理等规则与技术的融会贯通，在相关工作中发挥指导作用。

  本书可作为卫星频率轨道资源管理领域工程技术人员、科研人员的学习教材和工具书，也可作为高等院校相关专业的教学或参考用书。

◆ 著　　　　潘　冀　石会鹏　张晓燕　刘　畅　韩　锐
　　　　　　李建欣　李　钢　张　磊　张海燕
责任编辑　牛晓敏
责任印制　马振武

◆ 人民邮电出版社出版发行　　北京市丰台区成寿寺路 11 号
邮编　100164　电子邮件　315@ptpress.com.cn
网址　https://www.ptpress.com.cn
固安县铭成印刷有限公司印刷

◆ 开本：710×1000　1/16
印张：16　　　　　　　　　2024 年 1 月第 1 版
字数：314 千字　　　　　　2024 年 1 月河北第 1 次印刷

定价：169.80 元
读者服务热线： (010)81055493　印装质量热线： (010)81055316
反盗版热线： (010)81055315
广告经营许可证：京东市监广登字 20170147 号

序

卫星频率轨道资源是卫星系统不可或缺的基础性资源，也是航天事业发展必不可少的战略性资源，为全人类所共有，也为世界各国所共享。

经过半个多世纪的发展，传统的 C、Ku 频段静止轨道卫星频率轨道资源已使用殆尽。近年来，随着新一轮非静止轨道卫星星座系统的不断发展，世界各国加强了对非静止轨道卫星频率轨道资源的争夺，并逐步涉及 Ka、V、W 等高频段资源。卫星频率轨道资源不足已成为制约卫星系统建设和发展的最大瓶颈。

卫星频率轨道资源的使用权主要通过"先登先占"和"公平规划"两种方式获得。在获得过程中，要遵守国际电信联盟制定的《国际电信联盟组织法》《国际电信联盟公约》《无线电规则》《程序规则》等国际规则和技术标准。对于我国无线电主管部门和卫星操作单位而言，在获得卫星频率轨道资源国际认可的保护地位和应用于卫星系统之前，既要在国际层面履行申报、协调、登记和维护等义务，也要在国内层面严格遵守《中华人民共和国无线电管理条例》等相关法律法规和管理部门的规章。这使得卫星频率轨道资源技术工作具有专业性强、复杂性高等特点，要充分将国际规则、国内管理要求与信息、航天等专业技术相结合，其相关从业人员不仅要有良好的政治素养和广阔的国际视野，还要具备熟练的国际规则运用能力和扎实的电磁兼容分析能力。

放眼世界，我们面对的是百年未有之大变局。在卫星网络领域，以"星链"系统为代表的新一代非静止轨道星座系统不断吸纳和发展新技术，同时在网络资料申报、基础设施建设、规则运用等方面不断突破原有模式。这对我国卫星频率轨道资源技术工作提出了诸多挑战，需要在电磁频谱资源利用的基础研究、规则制定与解读、国际合作发展等方面坚持需求导向、鼓励自主创新、把握国际形势，才能为我国在激烈的卫星频率轨道资源国际竞争中取得优势，为我国航天事业和航天强国建设提供发展保障。

本书由国家无线电监测中心（国家无线电频谱管理中心）技术人员在长期积累了大量丰富的工作经验的基础上编写而成。国家无线电监测中心（国家无线电频谱管理中心）作为我国无线电管理的技术机构，长期负责我国卫星频率轨道资源相关国际规则与技术研究，在卫星频率轨道资源规划论证、申报、协调、登记和维护，卫星系统兼容分析和频率共用，干扰规避策略等方面积累了丰富的经验，相关工作有力支撑了我国卫星通信、广播电视、导航定位、空间科学、气象、遥测遥感等卫星系统以及载人航天工程的建设和发展。他们的这一倾心力作，从获取和拓展卫星频率轨道资源、满足卫星系统建设需求的角度，重点介绍了卫星频率使用可行性论证，卫星网络申报、协调、登记和维护，国际频率信息通报处理，卫星地球站国际协调、登记及其技术分析，电磁兼容分析和干扰计算等内容，兼具全面性、系统性、专业性和实用性，是卫星频率轨道资源技术工作很好的指导书籍。

希望本书的出版能为卫星频率轨道资源技术人员提供切实帮助，提高相关技术人员规则运用能力，促进相关领域技术创新，不断提升我国卫星频率轨道资源技术工作水平，助力我国航天事业谱写新篇章。

陈建华

2023/11/25

前　言

卫星频率轨道资源是开展卫星通信、广播电视、导航定位、遥感探测、探火探月、载人航天、空间科学研究等空间无线电业务的关键要素。近年来，随着全球航天产业的高速发展，尤其是"星链"系统的快速部署与应用，进一步凸显出频率轨道资源在卫星系统建设和发展中至关重要的作用。为了获得可用、好用的卫星频率轨道资源，世界各国竞相向国际电信联盟申报卫星网络资料，卫星频率轨道资源的国际争夺愈演愈烈。越来越复杂的卫星频率轨道资源使用态势是编写本书的重要推手。

稀缺性和国际性是卫星频率轨道资源的天然属性。为了公平、合理、有效地使用卫星频率轨道资源，国际电信联盟制定了《无线电规则》，要求各国必须依据《无线电规则》的规定使用卫星频率轨道资源，促进无线电业务的发展与高效利用。《无线电规则》作为卫星频率轨道资源管理的国际性法规，在卫星频率轨道资源管理中发挥着无可替代的作用。《无线电规则》（2020版）是编写本书的重要支点。

在全球航天热潮之下，我国航天产业也得到快速发展，各类卫星系统层出不穷，卫星网络资料申报数量和卫星操作单位数量不断增加，卫星频率轨道资源需求持续旺盛。面对卫星频率轨道资源激烈的国际竞争形势，我国卫星频率轨道资源的维护与拓展面临极大的压力，专业人才培养就显得尤为重要。卫星频率轨道资源管理不仅涉及我国无线电管理要求，还涉及庞杂的国际规则、程序和技术标准。熟悉相关程序，准确运用国际规则、程序和技术标准，是每位从业人员的必修课和必备技能。

为了广泛提高我国卫星频率轨道资源管理技术领域从业人员的专业水平，促进我国有效参与频率轨道资源的国际竞争，我们根据国际规则和我国管理要求，结合多年积累的工作经验，编写了这本《卫星频率轨道资源国际申报与协调》，旨在对庞杂的国际规则抽丝剥茧，使其简单、凝练、易懂、易学、易用，同时将我国的无线电管理要求贯穿全书，为实际工作提供切实的指导与帮助。

本书集知识性、指导性和规范性于一体，注重知识与方法、管理与技术的结合，对于卫星频率轨道资源管理人员提高技术水平和实际操作能力，促进我国卫星频率轨道资源管理技术向更高、更强的方向发展，具有深刻的现实意义和积极的推动作用，对于提高卫星频率轨道资源管理技术领域从业人员的整体水平大有裨益。

北京东方波泰无线电频谱技术研究所、国家无线电监测中心检测中心为本书的出版提供了支持与帮助，在此表示诚挚的感谢。

《卫星频率轨道资源国际申报与协调》编写组

2023 年 9 月

目　录

第1章

卫星频率使用可行性论证

1.1 概述

卫星频率资源是卫星工程项目建设和系统运行必不可少的稀缺资源，也是卫星进入空间、感知空间、利用空间的前提要素。在频率使用需求急剧增长、用频矛盾日益突出、全球范围频率资源竞争日趋激烈的形势下，卫星工程项目在预研立项和项目实施过程中，建立一套科学、规范的频率使用可行性论证方法和机制，系统性地论证卫星频率资源对工程项目的约束条件，全面识别频率使用风险，有针对性地采取应对措施，可为卫星工程成功实施后续业务应用奠定扎实的规则和技术基础，对促进卫星行业有序、健康发展，保障卫星工程顺利实施，意义重大。

我国高度重视卫星频率使用的可行性论证。2015 年，工业和信息化部联合相关部门明确提出，在航天器立项论证阶段，由立项论证单位组织开展卫星频率和轨道资源使用可行性论证，分析拟使用资源的可行性，评估潜在风险，提出风险控制方案。2016 年 12 月施行的修订后的《中华人民共和国无线电管理条例》明确规定"建设卫星工程，应当在项目规划阶段对拟使用的卫星无线电频率进行可行性论证"。2020 年，为加强和规范卫星无线电频率资源使用的可行性论证工作，科学有效地利用卫星频率资源，工业和信息化部印发了《卫星无线电频率使用可行性论证办法（试行）》，明确提出卫星无线电频率使用可行性论证对卫星工程规划、建设具有约束性，未按规定开展卫星无线电频率使用可行性论证，或者论证结果有重大瑕疵的，工业和信息化部可要求论证单位重新进行论证。

为贯彻上述文件的精神与具体要求，做好卫星频率使用可行性论证工作，准确研判和有效规避风险，卫星操作单位（卫星频率使用人）应知晓可行性论证所涵盖的内容、如何开展可行性论证等，并根据可行性论证的结论进行卫星网络频率资源的申报。本章将对卫星频率使用可行性论证的概念、可行性论证与卫星工程的关系、可行性论证的方法，以及我国相关管理规定等进行介绍。

1.2 基本概念

1.2.1 可行性论证的概念

可行性论证最初用于项目建设中关于财务方面的论证，其英文"Feasible"的释义为"（计划、想法或方法）可行的、可实行的、行得通的"。可行性论证最早用于 20世纪 30 年代美国在开发田纳西河流域时的投资决策，取得了较为理想的效果，随后在经济、技术和管理领域得到广泛应用。

随着可行性系统的理论发展，可行性论证在项目决策中起到了非常重要的作用。目前，可行性论证已发展成为运用工业科学技术、市场经济预测、信息科学、系统工程和企业经营管理的多学科、多方法综合实现建设项目最佳经济效果的专门分析手段，其对象和范围几乎涉及各个领域。

在卫星工程规划和建设中，卫星频率资源的可行性论证是指根据国家无线电管理和民用航天工程管理相关规定以及国际电信联盟（ITU，简称"国际电联"）《无线电规则》（Radio Regulation，RR），由卫星操作单位（卫星频率使用人）或相关主管部门对拟使用的无线电频率及其相应的轨道资源的可行性开展的分析、研判和论证等相关工作。

1.2.2 可行性论证在卫星工程中的定位

卫星工程是研制和管理人造卫星的综合性工程，也可指某一项卫星的研制任务或建设项目。本书所指的卫星工程特指其后一种定义，即以卫星工程建设为载体的卫星项目，是以卫星系统为对象的一次性工程建设任务。它以卫星为目标产出物，需要支付一定的费用、按照一定的程序、在一定的时间内完成，并应符合质量（指标）要求。

常规的卫星工程项目技术流程如图 1-1 所示。该流程各环节的合理性和先进性直接关系到整个卫星研制的质量、周期和成本。在图 1-1 中的可行性论证是一个更广义的概念，是卫星工程总体设计中定方案、定大局的关键性技术工作，主要包含论证卫星分系统组成及其方案选择、实现卫星使用技术要求的途径、确定卫星的基本构型，是针对卫星工程整体的可行性论证。

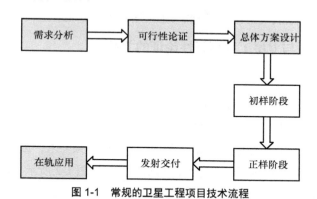

图 1-1　常规的卫星工程项目技术流程

频率资源的可行性论证工作涉及卫星工程项目技术流程中的多个环节，是卫星系统设计的一项重要输入条件，对卫星工程项目的影响主要涉及需求分析、可行性论证、总体方案设计和在轨应用 4 个方面。

1.2.2.1　频率资源与需求分析的关系

卫星系统的业务需求是频率资源可行性论证的输入条件，只有在相对明确业务需求的基础上，论证无线电频率的业务属性和应当满足的技术条件，讨论频率资源的可行性才有意义，因此卫星系统业务需求是卫星系统制定合规、可行的频率方案的必要前提。

在需求分析环节，通常需要明确以下内容，具体见表 1-1。

表 1-1　需求分析相关内容

内容	描述	涉及方面
业务类型	通信类、导航类、遥感和空间科学类等	确定频率选择范围
终端特性	移动终端、固定终端	确定频率选择范围
卫星类型	地球同步轨道/非地球同步轨道（GSO/NGSO）、单星/星座	确定频率协调程序
服务区域	国家、地区	确定频率选择范围及条件
系统容量	窄带、宽带	确定频率带宽
投入使用计划	卫星投入使用的时间计划	确定频率申报程序

通过对需求分析相关内容的梳理可知，卫星工程项目在需求分析环节，首先需要明确卫星系统的需求，从而确定需要什么样的频率资源，从而为后续相应的频率资源是否可行提出明确的约束条件。需要注意的是，频率资源的论证结果未必全部满足需求，甚至可能得到不可行的结论。在这种情况下则需要根据频率资源可行性论证结果对需求做出折中或取舍，因此频率资源与工程项目需求是相互迭代的关系。

1.2.2.2　频率资源与卫星工程可行性论证的关系

卫星工程项目的可行性论证中，需要对卫星有效载荷进行分析，初步确定有效载荷的配置和技术要求，同时初步确定卫星轨道/星座部署方案。在卫星工程可行性论证中，可获得的频率资源（频率可行性）很大程度上决定了卫星系统的有效载荷方案，卫星系统有效载荷方案的可行性又决定了最终的工程用频需求，或者可以说卫星系统有效载荷的可行性方案决定了频率方案，其相互关系如图 1-2 所示。

图 1-2　频率可行性结论与卫星系统有效载荷可行性方案、频率方案的相互关系

通常情况下，在卫星工程可行性论证中，首先要系统梳理满足需求的频率资源，包括技术层面、规则层面的约束条件；其次还要对梳理出的各频段在协调可行性方面进行分析，从对国内外相应频段卫星网络资料申报的情况、卫星系统投入使用情况、协调规则和协调地位的分析中，预判协调可行性，识别协调风险，排除不可行的频率资源；最后根据频率可行性论证结论，进行卫星系统有效载荷可行性的方案论证，从而得到最终的频率方案。

1.2.2.3　频率资源与总体方案设计的关系

卫星工程总体方案设计通常也称为卫星总体方案详细设计。卫星工程总体方案详细设计涉及的基本是关乎整颗卫星和整个卫星系统的全局性问题，设计的优劣直接影响卫星的在轨品质。卫星工程总体方案详细设计中要全面、细致地完成以下工作：轨道或星座设计；分系统组成和分系统方案论证；卫星构型设计；确定技术状态基线；总体功能、性能指标分析与确定；总体参数预算；与卫星工程大系统以及卫星各分系统的接口设计与确定；卫星研制技术流程制定；可靠性、安全性设计；分系统研制要求；综合设计结果形成总体方案（详细）设计报告，并通过评审。总体方案设计任务完成的标志是向各个分系统提出初样研制任务书。

可以看出，卫星轨道和星座设计是卫星工程总体方案详细设计的最顶层要素。首先，轨道的设计，无论是静止轨道卫星的轨道位置还是非静止轨道卫星的轨道高度、倾角、卫星部署密度，都对系统整个方案的细化和最终确定产生决定性影响。其次，在基线技术状态、各分系统方案、总体指标分配等设计中，卫星系统频率方案的确定又是上述各项工作必不可少的前提条件。

1.2.2.4　频率资源与在轨应用的关系

卫星的成功发射只是卫星系统投入使用的第一个重要阶段。与卫星相匹配的卫星网络资料不仅包含卫星本身的技术特性参数，还包括地球站和业务链路的载波参数，甚至部分卫星波束切换的操作条件（例如目前针对星座系统的卫星网络资料，会要求提供与对地静止轨道（GSO）卫星的干扰规避措施等）。其中，地球站的设置、业务载波的开通等与卫星在轨后的应用场景、任务要求密不可分，具体应用模式对卫星系统频率的使用效率、效果，乃至与其他同频系统的共用条件、干扰状态都有直接关系。这也是卫星操作单位需要在卫星网络资料申报协调过程中尽可能多地为卫星在轨应用争取最大灵活性的根本目的。

卫星在轨运行过程中的诸如载波上下行、波束切换、星间路由策略的制定与实施等各种配合任务需要的应用场景，都可能对同频卫星系统间的频率共用状态产生影响。一方面需要卫星操作单位在卫星网络资料设计、申报、协调过程中就对这些情况进行全面的识别，将相应状态考虑到与其他卫星网络的频率协调中；另一方面也需要卫星操作单位将卫星网络协调的约束条件在卫星实际操作运行过程中切实体现，并根据实际情况做好分析，既要避免与其他系统间出现实际干扰，又要尽可能地充分利用频率资源，发挥卫星的最大功效。这对卫星业务管理工作在理论分析和实践经验方面都有很高的要求。

1.2.3　可行性论证的角色差异

不同部门进行无线电频率资源可行性论证的目的不同，决定了无线电频率资源可行性论证的方法和内容的不同。对于卫星工程项目规划、管理部门，通常需要从国家、行业、社会等高度和角度对卫星工程项目进行整体可行性评估，特别注重相应卫星工程项目在合法、安全、社会效益等方面的费效比，并综合判断其影响。

对于卫星操作单位，其卫星的管理和需求是全方位的。既要确保卫星工程项目的顺利进行，保证卫星成功发射并正常投入使用，又要确保卫星的业务功能、性能指标达到预期的要求，以便能够向用户提供满意的服务，获得相应的市场回报。同时，为考虑后续发展或者为了增加在频率协调、商业合作中的筹码，尽可能多地申报卫星频率和轨道资源也是全球通信卫星操作单位的普遍做法。

对于卫星研制工程部门，其核心任务目标是在明确的用户任务需求之下，确保卫星正常发射、交付，针对无线电频率资源的可行性论证，核心关注的是技术可行性及工程实施可行性。与卫星操作单位或其他规划、管理部门相比，卫星工程研制部门对卫星无线电资源的可行性论证更接近技术本质，与国际电信联盟关于频率资源管理和使用的规则也最接近，既关注技术方面与其他卫星系统间的频率共用可行性，也关注工程上卫星总体方案的相互约束。

可见，不同部门根据各自的角色定位对卫星项目频率资源可行性论证的目标不同，自然论证的侧重点也有所不同。考虑到本书关注的是在卫星工程规划和建设中，由卫星操作单位或相关主管部门对拟使用的无线电频率的可行性开展的分析、研判和论证，需要从卫星工程项目需求出发，在规则可行性、技术可行性、工程可行性以及使用风险方面针对频率资源进行论证分析。

1.3　可行性论证方法

1.3.1　需求分析

资源需求分析旨在通过对卫星工程任务需求的拆解，清晰地描绘出卫星工程目标对拟用频率和轨道类型的需求，这就需要对卫星工程的项目背景有一个清晰的认识。

从项目背景看，包括项目主管部门、项目类型、卫星名称及对应卫星网络资料、卫星操作单位和卫星研制单位基本情况、卫星工程建设目的、工程研制周期、卫星在轨时间以及研制经费说明（含频率工作）等内容。

从系统特性看，包括卫星系统总体技术指标、频率使用计划、卫星数量、轨位设计（静止轨道卫星）和星座构型（非静止轨道卫星），以及地球站布局和用户终端技术特性等内容。

根据业务类型（如卫星通信、广播、导航、遥感、空间科学等），卫星系统功能、应用场景，以及实现卫星系统功能的主要途径和基本原理等，分析该卫星工程项目对频率和轨道资源的需求。对于频率资源，需要根据卫星工程对拟用频率、传输速率、必要带宽、覆盖范围、发射功率等的技术要求以及业务类型，选择有效载荷可用的频率资源、卫星使用的测控频率资源，以及可能使用到的星间链路等频率资源；对于轨道资源，则需要根据卫星工程对拟用轨道类型和轨位设计的技术要求，选择合适的轨道位置（静止轨道卫星）或轨道构型（非静止轨道卫星）。

1.3.2　约束条件分析

对卫星工程项目整体情况中可能对卫星无线电资源、卫星工程项目和未来应用产生约束的条件分类进行梳理，确定可行性论证的边界条件。卫星工程项目中的主要约束条件包括：工程约束、规则约束、协调形势约束和兼容共用约束。

1.3.2.1　工程约束

卫星系统的工程技术指标是对卫星工程总体方案的最直接约束，工程总体设计的主要输入条件，也是选择频率和轨道资源、卫星网络资料申报与协调的主要约束前提。卫星工程系统有多种约束条件，在卫星总体设计中已形成相应的规范和方法，与研制单位的技术能力、配套设施乃至环境等整体水平相关，是确保卫星总体方案在满足相应性能指标要求的前提下切实可行的最大约束包络。

1.3.2.2　规则约束

卫星系统用频在规则方面需要满足的约束条件主要包括：用频系统特性与规则的定义相匹配；选择的频率与相关国际规则、拟开展业务国家的管理规定、相关行业组织的使用规则相符；满足国际、国内协调中为实现系统间兼容达成的协调约束条件。最终列出与卫星工程相关的卫星网络资料特性和申报状态，开展卫星网络特性与卫星工程的匹配性分析，同时对照检查是否符合国际电信联盟《无线电规则》和我国的《中华人民共和国无线电频率划分规定》等相关规定，这些约束条件需在论证报告中逐一梳理清楚。

1.3.2.3　协调形势约束

从卫星网络的特性、国际电信联盟关于协调国家的分析判定，以及自身卫星网络的协调与维护状态，对卫星网络的国际、国内相关空间业务以及地面业务的协调态势进行分析，梳理需要开展协调的空间业务和地面业务系统，明确协调形势对卫星工程的约束。

1.3.2.4 兼容共用约束

根据卫星工程选择使用的频率，可依据国际电信联盟相关无线电业务的建议书或国家与行业的既有相关标准，就卫星工程拟选频率与同频、邻频相关空间业务和地面业务的兼容特性进行分析，评估干扰形势，明确所使用的干扰规避措施对卫星工程的约束。

1.3.3 可行性分析

在明确频率轨道资源需求的基础上，结合卫星网络申报协调有关态势以及电磁兼容特性等情况，识别获取频率资源主要的风险点，并从规则、技术、操作等多方面对卫星无线电频率的可行性进行分析评估。

不同用频需求所带来的频率风险差异较大，论证的侧重点也应随之调整，这也是卫星工程进行频率可行性论证的重点所在。不同轨道类型与业务类型的卫星工程论证举例如下。

对于非静止轨道遥感卫星的频率轨道资源可行性分析，首先需要对遥感卫星涉及用频有效载荷方案进行详细描述，并对相应频率轨道设计方案中系统各项功能、性能指标进行进一步分析，以确认是否满足总体任务要求，为进入下一阶段卫星系统工程研制提供确定的输入条件。在约束条件方面，主要需对同频、邻频业务的兼容性展开分析，轨道资源主要由总体任务要求来约束。这种可行性论证方式是从工程需求到方案设计，再到可行性，其本质是卫星系统方案约束频率及其相应的轨道资源的选择。

对于静止轨道导航卫星的频率轨道资源可行性分析，由于卫星导航信号频率的协调难度较大，因此需要在方案阶段就对导航信号频率资源的选择进行类似于穷举法的论证，在各种可能的方案中提出相对具有一定协调可行性的方案。一方面确定后续频率协调工作的方向和重点；另一方面为工程中关键技术攻关提出要求。这相当于将协调约束的分析进行了前置。这种论证方法是典型针对频率协调难度巨大的项目进行频率可行性论证的方法，是从工程需求到可行性，最终再回到方案，其本质是频率及其相应的轨道资源约束卫星系统方案。

因此针对卫星工程的频率资源可行性论证，要根据卫星工程所使用的无线电业务和轨道类型对可行性分析中各论证要素的先后顺序进行灵活选择。

1.3.4　风险控制分析

频率资源的获取不仅取决于可行性论证的科学性，也取决于卫星网络资料在申报上对时效的把控，更受其他可能面临的风险的影响。根据上述对卫星频率资源可行性论证衍生出的潜在风险，有针对性地提出相应风险应对措施或后续工作计划，可以确保论证结果的有效落实，供卫星工程大总体或用户做出阶段性的决策，降低频率资源无法获取的风险。

主要应当分析并控制的风险有如下 3 类。

（1）协调风险

频率协调结果的不确定性是当前所有卫星操作单位普遍面临的最大风险。对于每一份新申报的卫星网络资料，都需要经过漫长而艰难的协调，那些未经协调或存在颠覆性协调风险的卫星网络，其实际价值基本无从谈起。然而，随着时间的推移，有些网络的地位会自然提高，其邻近需要协调的其他卫星网络的状态也在变化，因此，卫星网络的协调状态是动态变化的，其风险也是变化的。对已经投入使用的卫星网络资料，地位落后的卫星网络必须规避对其的干扰；对已经宣布后续使用或卫星系统建造计划的网络资料，需要密切关注其进展情况；对没有任何启用迹象的卫星网络资料，则需通过各种渠道和手段分析、判断其在有效期内投入使用的可能性。

卫星网络协调的过程就是不断消除这些不确定性或判断这些可能是否继续存在的过程。因此，在卫星网络协调过程及卫星工程实施过程中，需要高度关注协调对象的卫星网络的投入使用状态和信息，一旦发生变化能够迅速做出反应。

（2）技术风险

一般在评估卫星网络间是否存在有害干扰的建议方法中普遍采用"最坏情况"原则，即假设的干扰场景必须涵盖双方卫星网络可能发生最严重干扰的情况，并选取参数进行干扰分析。地位优先的卫星网络操作单位一般会倾向于选用更为严格的干扰保护标准保护自己的系统，因此通常会要求地位落后的卫星网络操作单位消除所有有害干扰。这种结果意味着，以"最坏情况"为保护标准提出的技术保护条件在实际卫星系统运行过程中对地位落后方提出了更为苛刻的要求。从卫星工程研制角度，这就需要提前识别频率兼容性风险，将兼容性问题纳入工程实施的考虑当中。

（3）政策风险

卫星运行的外太空轨道不属于任何一个国家，主要由国际规则进行管理，但其提供的无线电业务要通过在相关国家建立地面收发设备来实现，这在很多国家是需要获得许可的，即通常所说的落地权。这一点因不同国家的管理政策不同而存在差异，往往容易被忽视。卫星网络资料所属国家、所属卫星操作单位和卫星系统准备提供的业务类型和区域，如果涉及落地权问题，其面临的协调风险、操作风险可能完全不同，这就需要相关卫星系统在立项论证时将政策因素考虑在内。

1.4 我国相关管理规定

《中华人民共和国无线电管理条例》《卫星无线电频率使用可行性论证办法（试行）》对开展频率可行性论证工作做出了规定。本节对其中的重点内容节选如下。

1.4.1 《中华人民共和国无线电管理条例》

《中华人民共和国无线电管理条例》（2016 年 11 月 11 日中华人民共和国国务院、中华人民共和国中央军事委员会令第 672 号修订，自 2016 年 12 月 1 日起施行）第二十五条规定"建设卫星工程，应当在项目规划阶段对拟使用的卫星无线电频率进行可行性论证；建设须经国务院、中央军事委员会批准的卫星工程，应当在项目规划阶段与国家无线电管理机构协商确定拟使用的卫星无线电频率。"

1.4.2 《卫星无线电频率使用可行性论证办法（试行）》

《卫星无线电频率使用可行性论证办法（试行）》（工信部无〔2019〕290 号，2020 年 2 月 1 日起施行）对卫星无线电频率使用可行性论证工作提出具体要求，主要包括以下内容。

第五条　卫星操作单位（卫星频率使用人）是卫星无线电频率使用可行性论证的责任主体，负责开展可行性论证工作，并对论证结论承担主要责任。

第六条　建设须经国务院、中央军委批准的卫星工程，在卫星网络资料国际申报之前，由卫星操作单位（卫星频率使用人）会同卫星工程建设单位，与工业和信息化部协商确定拟使用的卫星无线电频率，并在卫星网络国际申报时提交有关可行性论证报告，作为卫星网络国际申报和协调的依据。

建设其他卫星工程，卫星操作单位（卫星频率使用人）应在卫星网络资料国际申报之前，开展卫星无线电频率使用可行性论证，并在卫星网络国际申报时提交有关可行性论证报告，作为卫星网络国际申报和协调的依据。

第九条　卫星无线电频率使用的可行性论证应符合国际电联《无线电规则》等相关国际规则和国内无线电管理相关规定，遵循实事求是、科学严谨的原则；论证应综合考虑我国航天发展需要和卫星无线电频率和轨道资源可行性等因素，从规则、技术、操作等多方面进行分析和评估；论证中分析的风险因素应全面、客观，所提措施应合理、可行。

第十条　卫星无线电频率使用可行性论证报告应当包括但不限于以下内容（提纲模板见附件）：

（一）卫星工程背景；

（二）卫星无线电频率和轨道资源使用需求分析；

（三）拟使用卫星网络的特性及合法性合规性检查情况；

（四）拟使用卫星网络的协调状态和协调形势分析；

（五）与同频邻频相关空间业务和地面业务的兼容共用分析；

（六）卫星无线电频率和轨道资源使用的可行性分析；

（七）卫星无线电频率和轨道资源使用的风险应对措施；

（八）结论和建议；

（九）其他需要说明的情况。

第十一条　卫星无线电频率使用可行性论证对卫星工程规划、建设具有约束性。卫星无线电频率使用可行性论证情况应纳入相关卫星工程项目建议书、工程实施大纲、可行性研究报告、初步设计和招投标等项目阶段性文件，作为卫星工程规划、立项审核、招投标和项目验收的依据。

第2章

卫星网络资料的申报、登记和维护

2.1 概述

卫星频率和轨道资源在国际上的获取主要通过"先登先占"和"公平"规划两种方式。

"先登先占"的方式是为体现《国际电信联盟组织法》第196条中有关合理、有效和经济地使用无线电频率和卫星轨道资源的原则,即先申报的卫星网络资料具有优先使用卫星频率和轨道资源的国际地位,后申报的卫星网络资料需与先申报的卫星网络资料开展协调,并保护其合法使用频率和轨道资源的优先权。"先登先占"方式的申报和登记程序有两种,即提前公布(API)资料-通知(N)资料的程序(简称 A-N 程序)和协调(C)资料-通知(N)资料的程序(简称 C-N 程序)。

"公平"规划的方式是为落实《国际电信联盟组织法》第196条中关于在考虑发展中国家和具有特定地理位置国家的特殊需要的同时,使各国或国家集团可以公平地使用无线电频率和卫星轨道资源的原则,即通过"公平"规划的手段,由国际电信联盟在一些特定频段、特定业务上,为世界各国相对公平地分配一定数量的卫星频率和轨道资源。"公平"规划方式的申报和登记程序有两种,即符合《无线电规则》附录(AP)30和附录30A的卫星广播业务(BSS)及其馈线链路规划的程序和符合《无线电规则》附录30B的卫星固定业务(FSS)规划的程序。

此外,在卫星网络资料的不同阶段,各国无线电主管部门还需向国际电信联盟无线电通信局(ITU BR,以下简称为"国际电联无线电通信局")报送卫星网络行政应付努力信息、投入使用信息、暂停使用信息、重新投入使用信息等。本章将对上述内容进行介绍。

2.2　基本概念

规划频段卫星网络资料：申报频率、业务和业务区符合《无线电规则》附录 30、附录 30A 和附录 30B 的卫星网络资料为规划频段卫星网络资料。

非规划频段卫星网络资料：除规划频段卫星网络资料外，其余卫星网络资料为非规划频段卫星网络资料。

提前公布资料：对于无须经过协调程序的卫星网络或系统，某一主管部门或代表一组主管部门行事的主管部门（指某一主管部门可代表多个主管部门办理与国际电联无线电通信局有关的事项）向国际电联无线电通信局报送的关于该卫星网络或系统相关信息的文件。

协调资料：对于需要经过协调程序的卫星网络或系统，某一主管部门或代表一组主管部门行事的主管部门向国际电联无线电通信局报送的关于该卫星网络或系统相关信息的文件。

《国际频率登记总表》（Master International Frequency Register，MIFR）：《国际频率登记总表》中记录了审查合格的频率指配，其享有国际认可的保护地位。其他主管部门在使用其频率指配时，应避免对《国际频率登记总表》中的频率指配产生有害干扰。

通知资料：为了将频率指配登记进入《国际频率登记总表》，某一主管部门或代表一组主管部门行事的主管部门向国际电联无线电通信局报送的关于该卫星网络或系统相关信息的文件。

行政应付努力信息：某一主管部门或代表一组主管部门行事的主管部门向国际电联无线电通信局报送的关于卫星网络或系统航天器制造商、发射提供商等卫星发射方面信息的文件。

投入使用信息：某一主管部门或代表一组主管部门行事的主管部门向国际电联无线电通信局报送的卫星实际在轨情况的文件。

走 A-N 程序的卫星网络资料：对于某些卫星网络或系统，其资料申报流程为先申报提前公布资料，再申报通知资料。

走 C-N 程序的卫星网络资料：对于某些卫星网络或系统，其资料申报流程为先申报协调资料，再申报通知资料。

GSO 卫星：对地静止轨道卫星。指在地球赤道上空约 35 786 km 处设置的卫星，其轨道运行周期与地球自转周期相同，因而相对于地面上任何参照点来看卫星是静止不动的。

NGSO 卫星：非对地静止轨道卫星。对地静止轨道卫星以外的卫星，称为非对地静止轨道卫星。

国际电信联盟收妥日期：卫星网络资料被国际电联无线电通信局审查合格后的接收日期，称为卫星网络资料国际电联无线电通信局收妥日期。

2.3 非规划频段卫星网络资料的申报、登记和维护

2.3.1 相关国际规则

2.3.1.1 提前公布资料

（1）提前公布资料的提交

对于无须经过协调程序的卫星网络或系统，提前公布资料为向国际电联无线电通信局提交的第一份卫星网络资料，其收妥日期为该卫星网络资料生命周期的起点。

根据《无线电规则》第 9.1 款[①]的规定，提前公布资料的申报不能早于卫星网络计划投入使用时间前 7 年，同时，最好不晚于卫星网络计划投入使用时间前 2 年。

根据《无线电规则》第 9.2 款的规定，主管部门可向国际电联无线电通信局提交提前公布资料修改资料（API MoD）。需提交提前公布资料修改资料的情况分为以下几种：

① 增加频段；

② 修改 GSO 卫星的轨道位置；

③ 变更参考体；

④ 修改 NGSO 卫星的发射方向；

⑤ GSO 与 NGSO 空间电台的星间链路的使用。

（2）国际电联无线电通信局的审查和公布

API 资料示例如图 2-1 所示。

---

① 关于"条"的编号：本书沿用标准序列编号法，在"条"的编号后无任何缩略语。

关于"条"中"款"的编号：本书沿用表明"条"的编号和该"条"中相应"款"的编号的复合编号法（如第 9.2B 款意为第 9 条第 2B 款）。

RÉSEAU À SATELLITE SATELLITE NETWORK RED DE SATÉLITE		CAS500-3		SECTION SPÉCIALE N° SPECIAL SECTION No. SECCIÓN ESPECIAL N.°	API/A/13028
				BR IFIC / DATE BR IFIC / DATE BR IFIC / FECHA	2971 / 17.05.2022
ADM. RESPONSABLE RESPONSIBLE ADM. ADM. RESPONSABLE	KOR	LONGITUDE NOMINALE NOMINAL LONGITUDE LONGITUD NOMINAL	NGSO	NUMÉRO D'IDENTIFICATION IDENTIFICATION NUMBER NÚMERO DE IDENTIFICACIÓN	122545035
RENSEIGNEMENTS REÇUS PAR LE BUREAU LE / INFORMATION RECEIVED BY THE BUREAU ON / INFORMACIÓN RECIBIDA POR LA OFICINA EL					25.02.2022

UNION INTERNATIONALE DES TÉLÉCOMMUNICATIONS　INTERNATIONAL TELECOMMUNICATION UNION　UNIÓN INTERNACIONAL DE TELECOMUNICACIONES
BUREAU DES RADIOCOMMUNICATIONS　RADIOCOMMUNICATION BUREAU　OFICINA DE RADIOCOMUNICACIONES　© I.T.U.

Ces renseignements reçus par le Bureau des radiocommunications, en application du numéro 9.1/9.2 du Règlement des radiocommunications, sont publiés conformément au numéro 9.2B.

This information, received by the Radiocommunication Bureau pursuant to No.9.1/9.2 of the Radio Regulations, is published in accordance with No. 9.2B.

Esta información, recibida por la Oficina de Radiocomunicaciones con arreglo al número 9.1/9.2 del Reglamento de Radiocomunicaciones, se publica de acuerdo con lo dispuesto en el número 9.2B.

Une administration qui estime que des brouillages inacceptables risquent d'être causés à ses réseaux ou à ses systèmes à satellites existants ou en projet communique à l'administration qui a demandé la publication des renseignements ses observations, avec copie au Bureau des radiocommunications, dans le délai indiqué ci-après.

Any administration which believes that unacceptable interference may be caused to its existing or planned satellite networks or systems shall communicate its comments to the publishing administration, with a copy to the Radiocommunication Bureau, by the deadline indicated below.

Cualquier administración que estime que se podría causar interferencia perjudicial a sus redes o sistemas de satélites existentes o planificados deberá comunicar sus comentarios a la administración que publica, con copia a la Oficina de Radiocomunicaciones, en el plazo que se indica más abajo.

DATE LIMITE POUR LA RÉCEPTION DES COMMENTAIRES EXPIRY DATE FOR THE RECEIPT OF COMMENTS FECHA LÍMITE PARA LA RECEPCIÓN DE LOS COMENTARIOS	17.09.2022

图 2-1　API 资料示例

　　主管部门根据《无线电规则》第 9.1 款或第 9.2 款提交的卫星网络提前公布资料或提前公布资料修改资料，将由国际电联无线电通信局审查和公布。

　　根据《无线电规则》第 9.2A 款，若主管部门提交的资料不完整，则国际电联无线电通信局将要求主管部门给予澄清或提供补充材料。

　　考虑到主管部门对回复国际电联无线电通信局函件的审批时间，卫星操作单位在收到主管部门转发的国际电联无线电通信局函件后，应在国际电联无线电通信局指定的截止日期前尽早将澄清或补充材料提交至主管部门。

　　根据《无线电规则》第 9.2B 款，若主管部门提交的资料完整，则国际电联无线电通信局会在 2 个月内将资料公布在无线电通信局（BR）《国际频率信息通报》（IFIC）相应特节（Special Section）内（API/A 特节）。

　　API 资料的提交、审查和公布如图 2-2 所示。

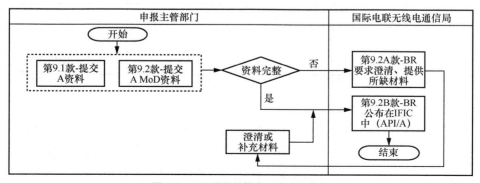

图 2-2　API 资料的提交、审查和公布

2.3.1.2 协调资料

（1）协调资料的提交

对于需要经过协调程序的卫星网络或系统，协调资料为向国际电联无线电通信局提交的第一份卫星网络资料，其收妥日期为该卫星网络资料生命周期的起点。

对于需要按照《无线电规则》第 9.7 款至第 9.14 款和第 9.21 款开展协调的，主管部门按照第 9.30 款提交协调资料；对于无须按照《无线电规则》第 9.7 款、第 9.7A 款、第 9.7B 款进行协调的，主管部门按照第 9.32 款提交协调资料。

协调资料提交时间要求与提前公布资料的相同，即不能早于卫星网络计划投入使用时间前 7 年，同时，最好不晚于卫星网络计划投入使用时间前 2 年。

协调资料的修改比提前公布资料更为严格，一般来说，任何修改均需提交协调资料修改资料（C MoD）。

（2）国际电联无线电通信局的审查和公布

C 资料示例如图 2-3 所示。

图 2-3　C 资料示例

主管部门根据《无线电规则》第 9.30 款或第 9.32 款提交的卫星网络协调资料，将由国际电联无线电通信局审查和公布。根据第 9.40A 款，若主管部门提交的资料不完整，则国际电联无线电通信局将要求主管部门给予澄清或提供补充材料。

考虑到主管部门对回复国际电联无线电通信局函件的审批时间，卫星操作单位在收到主管部门转发的国际电联无线电通信局函件后，应在其指定的截止日期前尽早将澄清或补充材料提交至主管部门。

根据第 9.34 款，若主管部门提交的资料完整，则国际电联无线电通信局将按照第 9.35 款至第 9.40 款进行处理：审查该资料是否与第 11.31 款相符；按照第 9.27 款确定需要与其进行协调的主管部门；4 个月内在《国际频率信息通报》中公布完整资料（如果不能满足上述时限，国际电联无线电通信局须通知各主管部门，并说明原因）；将需协调的主管部门名单列入《国际频率信息通报》公布的特节（CR/C 特节）中；将国际电联无线电通信局的上述处理程序通知相关主管部门，并请其注意相关的《国际频率信息通报》。

C 资料的提交、审查和公布如图 2-4 所示。

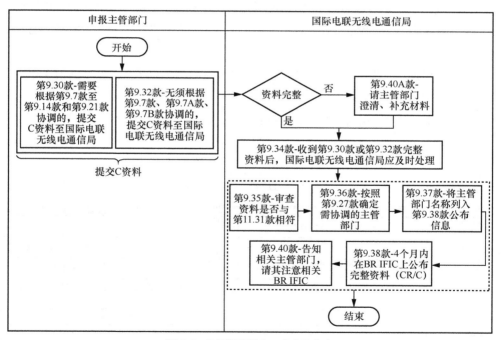

图 2-4　C 资料的提交、审查和公布

2.3.1.3　通知资料

（1）通知资料的提交

根据《无线电规则》第 11.2 款，下列情况卫星网络频率指配需要报送通知资料：

① 该频率指配的使用能对另一个主管部门的业务产生有害干扰;

② 用于国际无线电通信的频率指配;

③ 该频率指配须服从没有其自己通知程序的某一世界性的或区域性的频率分配或指配规划;

④ 该频率指配须服从《无线电规则》第 9 条的协调程序;

⑤ 该频率指配希望取得国际认可;

⑥ 对于按照《无线电规则》第 8.4 款申报的频率指配,主管部门希望能予以登记以供参考。

非规划频段卫星网络需在《无线电规则》第 9.1 款或第 9.2 款(适用 A-N 程序的卫星网络)或第 9.1A 款(适用 C-N 程序的卫星网络),即提前公布资料或提前公布资料修改资料、协调资料或协调资料修改资料提交至国际电联无线电通信局之日起 7 年内报送首份通知资料。若卫星网络在 7 年内未报送首份通知资料,则相关频率指配将被国际电联无线电通信局删除。国际电联无线电通信局会在 7 年有效期截止之日前的 6 个月以上,向相关主管部门发送提醒函件。

同时,根据《无线电规则》第 11.25 款,通知资料应不早于投入使用的前 3 年报送至国际电联无线电通信局。

(2)国际电联无线电通信局的审查和公布

N 资料示例如图 2-5 所示。

	UNION INTERNATIONALE DES TÉLÉCOMMUNICATIONS BUREAU DES RADIOCOMMUNICATIONS		INTERNATIONAL TELECOMMUNICATION UNION RADIOCOMMUNICATION BUREAU		UNIÓN INTERNACIONAL DE TELECOMUNICACIONES OFICINA DE RADIOCOMUNICACIONES	© I.T.U.
RÉSEAU À SATELLITE SATELLITE NETWORK RED DE SATÉLITE		YAHSAT-FSS2-52.5E		PARTIE PART PARTE		I-S
STATION TERRIENNE EARTH STATION ESTACIÓN TERRENA		---		BR IFIC / DATE BR IFIC / DATE BR IFIC / FECHA		2971 / 17.05.2022
ADM. RESPONSABLE RESPONSIBLE ADM. ADM. RESPONSABLE	UAE	LONGITUDE NOMINALE NOMINAL LONGITUDE LONGITUD NOMINAL	52.5 E	NUMÉRO D'IDENTIFICATION IDENTIFICATION NUMBER NÚMERO DE IDENTIFICACIÓN		121570010
RENSEIGNEMENTS REÇUS PAR LE BUREAU LE / INFORMATION RECEIVED BY THE BUREAU ON / INFORMACIÓN RECIBIDA POR LA OFICINA EL						28.09.2021

	Notifications reçues au titre de		Notifications received under		Notificaciones recibidas en virtud de lo dispuesto en
	Article 11 du Règlement des radiocommunications		Article 11 of the Radio Regulations		Artículo 11 del Reglamento de Radiocomunicaciones
	Article 5 des Appendices 30 et/ou 30A		Article 5 of Appendices 30 and/or 30A		Artículo 5 de los Apéndices 30 y/o 30A
X	Article 8 de l'Appendice 30B	X	Article 8 of Appendix 30B	X	Artículo 8 del Apéndice 30B

Pour plus d'informations sur les dispositions réglementaires et l'explication des codes ou symboles utilisés dans cette publication, veuillez consulter le Préface.	For more details on the regulatory provisions and the explanation of the codes or symbols used in this publication, please consult the Preface.	Para más detalles sobre las disposiciones reglamentarias y la explicación de los códigos o símbolos utilizados en esta publicación, sírvase consultar el Prefacio.

图 2-5 N 资料示例

针对相同的频率指配，主管部门可向国际电联无线电通信局提交 3 次通知资料，每次提交的审查和公布情况具体如下。

① 针对主管部门第一次提交的通知资料，国际电联无线电通信局将根据《无线电规则》第 11.31 款和第 11.32 款进行审查。

第 11.31 款的审查主要包括与频率划分表的一致性审查（包括脚注以及与脚注相关的决议和建议）、第 21 条中涉及的到达地面功率通量密度（PFD）值以及第 22 条中涉及的 NGSO 对 GSO 产生的等效功率通量密度（EPFD）值的审查。

若不符合上述国际规则，则审查不合格，国际电联无线电通信局根据第 11.36 款将资料退回。被退回的卫星网络资料不能根据第 11.46 款重新提交，即重新提交的通知资料不能维持原通知资料的接收日期，而是被视为新的通知资料。

卫星操作单位在收到主管部门转发的国际电联无线电通信局有关资料退回的函件后，可准备一份新的通知资料提交至主管部门。

第 11.32 款的审查主要包括对卫星网络国际协调情况的审查。若国际协调未全部完成，则审查不合格，国际电联无线电通信局将根据第 11.37 款退回。被退回的卫星网络资料可以根据第 11.46 款重新提交。若主管部门在 6 个月内第二次提交通知资料，则该通知资料维持原通知资料的接收日期；若主管部门在 6 个月之后第二次提交通知资料，则该通知资料按照新资料处理，建立新的接收日期。

卫星操作单位在收到主管部门转发的国际电联无线电通信局有关资料退回的函件后，可按照国际电联无线电通信局指定的时限，尽早将通知资料再次提交至主管部门。

② 针对主管部门第二次提交的通知资料，国际电联无线电通信局将根据《无线电规则》第 11.32A 款进行审查，重点审查根据第 9.7、9.7A、9.7B、9.11、9.12、9.12A、9.13 款或第 9.14 款的国际协调是否完成，并且计算 C/I 的值，排除一些不需要协调的卫星网络。

若剩余的国际协调仍未全部完成，则审查不合格，国际电联无线电通信局将根据第 11.38 款退回。被退回的卫星网络资料可以根据第 11.41 款重新提交。

卫星操作单位在收到主管部门转发的国际电联无线电通信局有关资料退回的函件后，可按照国际电联无线电通信局指定的时限，尽早将通知资料再次提交至主管部门。

若主管部门在 6 个月内第三次提交通知资料，则该通知资料维持原通知资料的接收日期；若主管部门在 6 个月之后第三次提交通知资料，则该通知资料按照新资料处理，建立新的接收日期。

③ 针对主管部门第三次提交的通知资料，国际电联无线电通信局将相关频率指配

列入《国际频率登记总表》，并注明未完成协调的主管部门名称。

主管部门提交的通知资料被公布在 PARTI-S 特节中；国际电联无线电通信局审查不合格退回的通知资料被公布在 PARTIII-S 特节中；登记进入《国际频率登记总表》的通知资料被公布在《国际频率信息通报》的 PARTII-S 特节中。

N 资料的提交、审查和公布如图 2-6 所示。

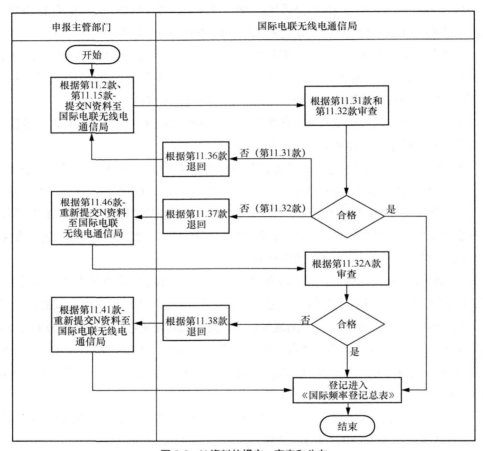

图 2-6　N 资料的提交、审查和公布

2.3.1.4　行政应付努力信息

行政应付努力信息包括第 49 号决议信息和第 552 号决议信息。

（1）按照《无线电规则》第 9.7 款、第 9.11 款、第 9.12 款、第 9.12A 款和第 9.13 款协调的卫星固定业务、卫星移动业务（MSS）或卫星广播业务的卫星网络或系统需要提交第 49 号决议信息。

第 49 号决议信息由 3 部分组成，见表 2-1。

表 2-1　第 49 号决议信息组成

卫星网络标识	航天器制造商	发射业务提供商
（1）卫星网络的标识	（1）航天器制造商名称	（1）运载火箭提供商名称
（2）主管部门名称	（2）合同执行日期	（2）合同执行日期
（3）国家代码	（3）约定"交货时限"	（3）发射或在轨交付时限
（4）对提前公布资料或根据附录 30 和附录 30A 对 2 区规划修改或在 1 区和 3 区增加使用的要求的引证，或对根据附录 30B 第 6 条处理的信息的引证	（4）采购的卫星数量	（4）运载火箭名称
（5）对协调要求的引证		（5）发射设施的名称及位置
（6）频段		
（7）运营机构名称		
（8）卫星名称		
（9）轨道特性		

（2）对于在 21.4～22 GHz 频段卫星广播业务的 GSO 卫星网络，需要提交第 552 号决议信息。

第 552 号决议信息由 3 部分组成，见表 2-2。

表 2-2　第 552 号决议信息组成

卫星网络标识	航天器标识 （如卫星网络资料正在运行）	暂停信息 （如卫星网络资料被暂停使用）
（1）卫星网络标识	（1）国际电联 ID 号	（1）暂停日期（如主管部门已按照第 11 条的规定提供，国际电联无线电通信局将予以登入）
（2）主管部门名称	（2）航天器制造商	
（3）轨道特性	（3）发射服务提供商	
（4）对提前公布资料的参引	（4）航天器使用的频段（航天器所载转发器在 21.4～22 GHz 频段内发射的每个转发器的频段）	（2）暂停原因：航天器移至另一轨道位置，或航天器在轨故障，或航天器出轨，或其他原因（待明确）
（5）对协调资料的参引		
（6）对通知资料的参引（可用时）		
（7）卫星网络相关特节中包含的频段		
（8）首次投入使用日期		
（9）规则地位：		
① 正在运行的卫星网络		
② 暂停运行的卫星网络		

（3）需要报送行政应付努力信息的非规划频段卫星网络，需在第 9.1 款或第 9.2 款（适用 A-N 程序的卫星网络）或第 9.1A 款（适用 C-N 程序的卫星网络），即提前公布

资料或提前公布资料修改资料、协调资料或协调资料修改资料提交至国际电联无线电通信局之日起 7 年内报送行政应付努力信息。

若卫星网络在 7 年内未报送行政应付努力信息，则相关频率指配将被国际电联无线电通信局删除。国际电联无线电通信局将在 7 年有效期截止之日前的 6 个月以上，向相关主管部门发送提醒函件。

2.3.1.5　投入使用、暂停使用和重新投入使用

2.3.1.5.1　投入使用

根据《无线电规则》第 11.44 款，非规划频段卫星网络需在第 9.1 款或第 9.2 款（适用 A-N 程序的卫星网络）或第 9.1A 款（适用 C-N 程序的卫星网络），即提前公布资料或提前公布资料修改资料、协调资料或协调资料修改资料提交至国际电联无线电通信局之日起 7 年内投入使用。若卫星网络在 7 年内未投入使用，则相关频率指配将被国际电联无线电通信局删除。国际电联无线电通信局将在 7 年有效期截止之日前的 3 个月以上，向相关主管部门发送提醒函件。

根据轨道类型的不同，投入使用的国际规则分为两类，即 GSO 卫星网络频率指配投入使用的国际规则和 NGSO 卫星系统频率指配投入使用的国际规则。

第一类，GSO 卫星网络频率指配投入使用的国际规则。

根据《无线电规则》第 11.44B 款的规定，如果一个具有发射或接收频率指配能力的对地静止轨道空间电台部署在所通知的轨道位置并连续保持 90 天，则该频率指配被视为已启用。通知主管部门需在 90 天期限结束之日起的 30 天内，将此情况通报国际电联无线电通信局。国际电联无线电通信局在收到相关材料后，将尽快在国际电信联盟网站和《国际频率信息通报》中予以公布。

根据《无线电规则》第 11.44B.2 款的规定，当对地静止轨道空间电台频率指配投入使用日期早于通知资料收妥日期 120 天以上时，如果其通知主管部门在为该频率指配提交通知资料时，确认具有发射或接收频率指配能力的对地静止轨道中的空间电台已被部署在所通知的轨道位置，并自投入使用日期至该频率指配通知资料收妥日期期间在该轨位连续保持，则该频率指配被视为已启用。

根据以上两个条款，在投入使用日期后 90 天至 120 天向国际电联无线电通信局报送投入使用信息的情况，适用第 11.44B 款；在投入使用日期后 120 天以上向国际电联无线电通信局报送投入使用信息的情况，适用第 11.44B.2 款。

根据《无线电规则》第 40 号决议的要求，通知主管部门需向国际电联无线电通信

局说明本次启用的卫星是否在此前的 3 年内启用或暂停后恢复使用其他轨道位置的卫星网络。需注意的是，这里没有说明是相同的频率指配。因此，启用或暂停后恢复使用了其他轨道位置卫星网络的任何频率指配，均需向国际电联无线电通信局告知第 40号决议信息。

第 40 号决议信息如图 2-7 所示。

第40号决议 （WRC-15）

**短期内利用一个空间电台启用不同轨位
对地静止卫星网络的频率指配**

频率指配已经启用或在暂停后恢复使用的卫星网络：

	AP4项	
卫星网络的身份	A.1.a	
通知主管部门	A.1.f.1	
标称轨位	A.4.a.1	
启用日期(暂停后恢复使用的日期)	A.2.a	

启用或暂停后恢复使用是否通过在提交此信息之日的前3年内曾被用于启用或暂停后恢复使用不同轨位上的频率指配的一空间电台完成：

	是 √	否 ○
（1）该空间电台最后一次用于启用或恢复使用频率指配的轨位		
（2）与上述（1）中频率指配相关联的卫星网络		
（c）该空间电台已不再位于上述（1）中轨位的日期		

图 2-7　第 40 号决议信息

第二类，NGSO 卫星系统频率指配投入使用的国际规则。

按照业务类型和参考体的不同，NGSO 卫星系统频率指配投入使用的国际规则可以分为 4 类：卫星固定业务、卫星广播业务和卫星移动业务的 NGSO 卫星系统频率指配投入使用的国际规则；除卫星固定业务、卫星广播业务和卫星移动业务以外，其他业务且以地球为参考体的 NGSO 卫星系统频率指配投入使用的国际规则；并非以地球为参考体的 NGSO 卫星系统频率指配投入使用的国际规则；分阶段部署卫星的 NGSO 卫星系统频率指配的国际规则。具体如下。

（1）卫星固定业务、卫星广播业务和卫星移动业务的 NGSO 卫星系统频率指配投入使用的国际规则

根据《无线电规则》第 11.44C 款的规定，当一个具有发射或接收频率指配能力的 NGSO 被部署并保留在 NGSO 卫星网络或系统中的一个已通知轨道平面并连续保持 90 天时，无论卫星网络或系统中每个轨道平面上的已通知轨道平面数量和卫星数量是多少，卫星固定业务、卫星广播业务和卫星移动业务的一个 NGSO 卫星网络或系统内空间电台的频率指配将被视为已投入使用。通知主管部门应在自 90 天期限结束之日起的 30 天内，将此情况通报国际电联无线电通信局。国际电联无线电通信局在收到根据第 11.44C 款提交的资料后，将尽快在国际电信联盟网站和《国际频率信息通报》中予以公布。

由于卫星固定业务、卫星广播业务和卫星移动业务的 NGSO 卫星网络的投入使用规则与 GSO 类似，也需要连续在轨保持 90 天，并在 90 天之后的 30 天内报送投入使用信息。因此与 GSO 第 11.44B.2 款类似，针对投入使用信息在投入使用日期之后 120 天以上报送的情况，国际电联无线电通信局做出了第 11.44C.3 款的规定。

根据第 11.44C.3 款，当一个 NGSO 空间电台频率指配的投入使用日期早于通知资料收妥日期 120 天以上时，如果其通知主管部门在为此频率指配提交通知资料时确认具有发射或接收频率指配能力的一个 NGSO 空间电台已被部署在通知轨道平面之一上，且如第 11.44C 款所述，自所通知的投入使用日期至该频率指配通知资料的收妥日期之间一直在该轨位连续保持，则该频率指配将被视为已投入使用。

需要注意的是，根据《无线电规则》第 11.44C.4 款的规定，在向国际电联无线电通信局提交投入使用信息时，需指明投入使用的轨道平面编号。这一编号与该卫星网络通知资料中的轨道平面编号相对应。

（2）除卫星固定业务、卫星广播业务和卫星移动业务以外，其他业务且以地球为参考体的 NGSO 卫星系统频率指配投入使用的国际规则

根据《无线电规则》第 11.44D 款的规定，除卫星固定业务、卫星广播业务和卫星移动业务以外，其他业务且以地球为参考体的 NGSO 卫星网络或系统内的空间电台的频率指配，在一个具有发射或接收该频率指配能力的 NGSO 卫星空间电台部署在 NGSO 卫星网络或系统其中一个通知轨道平面的情况下，将被视为已投入使用。

通知主管部门应在第 11.44 款所述期限结束之日起的 30 天内，将此情况通报国际电联无线电通信局。国际电联无线电通信局在收到该款规定的信息后，将尽快在国际电信联盟网站和《国际频率信息通报》中予以公布。

需要注意的是，根据《无线电规则》第 11.44D.3 款的规定，在向国际电联无线电通信局提交投入使用信息时，需指明投入使用的轨道平面编号。这一编号应与该卫星网络通知资料中的轨道平面编号相对应。

（3）并非以地球为参考体的 NGSO 卫星系统频率指配投入使用的国际规则

根据《无线电规则》第 11.44E 款的规定，当通知主管部门告知国际电联无线电通信局，一个并非以地球作为参考体且具有发射或接收频率指配能力的空间电台已按照通知资料部署时，该空间电台的频率指配将被视为已投入使用。

通知主管部门应在第 11.44 款所述期限结束之日起的 30 天内，将此情况通报国际电联无线电通信局。国际电联无线电通信局在收到该款规定的信息后，将尽快在国际电信联盟网站和《国际频率信息通报》中予以公布。

（4）分阶段部署卫星的 NGSO 卫星系统频率指配的国际规则

随着近些年大规模 NGSO 卫星系统的增多，对于大规模 NGSO 卫星系统分阶段部署问题，WRC-19 大会通过了第 35 号决议，规定了对于特定频段和业务的 NGSO 卫星系统分阶段完成卫星部署的规则机制，即里程碑方法。该方法的主要要求具体如下。

具体要求一：适用的频段和业务。

里程碑方法适用于表 2-3 所列频段和业务根据第 11.44 款和第 11.44C 款投入使用的 NGSO 卫星系统的频率指配。

表 2-3　里程碑方法适用的频段和业务

频段/GHz	空间无线电通信业务		
	1 区	2 区	3 区
10.70～11.70	卫星固定业务（空对地）卫星固定业务（地对空）	卫星固定业务（空对地）	
11.70～12.50	卫星固定业务（空对地）		
12.50～12.70	卫星固定业务（空对地）卫星固定业务（地对空）	卫星固定业务（空对地）	卫星广播业务卫星固定业务（空对地）
12.70～12.75	卫星固定业务（空对地）卫星固定业务（地对空）	卫星固定业务（地对空）	卫星广播业务卫星固定业务（空对地）
12.75～13.25	卫星固定业务（地对空）		

（续表）

频段/GHz	空间无线电通信业务		
	1 区	2 区	3 区
13.75～14.50	卫星固定业务（地对空）		
17.30～17.70	卫星固定业务（空对地）卫星固定业务（地对空）	无	卫星固定业务（地对空）
17.70～17.80	卫星固定业务（空对地）卫星固定业务（地对空）	卫星固定业务（空对地）	卫星固定业务（空对地）卫星固定业务（地对空）
17.80～18.10	卫星固定业务（空对地）卫星固定业务（地对空）		
18.10～19.30	卫星固定业务（空对地）		
19.30～19.60	卫星固定业务（空对地）卫星固定业务（地对空）		
19.60～19.70	卫星固定业务（空对地）（地对空）		
19.70～20.10	卫星固定业务（空对地）	卫星固定业务（空对地）卫星移动业务（空对地）	卫星固定业务（空对地）
20.10～20.20	卫星固定业务（空对地）卫星移动业务（空对地）		
27.00～27.50	卫星固定业务（地对空）		
27.50～29.50	卫星固定业务（地对空）		
29.50～29.90	卫星固定业务（地对空）	卫星固定业务（地对空）卫星移动业务（地对空）	卫星固定业务（地对空）
29.90～30.00	卫星固定业务（地对空）卫星移动业务（地对空）		
37.50～38.00	卫星固定业务（空对地）		
38.00～39.50	卫星固定业务（空对地）		
39.50～40.50	卫星固定业务（空对地）卫星移动业务（空对地）		
40.50～42.50	卫星固定业务（空对地）卫星广播业务		
47.20～50.20	卫星固定业务（地对空）		
50.40～51.40	卫星固定业务（地对空）		

具体要求二：应报送的卫星部署信息。

第 35 号决议对应报送的部署空间电台的信息做出了规定，具体分为 3 类，见表 2-4。

表 2-4　第 35 号决议对应报送的部署空间电台信息的规定

卫星系统信息	发射信息	空间电台参数
（1）卫星系统名称 （2）通知主管部门名称 （3）国家代码 （4）对提前公布资料或协调资料或通知资料（如有）的参引 （5）在卫星系统每个通知轨道面部署的、具有发射或接收频率指配能力的空间电台的总数 （6）BR IFIC 的 I-S 部分中公布的频率指配的最新通知资料中所示的、每个空间电台部署的轨道面编号	（1）运载火箭供应商名称 （2）运载火箭名称 （3）发射设施名称和地点 （4）发射日期	（1）通知资料中空间电台能够发射或接收的频段 （2）空间电台的轨道特性（远地点和近地点的高度、近地点的倾角和俯角） （3）空间电台名称

具体要求三：卫星部署信息的报送时间要求。

对于《无线电规则》第 11.44 款规定的 7 年规则期限结束时间为 2021 年 1 月 1 日或更晚日期的频率指配，通知主管部门报送卫星部署信息的时间要求如下：

- 在第 11.44 款所述的 7 年规则期限届满后的 30 天内或第 11.44C 款投入使用日期届满后 30 天内（以两者中较晚日期为准）；
- 在第 11.44 款所述的 7 年规则期限结束后的 2 年期限届满后的 30 天内；
- 在第 11.44 款所述的 7 年规则期限结束后的 5 年期限届满后的 30 天内；
- 在第 11.44 款所述的 7 年规则期限结束后的 7 年期限届满后的 30 天内。

对于《无线电规则》第 11.44 款规定的 7 年规则期限在 2021 年 1 月 1 日前已届满的频率指配，通知主管部门报送卫星部署信息的时间要求如下：

- 在 2021 年 2 月 1 日之前（相当于 2021 年 1 月 1 日后的 30 天内）；
- 在 2023 年 2 月 1 日之前（相当于 2021 年 1 月 1 日后 2 年期限届满后的 30 天内）；
- 在 2026 年 2 月 1 日之前（相当于 2021 年 1 月 1 日后 5 年期限届满后的 30 天内）；
- 在 2028 年 2 月 1 日之前（相当于 2021 年 1 月 1 日后 7 年期限届满后的 30 天内）。

具体要求四：部署卫星的数量要求。

第 35 号决议对分阶段部署卫星的数量提出了具体要求：

- 在第 11.44 款所述的 7 年规则期限结束后的 2 年期限届满后的 30 天内或在 2023 年 2 月 1 日之前，至少部署卫星总数的 10%（向下舍入至较小整数）；
- 在第 11.44 款所述的 7 年规则期限结束后的 5 年期限届满后的 30 天内或 2026 年 2 月 1 日之前，至少部署卫星总数的 50%（向下舍入至较小整数）；
- 在第 11.44 款所述的 7 年规则期限结束后的 7 年期限届满后的 30 天内或 2028 年 2 月 1 日之前，需部署卫星总数的 100%。

具体要求五：为便于理解，将第 35 号决议具体规则作图描述，如图 2-8 所示。

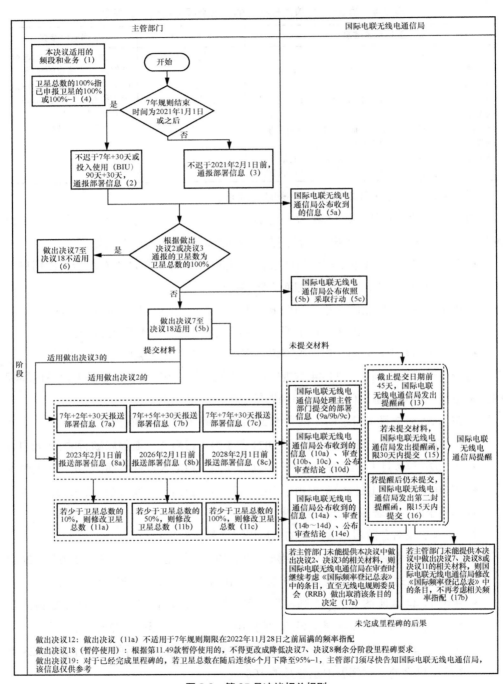

图 2-8　第 35 号决议相关规则

按照不同的轨道类别，卫星网络投入使用的国际规则见表2-5。

表 2-5 卫星网络投入使用的国际规则

轨道类型	业务类型	参考体	投入使用相关条款	是否需要在轨保持 90 天
GSO	所有业务		第 11.44B 款、第 11.44B.2 款、第 40 号决议	是
NGSO	FSS、BSS、MSS	地球	第 11.44C 款、第 11.44C.3 款、第 11.44C.4 款、第 35 号决议	是
	除 FSS、BSS、MSS 以外的其他业务		第 11.44D 款、第 11.44D.3 款	否
	所有业务	非地球	第 11.44E 款	否

需注意的是，根据《程序规则》（RoP）第 11.44 款，报送投入使用信息的材料应包含以下两方面：

按照第 11.15 款提交的符合附录 4 的通知表；

按照第 11.44.2、11.47、11.44B、11.44C、11.44D 款和第 11.44E 款确认投入使用日期的函件。

也就是说，主管部门在向国际电联无线电通信局报送投入使用信息时，既需要在通知资料数据库中的A.2.a项填写投入使用信息,也需要报送确认投入使用信息的函件，两者缺一不可。若两者同时报送，则国际电联无线电通信局对投入使用信息立即进行处理；若先报送投入使用信息函件，再报送通知资料数据库，则国际电联无线电通信局在收到投入使用信息函件时暂不进行处理，待收到通知资料数据库后，再进行处理；若先报送通知资料数据库，再报送确认投入使用信息函件，则国际电联无线电通信局将根据《无线电规则》第 11.47 款进行处理。

《无线电规则》第 11.47 款具体内容是，所有在投入使用前已经提前通知的频率指配均须临时登记进入《国际频率登记总表》。临时登记的任何空间电台的频率指配均须在第 11.44 款规定的期限届满前启用。除非通知主管部门通知国际电联无线电通信局已启用频率指配，否则国际电联无线电通信局将在第 11.44 款规定的规则期限届满前发出提醒函，要求确认在规则期限内有关指配已经得到启用。若国际电联无线电通信局未能在第 11.44 款规定的期限届满后的 30 天内收到确认，将在《国际频率登记总表》中注销该项登记。国际电联无线电通信局在采取这一行动前将通知相关主管部门。

卫星操作单位在收到主管部门转发的国际电联无线电通信局提醒函件后，应按照国际电联无线电通信局的时限要求，尽早将投入使用信息提交至主管部门。

2.3.1.5.2 暂停使用和重新投入使用

《无线电规则》第 11.49 款、第 11.49.1 款、第 11.49.2 款、第 11.49.3 款、第 11.49.4 款规定了卫星网络暂停使用和重新投入使用的相关国际规则，具体包含以下几方面内容。

（1）报送暂停使用的时间要求

任一卫星网络的空间电台或任一 NGSO 卫星系统的所有空间电台的已登记频率指配暂停使用超过 6 个月，主管部门须向国际电联无线电通信局报送暂停使用信息。卫星操作单位应按照国际电联无线电通信局的时限要求，将暂停使用信息报送至主管部门。若主管部门在频率指配暂停使用之日起超过 21 个月后才将暂停使用信息报送至国际电联无线电通信局，则相关频率指配将被删除。

（2）报送重新投入使用的时间要求

若主管部门自频率指配暂停使用之日起的 6 个月内将暂停使用信息报送至国际电联无线电通信局，则重新投入使用日期不得晚于频率指配暂停使用日期的 3 年；若主管部门自频率指配使用暂停之日起的 6 个月后才将暂停使用信息报送至国际电联无线电通信局，那么上述 3 年时间须缩短。在此情况下，从 3 年中扣减的时间等于从 6 个月期限结束之日起到将暂停使用信息报送至国际电联无线电通信局之日止之间的时间。

在暂停期结束前 90 天，国际电联无线电通信局将向主管部门发送提醒函。卫星操作单位在收到主管部门转发的国际电联无线电通信局提醒函件后，应按照国际电联无线电通信局的时限要求，尽早将重新投入使用信息提交至主管部门。若在规定时限内主管部门未向国际电联无线电通信局报送重新投入使用信息，则相关频率指配将被删除。

（3）重新投入使用的相关条款

根据轨道类型、业务种类、参考体的不同，主管部门报送重新投入使用信息应使用《无线电规则》第 11.49.1 款、第 11.49.2 款、第 11.49.3 款或第 11.49.4 款。其中对于 GSO 的重新投入使用，还需提供第 40 号决议信息。卫星网络重新投入使用的相关条款见表 2-6。

表 2-6 卫星网络重新投入使用的相关条款

轨道类型	业务类型	参考体	重新投入使用相关条款	是否需要在轨保持 90 天
GSO	所有业务	地球	第 11.49.1 款、第 40 号决议	是
NGSO	FSS、BSS、MSS	地球	第 11.49.2 款	是
	除 FSS、BSS、MSS 以外的其他业务		第 11.49.3 款	否
	所有业务	非地球	第 11.49.4 款	否

2.3.1.5.3 投入使用的证明

在主管部门向国际电联无线电通信局报送卫星网络资料的投入使用信息或重新投入使用信息之后，根据《无线电规则》第 13.6 款的规定，国际电联无线电通信局将要求主管部门提供该卫星网络投入使用的证明。国际电联无线电通信局关于此事的第一封来函回复时限为 3 个月。若主管部门在 3 个月内未予答复，国际电联无线电通信局将发出第一封提醒函。若主管部门在 1 个月内未回复国际电联无线电通信局的第一封提醒函，国际电联无线电通信局将发出第二封提醒函。若主管部门在一个月内未回复国际电联无线电通信局的第二封提醒函，相应的卫星频率和轨道资源将被删除。

卫星操作单位在收到主管部门转发的国际电联无线电通信局提醒函后，应按照国际电联无线电通信局的时限要求，尽早将投入使用证明的函件提交至主管部门。

提交卫星网络资料投入使用证明的函件主要包括 3 种形式，即频率计划、载荷描述信息和频谱图。主管部门在回复国际电联无线电通信局的问询函件时，需涵盖国际电联无线电通信局来函中指出的上行和下行所有频率范围。若提供给国际电联无线电通信局的频率不完整，则国际电联无线电通信局将再次来函询问。

卫星操作单位在收到主管部门转发的国际电联无线电通信局函件后，应按照国际电联无线电通信局的时限要求，尽早将回复意见提交至主管部门。

2.3.1.6 卫星网络资料的成本回收

根据国际电信联盟理事会第 482 号决定的规定，各国申报的卫星网络资料需缴纳成本回收费用。

（1）是否缴纳成本回收费用的查询方法

① 在国际电信联盟官方网站查询

国际电信联盟官方网站可以查询近 3 年申报的卫星网络资料成本回收费用的缴纳情况，如图 2-9 所示。

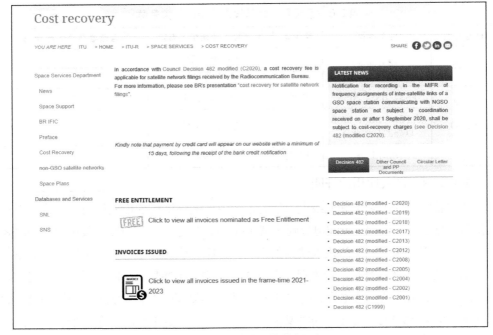

图 2-9　ITU 官方网站查询示意

② 在《国际频率信息通报》中查询

《国际频率信息通报》每两周公布一期，每期公布内容中包括近两年申报的卫星网络成本回收费用缴纳情况。通过查询往期《国际频率信息通报》公布信息，可以获取历史申报的卫星网络成本回收费用缴纳情况。

（2）成本回收费用的计算方法

成本回收费用金额与卫星网络资料类型、协调条款的数量和成本回收计算单位有关。其中，一个成本回收计算单位为将各频率指配组的频率指配数、台站类别数和发射数的乘积相加。具体来说：

① 对于提前公布资料，成本回收费用均为 570 瑞士法郎；

② 对于协调资料和通知资料，成本回收费用按照国际电信联盟理事会第 482 号决定附件表格中的计算标准收取。

（3）免收成本回收费用的卫星网络

每一主管部门每年有权享受申报一份卫星网络资料而无须支付成本回收费用的待遇。各主管部门自行决定由哪份卫星网络资料享受这一免费待遇，并告知国际电联无线电通信局。

2.3.2　卫星操作单位应提交的材料

2.3.2.1　卫星网络申报阶段应提交的材料

卫星操作单位申报提前公布资料、提前公布资料修改资料、协调资料、协调资料修改资料应向主管部门提交以下材料。

（1）卫星网络申报公函

卫星网络申报公函的主要内容包括以下几点。

① 卫星网络的基本情况

卫星网络的基本情况主要包括：项目背景；卫星系统概况，如使用用途、应用范围、实施计划以及卫星系统架构、卫星工作模式等；项目联系人及电话等。

② 卫星网络资料的主要参数

卫星网络申报公函中所描述的卫星网络主要参数应与拟提交国际电联无线电通信局的数据库数据保持一致。对于静止轨道卫星网络，主要参数包括轨道位置、波束名称、频率指配范围、最大天线增益、发射方向、业务类型、业务区、特殊地球站的位置、典型地球站的计划部署位置等。对于非静止轨道卫星网络，主要参数包括星座构型（轨道类型、轨道倾角、轨道高度、运行周期等）、波束名称、频率指配范围、最大天线增益、发射方向、业务类型、业务区、特殊地球站的位置、典型地球站的计划部署位置、天线方向图、卫星预计质量和寿命等。

③ 涉及卫星业余业务的，应提供符合卫星业余业务用途的说明。

④ 首次申报卫星网络资料的卫星操作单位，由于未获得卫星操作单位代码，应在公函中指出请求主管部门协助向国际电信联盟申请卫星操作单位代码。

（2）卫星频率和轨道资源可行性论证报告

卫星频率和轨道资源可行性论证报告作为申报公函的附件提供，主要内容包括：卫星无线电频率和轨道资源使用需求分析；与相关空间业务和地面业务的协调状态、协调形势和兼容共用情况分析；卫星无线电频率和轨道资源使用的可行性分析和风险应对措施等。具体参见《卫星无线电频率使用可行性论证办法（试行）》。

（3）卫星网络资料参数特性的自查说明

卫星网络资料参数特性的自查说明作为申报公函的附件提供，主要内容包括：

① 卫星网络特性是否符合国际电信联盟《无线电规则》和《中华人民共和国无线电频率划分规定》等相关规定；

② 通过 Space Validation 软件验证数据库的结果截图，如验证中存在 Fatal Error，需附上英文说明；

③ 下行功率通量密度计算。对于在《无线电规则》中规定了卫星到达地面的功率通量密度限值的频段，由于国际电信联盟 GIBC 软件可以验证静止轨道和非静止轨道卫星网络协调资料的功率通量密度值，因此，对于协调资料，可直接提交 GIBC 软件验证结果截图。如验证中存在可移动波束超限的情况，需附上英文说明。

对于静止轨道和非静止轨道卫星网络的提前公布资料，国际电信联盟 GIBC 软件无法计算，卫星操作单位需提交功率通量密度手动计算结果表格，并与《无线电规则》第 21 条中的限值进行比较。

对于在《无线电规则》中未规定卫星到达地面的功率通量密度限值的频段，仅需提供计算结果。

需要注意的是，所有下行波束均需计算下行功率通量密度值。对于相同频段，仅需计算最大载波功率通量密度值即可。

④ 对于非静止轨道卫星网络，如果频率指配涉及卫星固定业务，且这些频率指配在《无线电规则》第 22.5 款中有限值，需提交相关波束等效功率通量密度相关数据和验证结果。

（4）首次申报资料的卫星操作单位，需提交卫星网络申报承诺书，作为申报公函的附件。具体内容如下。

根据《中华人民共和国无线电管理条例》以及国际电信联盟（ITU）（以下简称国际电联）《无线电规则》（RR）等规定，我单位对本次申报及今后的申报协调等工作承诺如下：

一、严格遵守国家无线电管理及国际电联相关规定，履行工业和信息化部及国际电联规定的有关规则义务，根据国家卫星频率和轨道资源管理工作需要，服从工业和信息化部对资源使用权进行必要的统筹调配。

二、积极开展国内国际协调，认真处理国际电联频率信息通报，减少和避免与其他卫星网络以及地面无线电业务之间的干扰，遵守内地与香港、澳门间有关协定。

三、认识到卫星频率和轨道资源的获取存在一定的不确定因素，有可能导致卫星工程项目规划和建设进行适应性调整，并同意承担上述情况可能带来的风险。

四、按照国际电联规定，如期足额缴纳所申报的卫星网络成本回收费用。

承诺单位（公章）

年　　月　　日

联系人：　　　　联系电话：

（5）首次申报资料的卫星操作单位，还应提供以下材料，作为申报公函的附件。

① 申报单位的基本情况，主要包括申报单位简介、中英文名称、地址、邮编和传真号码，单位负责人及经办人的姓名、职务、电子邮箱和联系电话，单位有关资金、技术、管理、设施等情况的介绍。

② 法人资格证书（复印件）。

（6）涉及委托关系的，还应提供相关委托文件，作为申报公函的附件。

（7）卫星网络资料数据库

卫星操作单位应按照国际电信联盟《无线电规则》附录 4 中要求的参数和格式，用国际电信联盟指定的专用软件 SpaceCap 编制电子格式的卫星网络提前公布资料和协调资料，形成空间网络系统（Space Network Systems，SNS）数据库。如有图片格式的附件，还应提供图形界面管理软件（Graphical Interference Management Software，GIMS）数据库。

（8）主管部门要求的其他材料。

2.3.2.2　卫星网络登记阶段应提交的材料

在登记阶段，卫星操作单位需提交通知资料、行政应付努力信息和投入使用信息。一般情况下，三者同时提交。

提交行政应付努力信息和投入使用信息的材料较为简单，如果单独提交投入使用信息，可按照卫星网络资料维护类函件的要求准备；如果单独提交行政应付努力信息，除按照卫星网络资料维护类函件的要求准备函件信息表外，还需增加第 49 号决议或第 552 号决议 SNS 数据库。本小节重点对提交通知资料需准备的材料进行介绍。

（1）卫星网络登记公函

卫星网络登记公函的主要内容如下。

① 卫星网络的基本情况

卫星网络的基本情况包括：项目背景；卫星系统概况，如使用用途、应用范围、实施计划以及卫星系统架构、卫星工作模式等；项目联系人及电话。

② 卫星网络资料的主要参数

卫星网络资料的主要参数应与拟提交国际电信联盟的数据库数据保持一致。对于静止轨道卫星网络，主要参数包括轨道位置、波束名称、频率指配范围、最大天线增益、发射方向、业务类型、业务区、特殊地球站的位置、典型地球站的计划部署位置等；对于非静止轨道卫星网络，主要参数包括星座构型（轨道类型、轨道倾角、轨道高度、运行周期等）、波束名称、频率指配范围、最大天线增益、发射方向、业务类型、业务区、特殊地球站的位置、典型地球站的计划部署位置、天线方向图、卫星预计重量和寿命等。

③ 说明通知资料所填报的参数是否超出提前公布资料和协调资料的范围。

（2）卫星网络资料参数特性的自查说明

卫星网络资料参数特性的自查说明作为申报公函的附件提供，主要内容如下。

① 卫星网络特性是否符合国际电信联盟《无线电规则》和《中华人民共和国无线电频率划分规定》等相关规定。

② 通过 Space Validation 软件验证数据库的结果截图。如验证中存在 Fatal Error，需附上英文说明。

③ 下行功率通量密度计算。具体来说，对于在《无线电规则》中规定了卫星到达地面的功率通量密度限值的频段，直接提交 GIBC 软件验证结果截图。如验证结果中存在可移动波束的超限结果，需附上英文说明。对于无限值的部分，仅需提供计算结果。

需要注意的是，所有下行波束均需计算下行功率通量密度值。对于相同频段，仅需计算最大载波功率通量密度值即可。

④ 对于非静止轨道卫星网络，如果频率指配涉及卫星固定业务，且这些频率指配在《无线电规则》第 22.5 款中规定了限值，需提交相关波束等效功率通量密度相关数据和验证结果。

（3）卫星网络国内和国际协调情况

卫星网络国内和国际协调情况作为申报公函的附件提供。

① 卫星网络国内协调情况

卫星网络国内协调情况主要为该卫星网络与其他卫星操作单位的相关卫星网络完成协调情况，以及与同频地面业务完成协调情况，并需提供完成协调协议文件的复印件；与香港卫星操作单位的协调情况主要包括该卫星网络收到香港卫星操作单位的《国际频率信息通报》意见情况，以及双方后续开展协调的情况等。

② 卫星网络国际协调情况

卫星网络国际协调情况主要为该卫星网络所做的国际协调努力，包括国际信函协调情况、卫星操作单位间卫星网络协调会谈开展情况以及主管部门间卫星网络协调会谈开展情况。说明该卫星网络已与哪些国家的相关卫星网络完成了协调，与哪些国家的相关卫星网络开展了协调但尚未完成协调，与哪些国家的相关卫星网络尚未开展协调。

（4）涉及委托关系的，还应提供相关委托文件，作为申报公函的附件。

（5）电子版申报材料

卫星操作单位还需提交电子版申报材料，材料中所包含的卫星网络相关参数信息应与纸质版申报文件一致。

（6）卫星网络资料数据库

卫星操作单位应按照国际电信联盟《无线电规则》附录 4 中要求的参数和格式，用国际电信联盟指定的专用软件 SpaceCap 编制电子格式的卫星网络通知资料形成 SNS 数据库。如有图片格式的附件，还应提供 GIMS 数据库。

（7）主管部门要求的其他材料。

2.3.2.3 卫星网络资料维护阶段应提交的材料

卫星网络资料主要是以信函的形式开展维护工作。卫星网络资料维护函件一般可分为 3 类：一是回复国际电联无线电通信局对卫星网络资料的审查意见，包括对各类资料的审查意见、卫星网络有效期的审查意见、卫星网络频率指配启用和暂停的审查意见等；二是回应国际电联无线电通信局的质询，包括提供相关证明说明卫星网络频率指配使用情况、澄清卫星网络协调情况等；三是主动给国际电联无线电通信局发函，包括报送卫星网络频率指配暂停使用信息、卫星网络频率指配重新投入使用信息、延长卫星网络频率指配有效期、修改各类卫星网络资料、变更卫星操作单位名称、报送免费卫星网络、说明成本回收费用相关问题等。

针对卫星网络资料维护类函件，卫星操作单位需填写《空间业务国际函件信息表》，并提交至主管部门，内容主要包括卫星操作单位信息、国际函件信息、背景说明、中文代拟函等。《空间业务国际函件信息表》格式模板如图 2-10 和图 2-11 所示。

空间业务国际函件信息表

一、卫星操作单位信息

单位名称	
经办人	
联系方式	
日期	

二、国际函件信息

类型	
主管部门编号	
日期和时限	

三、背景说明

图 2-10　《空间业务国际函件信息表》模板（基本信息部分）

```
四、中文代拟函
主送：
抄送：
主题：
参考：1）中国主管部门函件RG/×××/××××，×年×月×日
      2）国际电联函件×××，×年×月×日
      3）XX主管部门函件×××，×年×月×日
      4）BR IFIC No.×××，×××特节，×年×月×日
      5）e-Submission CHN××××-××××，×年×月×日

尊敬的无线电通信局主任/尊敬的先生/女士：

本主管部门确认收到参考×）中的来函

正文。

顺致敬意！

                                （主管部门签字）


附件：共×页
```

图 2-11 《空间业务国际函件信息表》模板（中文代拟函部分）

2.4 规划频段卫星网络资料的申报、登记和维护

2.4.1 附录 30/30A 规划频段卫星网络资料的申报、登记和维护

《无线电规则》附录 30 是关于 12 GHz 频段卫星广播业务下行的规划。附录 30A 是关于 14 GHz 和 17 GHz 频段卫星固定业务上行的规划，注意，这里的卫星固定业务用于与附录 30 相关联的卫星广播业务的馈线链路。

（1）附录 30 和附录 30A 的频率资源见表 2-7。

表 2-7 附录 30 和附录 30A 的频率资源

分区	附录 30、BSS 馈线	总带宽	附录 30A、BSS 馈线	总带宽
1	11.7～12.5 GHz	800 MHz	14.5～14.8 GHz	300 MHz
			17.3～18.1 GHz	800 MHz
3	11.7～12.2 GHz	500 MHz	14.5～14.8 GHz	300 MHz
			17.3～18.1 GHz	800 MHz
2	12.2～12.7 GHz	500 MHz	17.3～17.8 GHz	500 MHz

国际电信联盟为每一主管部门提供了核心规划（Core Plan）和原始规划（Original Plan）。核心规划和原始规划对于 1 区、3 区和 2 区有所不同，具体情况见表 2-8。

表 2-8　核心规划和原始规划情况

对比项	1 区和 3 区	2 区
每一主管部门信道数量	1 区：10 个数字信道，每个信道带宽 27 MHz； 3 区：12 个数字信道，每个信道带宽 27 MHz	32 个模拟信道，每个信道带宽 24 MHz
BSS 规划条款	附录 30 第 11 条	附录 30 第 10 条
BSS 馈线链路规划条款	附录 30A 第 9A 条	附录 30A 第 9 条

附录 30 第 10 条、第 11 条以及附录 30A 第 9 条和第 9A 条中提供的规划信息包括波束名称、轨道位置、信道编号、椭圆轨道参数、极化方式、功率等，如图 2-12～图 2-15 所示。

（2）《无线电规则》附录 30 和附录 30A 第 4 条用于修改 2 区规划或者增加使用 1 区和 3 区规划。根据《无线电规则》附录 30 第 4.1.3 段的规定，第一份附录 30 或附录 30A 卫星网络资料的提交应不早于该频率指配投入使用之前 8 年，且最好不晚于该频率指配投入使用之前 2 年。

国际电联无线电通信局在收到附录 30 或附录 30A 卫星网络第一份资料后，根据《无线电规则》第 4.1.4 款进行完整性检查并向主管部门发函。若主管部门提交的卫星网络资料不完整，则需要在收到国际电联无线电通信局函件之后的 30 天内进行回复，否则，该卫星网络资料将建立新的接收日期。

此外，国际电联无线电通信局根据《无线电规则》附录 30 和附录 30A 附件 1 中的保护标准确定受影响的主管部门和卫星网络名称。主管部门提交的卫星网络资料以及国际电联无线电通信局判定的受影响主管部门和卫星网络名称将被公布在《国际频率信息通报》的 Part A 特节中。

附录 30 和附录 30A Part A 资料的提交、审查和公布如图 2-16 所示。

（3）开展必要的国际协调之后，主管部门可根据《无线电规则》附录 30 和附录 30A 第 4.1.12 段提交 Part B 资料。Part B 资料包含卫星网络的最终特性参数。国际电联无线电通信局在收到 Part B 资料后，进行完整性检查并向主管部门发函。若主管部门提交的卫星网络资料不完整，则需要在收到国际电联无线电通信局函件之后的 30 天内进行回复，否则，该卫星网络资料将建立新的接收日期。

12 224.00 MHz (1)

1	2	3	4		5		6	7	8	9	
ALS00002	−166.20	1	−149.66	58.37	3.76	1.24	170	1	59.7	9/GR1	10
ALS00003	−175.20	1	−150.98	58.53	3.77	1.11	167	1	60.0	9/GR2	10
ARGINSU4	−94.20	1	−52.98	−59.81	3.40	0.80	19	1	59.9	9/GR3	
ARGSUR04	−94.20	1	−65.04	−43.33	3.32	1.50	40	1	60.7	9/GR3	10
B CE311	−64.20	1	−40.60	−6.07	3.04	2.06	174	1	61.6	8 9/GR7	10
B CE312	−45.20	1	−40.27	−6.06	3.44	2.09	174	1	61.0	8 9/GR9	10
B CE411	−64.20	1	−50.97	−15.27	3.86	1.38	49	1	62.6	8 9/GR7	10
B CE412	−45.20	1	−50.71	−15.30	3.57	1.56	52	1	62.7	8 9/GR9	10
B CE511	−64.20	1	−53.10	−2.90	2.44	2.13	104	1	63.0	8 9/GR7	10
B NO611	−74.20	1	−59.60	−11.62	2.85	1.69	165	2	62.8	8 9/GR8	
B NO711	−74.20	1	−60.70	−1.78	3.54	1.78	126	2	62.8	8 9/GR8	
B NO811	−74.20	1	−68.76	−4.71	2.37	1.65	73	2	62.8	8 9/GR8	
B SU111	−81.20	1	−51.12	−25.63	2.76	1.05	50	1	62.8	8 9/GR6	10
B SU112	−45.20	1	−50.75	−25.62	2.47	1.48	56	1	62.2	8 9/GR9	
B SU211	−81.20	1	−44.51	−16.95	3.22	1.36	60	1	62.5	8 9/GR6	10
B SU212	−45.20	1	−44.00	−16.87	3.20	1.96	58	1	61.3	8 9/GR9	
BAHIFRB1	−87.20	1	−76.06	24.16	1.81	0.80	142	1	61.6		
BERBERMU	−96.20	1	−64.77	32.32	0.80	0.80	90	2	56.8		
BERBER02	−31.00	1	−64.77	32.32	0.80	0.80	90	1	56.9	2	10
BOLAND01	−115.20	1	−65.04	−16.76	2.49	1.27	76	1	67.9	9/GR5	
CAN01101	−138.20	1	−125.63	57.24	3.45	1.27	157	1	59.5	9/GR10	10
CAN01201	−138.20	1	−112.04	55.95	3.35	0.97	151	1	59.6	9/GR10	10
CAN01202	−72.70	1	−107.70	55.63	2.74	1.12	32	1	59.6		
CAN01203	−129.20	1	−111.48	55.61	3.08	1.15	151	1	59.5	9/GR12	10
CAN01303	−129.20	1	−102.42	57.12	3.54	0.91	154	1	60.0	9/GR12	10
CAN01304	−91.20	1	−99.12	57.36	1.98	1.72	2	1	59.8	9/GR13	
CAN01403	−129.20	1	−89.75	52.02	4.68	0.80	148	1	61.8	9/GR12	10
CAN01404	−91.20	1	−84.82	52.42	3.10	2.05	152	1	60.4	9/GR13	10
CAN01405	−82.20	1	−84.00	52.39	2.84	2.29	172	1	60.3	9/GR14	10
CAN01504	−91.20	1	−72.66	53.77	3.57	1.67	156	1	60.2	9/GR13	10
CAN01505	−82.20	1	−71.77	53.79	3.30	1.89	162	1	60.1	9/GR14	10
CAN01605	−82.20	1	−61.50	49.55	2.65	1.40	143	1	60.3	9/GR14	10
CAN01606	−70.70	1	−61.30	49.55	2.40	1.65	148	1	60.2	10	
CHLCONT5	−106.20	1	−72.23	−35.57	2.60	0.80	55	1	59.4	9/GR17	
CHLPAC02	−106.20	1	−80.06	−30.06	1.36	0.80	69	1	59.2	9/GR17	
CLMAND01	−115.20	1	−74.72	5.93	3.85	1.63	114	1	64.9	9/GR5	
CLM00001	−103.20	1	−74.50	5.87	3.98	1.96	118	1	63.5	10	
EQACAND1	−115.20	1	−78.40	−1.61	1.37	0.95	75	1	64.0	9/GR5	
EQAGAND1	−115.20	1	−90.34	−0.62	0.90	0.81	89	1	61.3	9/GR5	
FLKANT01	−57.20	1	−44.54	−60.13	3.54	0.80	12	1	59.3	2	10
FLKFALKS	−31.00	1	−59.90	−51.64	0.80	0.80	90	1	58.1	2	
GRD00002	−42.20	1	−61.58	12.29	0.80	0.80	90	1	58.8		
HWA00002	−166.20	1	−165.79	23.42	4.20	0.80	160	1	58.8	9/GR1	10
HWA00003	−175.20	1	−166.10	23.42	4.25	0.80	159	1	58.8	9/GR2	10
MEX01NTE	−78.20	1	−105.81	26.01	2.89	2.08	155	1	60.5	1	
MEX01SUR	−69.20	1	−94.84	19.82	3.05	2.09	4	1	62.2	1	10
MEX02NTE	−136.20	1	−107.21	26.31	3.84	1.55	148	1	61.2	1	10
MEX02SUR	−127.20	1	−96.39	19.88	3.18	1.87	157	1	62.5	1	10
PAQPAC01	−106.20	1	−109.18	−27.53	0.80	0.80	90	1	56.2	9/GR17	
PRG00002	−99.20	1	−58.66	−23.32	1.45	1.04	76	1	60.2		
PRUAND02	−115.20	1	−74.69	−8.39	3.41	1.79	95	1	63.9	9/GR5	
PTRVIR01	−101.20	1	−65.85	18.12	0.80	0.80	90	1	60.6	1 6 9/GR20	10
PTRVIR02	−110.20	1	−65.86	18.12	0.80	0.80	90	1	61.0	1 6 9/GR21	10
SPMFRAN3	−53.20	1	−67.24	47.51	3.16	0.80	7	1	60.4	2 7	10
TRD00001	−84.70	1	−61.23	10.70	0.80	0.80	90	1	59.4		
URG00001	−71.70	1	−56.22	−32.52	1.02	0.89	11	1	60.0		
USAEH001	−61.70	1	−85.19	36.21	5.63	3.33	22	1	61.8	1 5 6	10
USAEH002	−101.20	1	−89.24	36.16	5.67	3.76	170	1	61.7	1 6 9/GR20	10
USAEH003	−110.20	1	−90.14	36.11	5.55	3.55	161	1	62.0	1 6 9/GR21	10
USAEH004	−119.20	1	−91.16	36.05	5.38	3.24	152	1	62.6	1 5 6	10
USAPSA02	−166.20	1	−117.80	40.58	4.03	0.82	135	1	63.2	9/GR1	
USAPSA03	−175.20	1	−118.27	40.12	3.62	0.80	136	1	65.0	9/GR2	
USAWH101	−148.20	1	−109.65	38.13	5.53	1.95	142	1	62.1	10	
USAWH102	−157.20	1	−111.41	38.57	5.51	1.54	138	1	63.2	10	
VENAND03	−115.20	1	−67.04	6.91	2.37	1.43	111	1	67.2	9/GR5	
VRG00001	−79.70	1	−64.37	18.48	0.80	0.80	90	1	58.3	4	

图 2-12   附录 30 第 10 条-2 区 BSS 规划情况

波束名称	频道	注	受影响的主管部门*	受影响的网络/波束*
ARS34000	40	c	CHN, G, J, KOR, MLA, THA, UAE, USA	AM-SAT A4, ASIASAT-AKX, ASIASAT-CKX, ASIASAT-EKX, EMARSAT-1G, JCSAT-3A, JCSAT-3B, KOREASAT-1, MEASAT-1, MEASAT-91.5E, N-SAT-110E, N-SAT-128, SJC-1, THAICOM-A2B, THAICOM-G1K
BEL01800	26, 28, 30, 32, 34, 36, 38, 40	c	PAK	PAKSAT-1
BFA10700	22, 24	c	E	HISPASAT-1, HISPASAT-2C3 KU
CVA08300	1, 3, 5, 7, 9, 11	c	USA	INTELSAT7 359E, INTELSAT8 359E, INTELSAT10 359E
CYP08600	1, 3, 5, 7, 9, 11, 13	c	USA	INTELSAT7 359E, INTELSAT8 359E
FSM00000	1, 3, 5, 7, 9, 11, 13	c	USA	INTELSAT7 157E
GMB30200	1, 5, 9, 13, 17	c	USA	USASAT-26A
GNB30400	22, 24	c	E	HISPASAT-1, HISPASAT-2C3 KU
GRC10500	2, 4, 6, 8, 10, 12	c	USA	INTELSAT7 359E, INTELSAT8 359E, INTELSAT10 359E
GUI19200	2, 4, 6, 8, 10, 12, 14, 16, 18, 20	c	USA	USASAT-26A
IRL21100	1, 3, 5, 7, 9, 11, 13, 15, 17, 19	c	USA	USASAT-26A
ISL04900	27	a	GUY	GUY00302
ISL04900	29, 39	a	JMC	JMC00005
ISL04900	31, 33, 35, 37	a	GUY, JMC	GUY00302, JMC00005
ISL04900	23	c	B, USA	B-SAT1, USASAT-14L
KIR_100	1, 3, 5, 7, 9, 11, 13	c	USA	INTELSAT7 177E, USASAT-14K
KIR_100	17	c	USA	USASAT-14K
MLI_100	1, 3, 5, 7, 9, 11, 13	c	USA	INTELSAT7 342E, INTELSAT8 342E, INTELSAT8 340E
MNG24800	31, 35	c	CHN, THA	APSTAR-4, THAICOM-A2B, THAICOM-G1K
MOZ30700	2, 6, 10	c	USA	INTELSAT7 359E, INTELSAT8 359E, INTELSAT10 359E
NGR11500	2, 4, 6, 8, 10, 12, 14, 16, 18, 20	c	USA	USASAT-26A
NOR12000	1, 3, 5, 7, 9, 11, 13	c	USA	INTELSAT7 359E, INTELSAT8 359E, INTELSAT10 359E
POR_100	1, 3, 5, 7, 9, 11, 13, 15, 17, 19	c	USA	USASAT-26A
RUS-4	28, 29, 33, 37	c	KOR	KOREASAT-1, KOREASAT-2
RUS-4	31, 35, 39	c	G	AM-SAT A4
SEN22200	23	c	USA	USASAT-26A
SOM31200	26, 28, 30, 32, 34, 36, 38, 40	c	PAK	PAKSAT-1
TGO22600	1, 3, 5, 7, 9, 11	c	USA	INTELSAT8 330.5E
TGO22600	13	c	E, USA	HISPASAT-1, HISPASAT-2C3 KU, INTELSAT8 330.5E
TGO22600	15, 17, 19	c	E	HISPASAT-1, HISPASAT-2C3 KU
TJK06900	26, 28, 30, 32, 34, 36, 38, 40	c	PAK	PAKSAT-1
TKM06800	26, 28, 30, 32, 34, 36, 38, 40	c	UAE	EMARSAT-1G
TON21500	2, 6, 10, 14, 18	c	USA	USASAT-14K
ZWE13500	1, 3, 5, 7, 9, 11, 13	c	USA	INTELSAT7 359E, INTELSAT8 359E

图 2-13　附录 30 第 11 条-1 区和 3 区 BSS 规划情况

* 其指配可能对左栏所示波束产生干扰的主管部门及相应网络/波束。

17 324.00 MHz (1)

1	2	3	4		5		6	7	8	9
ALS00002	− 166.20	1	− 109.94	36.86	6.04	1.11	137	1	87.4	9/GR1
ALS000/03	− 175.20	1	− 116.23	37.50	5.60	0.75	132	1	87.4	9/GR2
ARGINSU4	− 94.20	1	− 52.98	− 59.81	3.40	0.68	19	1	87.4	9/GR3
ARGSUR04	− 94.20	1	− 65.04	− 43.33	3.32	1.50	40	1	87.4	9/GR3
B CE311	− 64.20	1	− 40.60	− 6.07	3.04	2.06	174	1	87.4	8 9/GR7
B CE312	− 45.20	1	− 40.27	− 6.06	3.44	2.09	174	1	87.4	8 9/GR9
B CE411	− 64.20	1	− 50.97	− 15.27	3.86	1.38	49	1	87.4	8 9/GR7
B CE412	− 45.20	1	− 50.71	− 15.30	3.57	1.56	52	1	87.4	8 9/GR9
B CE511	− 64.20	1	− 53.10	− 2.90	2.44	2.13	104	1	87.4	8 9/GR7
B NO611	− 74.20	1	− 59.60	− 11.62	2.85	1.69	165	2	87.4	8 9/GR8
B NO711	− 74.20	1	− 60.70	− 1.78	3.54	1.78	126	2	87.4	8 9/GR8
B NO811	− 74.20	1	− 68.76	− 4.71	2.37	1.65	73	2	87.4	8 9/GR8
B SU111	− 81.20	1	− 51.12	− 25.63	2.76	1.05	50	1	87.4	8 9/GR6
B SU112	− 45.20	1	− 50.75	− 25.62	2.47	1.48	56	1	87.4	8 9/GR6
B SU211	− 81.20	1	− 44.51	− 16.95	3.22	1.36	60	1	87.4	8 9/GR6
B SU212	− 45.20	1	− 44.00	− 16.87	3.20	1.96	58	1	87.4	8 9/GR9
BAHIFRB1	− 87.20	1	− 76.06	24.16	1.81	0.70	142	1	87.4	
BERBERMU	− 96.20	1	− 64.77	32.32	0.60	0.60	90	2	87.4	
BERBER02	− 31.00	1	− 64.77	32.32	0.60	0.60	90	1	87.4	2 3
BOLAND01	− 115.20	1	− 71.37	− 4.69	6.49	2.57	87	1	87.4	9/GR5
CAN01101	− 138.20	1	− 114.60	51.08	7.28	1.10	160	1	87.4	9/GR10
CAN01201	− 138.20	1	− 114.60	51.08	7.28	1.10	160	1	87.4	9/GR10
CAN01202	− 72.70	1	− 81.34	50.02	7.96	2.55	5	1	87.4	
CAN01203	− 129.20	1	− 113.02	51.08	7.47	1.26	162	1	87.4	9/GR12
CAN01303	− 129.20	1	− 113.02	51.08	7.47	1.26	162	1	87.4	9/GR12
CAN01304	− 91.20	1	− 86.71	50.48	8.58	2.54	178	1	87.4	9/GR13
CAN01403	− 129.20	1	− 113.02	51.08	7.47	1.26	162	1	87.4	9/GR12
CAN01404	− 91.20	1	− 86.71	50.48	8.58	2.54	178	1	87.4	9/GR13
CAN01405	− 82.20	1	− 84.11	50.20	8.31	2.58	1	1	87.4	9/GR14
CAN01504	− 91.20	1	− 86.71	50.48	8.58	2.54	178	1	87.4	9/GR13
CAN01505	− 82.20	1	− 84.11	50.20	8.31	2.58	1	1	87.4	9/GR14
CAN01605	− 82.20	1	− 84.11	50.20	8.31	2.58	1	1	87.4	9/GR14
CAN01606	− 70.70	1	− 80.57	50.03	7.88	2.53	6	1	87.4	
CHLCONT5	− 106.20	1	− 72.23	− 35.57	2.60	0.68	55	1	87.4	9/GR17
CHLPAC02	− 106.20	1	− 80.06	− 30.06	1.36	0.68	69	1	87.4	9/GR17
CLMAND01	− 115.20	1	− 71.37	− 4.69	6.49	2.57	87	1	87.4	9/GR5
CLM00001	− 103.20	1	− 74.50	5.87	3.98	1.96	118	1	87.4	
EQACAND1	− 115.20	1	− 71.37	− 4.69	6.49	2.57	87	1	87.4	9/GR5
EQAGAND1	− 115.20	1	− 71.37	− 4.69	6.49	2.57	87	1	87.4	9/GR5
FLKANT01	− 57.20	1	− 44.54	− 60.13	3.54	0.68	12	1	87.4	2
FLKFALKS	− 31.00	1	− 59.90	− 51.64	0.60	0.60	90	1	87.4	2 3
GRD00002	− 42.20	1	− 61.58	12.29	0.60	0.60	90	1	87.4	
HWA00002	− 166.20	1	− 109.94	36.86	6.04	1.11	137	1	87.4	9/GR1
HWA00003	− 175.20	1	− 116.23	37.50	5.60	0.75	132	1	87.4	9/GR2
MEX01NTE	− 78.20	1	− 105.81	26.01	2.89	2.08	155	1	87.4	1
MEX01SUR	− 69.20	1	− 94.84	19.82	3.05	2.09	4	1	87.4	1
MEX02NTE	− 136.20	1	− 107.21	26.31	3.84	1.55	148	1	87.4	1
MEX02SUR	− 127.20	1	− 96.39	19.88	3.18	1.87	157	1	87.4	1
PAQPAC01	− 106.20	1	− 109.18	− 27.53	0.60	0.60	90	1	87.4	9/GR17
PRG00002	− 99.20	1	− 58.66	− 23.32	1.45	1.04	76	1	87.4	
PRUAND02	− 115.20	1	− 71.37	− 4.69	6.49	2.57	87	1	87.4	9/GR5
PTRVIR01	− 101.20	1	− 93.94	36.32	8.24	3.56	171	1	87.4	1 6 9/GR20
PTRVIR02	− 110.20	1	− 95.23	36.29	8.27	3.37	168	1	87.4	1 6 9/GR21
SPMFRAN3	− 53.20	1	− 67.24	47.51	3.16	0.79	7	1	87.4	2 7
TRD00001	− 84.70	1	− 61.23	10.70	0.60	0.60	90	1	87.4	
URG00001	− 71.70	1	− 56.22	− 32.52	1.02	0.89	11	1	87.4	
USAEH001	− 61.70	1	− 87.57	36.17	6.42	3.49	12	1	87.4	1 5 6
USAEH002	− 101.20	1	− 93.94	36.32	8.24	3.56	171	1	87.4	1 6 9/GR20
USAEH003	− 110.20	1	− 95.23	36.29	8.27	3.37	168	1	87.4	1 6 9/GR21
USAEH004	− 119.20	1	− 96.45	36.21	8.20	3.12	165	1	87.4	1 5 6
USAPSA02	− 166.20	1	− 109.94	36.86	6.04	1.11	137	1	87.4	9/GR1
USAPSA03	− 175.20	1	− 116.23	37.50	5.60	0.75	132	1	87.4	9/GR2
USAWH101	− 148.20	1	− 111.02	40.68	4.36	2.15	162	1	87.4	
USAWH102	− 157.20	1	− 113.07	40.74	3.72	1.78	149	1	87.4	
VENAND03	− 115.20	1	− 71.37	− 4.69	6.49	2.57	87	1	87.4	9/GR5
VRG00001	− 79.70	1	− 64.37	18.48	0.60	0.60	90	1	87.4	4

图 2-14　附录 30A 第 9 条-2 区 BSS 馈线链路规划情况

1 主管部门代码	2 波束标识	3 轨道位置	4 瞄准线 经度	4 瞄准线 纬度	5 空间电台天线特性 长轴	5 短轴	5 方向	6 空间电台天线代码	7 成形波束	8 空间电台天线增益 同极化	8 交叉极化	9 地球站天线 代码	9 增益	10 极化 类型	10 角度	11 e.i.r.p.	12 功率控制	13 发射标志	14 空间电台识别	15 组码	16 地位	17 备注
AFS	AFS02101	4.80	24.50	-28.00	3.13	1.68	27.00	MODRSS		37.24		MODTES	57.00	CL		82.0		27M0G7W		4L	P	
AFS	AFS02102	4.80	24.50	-28.00	3.13	1.68	27.00	MODRSS		37.24		MODTES	57.00	CR		82.0		27M0G7W		4L	P	
CHN	CHN19001	122.00	114.17	23.32	0.91	0.60	2.88	MODRSS		47.08		MODTES	57.00	CL		84.0		27M0G7W		4C	P	
CHN	CHN19002	122.00	114.17	23.32	0.91	0.60	2.88	MODRSS		47.08		MODTES	57.00	CR		84.0		27M0G7W		4C	P	
CME	CME30001	-13.00	12.70	6.20	2.54	1.68	87.00	MODRSS		38.15		MODTES	57.00	CL		84.0		27M0G7W		4I	P	
CME	CME30002	-13.00	12.70	6.20	2.54	1.68	87.00	MODRSS		38.15		MODTES	57.00	CR		84.0		27M0G7W		4I	P	
ETH	ETH09201	36.00	40.49	9.20	2.83	2.26	174.44	MODRSS		36.40		MODTES	57.00	CL		82.0		27M0G7W		4P	P	
ETH	ETH09202	36.00	40.49	9.20	2.83	2.26	174.44	MODRSS		36.40		MODTES	57.00	CR		82.0		27M0G7W		4P	P	
GHA	GHA10801	-25.00	-1.20	7.90	1.48	1.06	102.00	MODRSS		42.49		MODTES	57.00	CL		83.0		27M0G7W		4F	P	
GHA	GHA10802	-25.00	-1.20	7.90	1.48	1.06	102.00	MODRSS		42.49		MODTES	57.00	CR		83.0		27M0G7W		4F	P	
IND	INDA_101	55.80	76.16	14.72				CB_RSS_INDA		45.66		MODTES	57.00	CR		82.0		27M0G7W		4U	P	
IND	INDA_102	55.80	76.16	14.72				CB_RSS_INDA		45.66		MODTES	57.00	CL		82.0		27M0G7W		4U	P	
IRN	IRN19901	34.00	54.20	32.40	3.82	1.82	149.00	MODRSS		36.03		MODTES	57.00	CR		82.0		27M0G7W		4S	P	
IRN	IRN19902	34.00	54.20	32.40	3.82	1.82	149.00	MODRSS		36.03		MODTES	57.00	CL		82.0		27M0G7W		4S	P	
IRQ	IRQ25601	50.00	43.86	32.86	1.82	1.34	162.65	MODRSS		40.58		MODTES	57.00	CR		82.0		27M0G7W		4M	P	
IRQ	IRQ25602	50.00	43.86	32.86	1.82	1.34	162.65	MODRSS		40.58		MODTES	57.00	CL		82.0		27M0G7W		4M	P	
KOR	KO11201D	116.00	127.50	36.00	1.24	1.02	168.00	R13RSS		43.40		R13TES	57.30	CR		82.0		27M0G7W	KOREASAT-1	03	PE	
KOR	KOR11201	116.00	127.50	36.00	1.24	1.02	168.00	R13RSS		43.40		R13TES	57.30	CL		82.0		27M0G7W	KOREASAT-1	03	PE	
MOZ	MOZ30701	-1.00	34.00	-18.00	3.57	1.38	55.00	MODRSS		37.52		MODTES	57.00	CL		82.0		27M0G7W		4K	P	
MOZ	MOZ30702	-1.00	34.00	-18.00	3.57	1.38	55.00	MODRSS		37.52		MODTES	57.00	CR		82.0		27M0G7W		4K	P	
NIG	NIG11901	-19.20	7.80	9.40	2.16	2.02	45.00	MODRSS		38.05		MODTES	57.00	CL		82.0		27M0G7W		4G	P	
NIG	NIG11902	-19.20	7.80	9.40	2.16	2.02	45.00	MODRSS		38.05		MODTES	57.00	CR		82.0		27M0G7W		4G	P	
NMB	NMB02501	-18.80	17.50	-21.60	2.66	1.90	48.00	MODRSS		37.41		MODTES	57.00	CL		82.0		27M0G7W		4H	P	
NMB	NMB02502	-18.80	17.50	-21.60	2.66	1.90	48.00	MODRSS		37.41		MODTES	57.00	CR		82.0		27M0G7W		4H	P	
NPL	NPL12201	50.00	83.70	28.30	1.72	0.60	163.00	MODRSS		44.31		MODTES	57.00	CL		82.0		27M0G7W		4N	P	

图 2-15　附录 30A 第 9A 条-1 区和 3 区 BSS 馈线链路规划情况

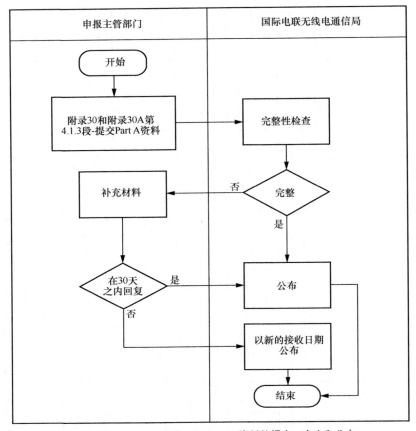

图 2-16　附录 30 和附录 30A Part A 资料的提交、审查和公布

　　此外，国际电联无线电通信局还将根据《无线电规则》附录 30 和附录 30A 附件 1 中的保护标准审查国际协调情况。审查合格后，国际电联无线电通信局将该频率指配登记进入列表/规划（List/Plan）。

　　附录 30/30A Part B 资料的提交、审查和公布如图 2-17 所示。

　　（4）主管部门应在不早于卫星投入使用日期前 3 年，不晚于卫星投入使用日期前 3 个月，向国际电联无线电通信局报送通知资料、行政应付努力信息和投入使用信息。实际中，通知资料一般与 Part B 资料同时报送。在收到完整的通知资料后，国际电联无线电通信局将其公布在《国际频率信息通报》的 Part I-S 特节。经审查合格后，将其公布在《国际频率信息通报》的 Part II-S 特节，相关频率指配登记进入《国际频率登记总表》。若审查不合格，将其公布在《国际频率信息通报》的 Part III-S 特节，表明相关频率指配被退回通知主管部门。

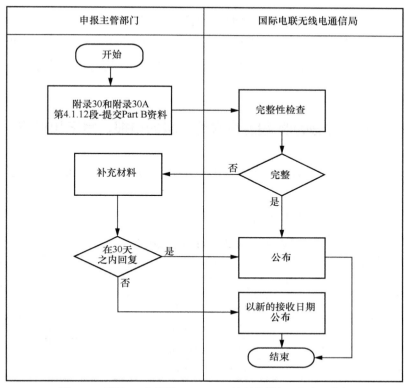

图 2-17　附录 30 和附录 30A Part B 资料的提交、审查和公布

附录 30/30A N 资料的提交、审查和公布如图 2-18 所示。

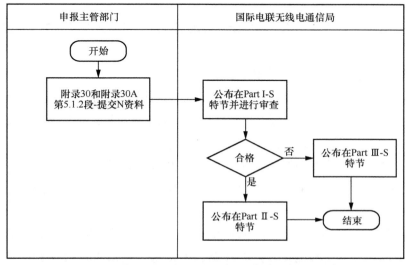

图 2-18　附录 30 和附录 30A N 资料的提交、审查和公布

在收到卫星网络行政应付努力信息和投入使用信息后，国际电联无线电通信局会将频率指配正式登记进入《国际频率登记总表》，相关频率指配获得规则保护地位。

（5）报送行政应付努力信息和投入使用信息的国际规则与非规划频段相同，可参考本书前述章节内容。

2.4.2　附录 30B 规划频段卫星网络资料的申报、登记和维护

《无线电规则》附录 30B 是关于 6/4 GHz、13/10 GHz、13/11 GHz 频段卫星固定业务的规划。

（1）具体的频段资源见表 2-9。

表 2-9　附录 30B 规划频段资源

对比项	频段	方向	带宽
6/4 GHz 频段	6 725～7 025 MHz	上行	300 MHz
	4 500～4 800 MHz	下行	300 MHz
13/10 GHz、13/11 GHz 频段	12.75～13.25 GHz	上行	500 MHz
	10.70～10.95 GHz	下行	500 MHz
	11.20～11.45 GHz		

《无线电规则》附录 30B 第 10 条提供了原始的国家分配信息，包括波束名称、轨道位置、椭圆轨道参数、地球站和卫星等效全向辐射功率（Equivalent Isotropic Radiated Power，EIRP）等，如图 2-19 所示。

（2）若主管部门希望使用卫星固定业务规划频段，可以通过以下 3 种方式：

①　直接将国家分配转化为指配；

②　有修改地将国家分配转化为指配；

③　若国家分配的资源不满足使用需求，可申请使用附加系统。

上述 3 种情况均需满足《无线电规则》附录 30B 第 6 条、第 8 条等关于卫星网络卫星固定业务规划频段申报、协调、通知等方面的规定。

（3）按照《无线电规则》附录 30B 第 6.1 段的规定，附录 30B 卫星网络第一份资料的提交应不早于该频率指配投入使用之前 8 年，且最好不晚于该频率指配投入使用之前 2 年。

国际电联无线电通信局在收到附录 30B 卫星网络第一份资料后，将进行规则和技术审查，主要包括《无线电规则》第 21 条、第 22 条、附录 30B 附件 3 中的硬限值审

查以及附录 30B 附件 4 中的协调标准审查。若审查不合格，国际电联无线电通信局将该卫星网络资料退回；若审查合格，国际电联无线电通信局将该卫星网络资料公布在《国际频率信息通报》Part A 特节中。

4 500-4 800 MHz, 6 725-7 025 MHz

1	2	3	4	5	6	7	8	9	10
ABW00000	−98.20	−69.10	12.40	1.60	1.60	90.00	−9.6	−41.4	
ADL00000	113.00	140.00	−66.70	1.60	1.60	90.00	−9.6	−41.3	*/MB1
AFG00000	50.00	66.40	33.90	2.20	1.60	15.00	−9.6	−39.4	
AFS00000	71.00	27.20	−30.10	5.30	1.60	128.00	−7.8	−38.6	
AGL00000	−36.10	15.90	−12.40	2.40	1.60	78.00	−9.6	−39.1	
ALB00000	4.13	20.00	41.10	1.60	1.60	90.00	−9.6	−41.4	
ALG00000	−33.50	1.60	27.80	3.30	2.20	133.00	−8.6	−38.9	
ALS00000	−159.00	−158.60	57.50	6.30	1.60	1.00	−7.9	−38.8	*/MB2
AND00000	−41.00	1.50	42.50	1.60	1.60	90.00	−9.6	−41.4	
ARG00000	−51.00	−62.00	−33.60	4.80	2.90	93.00	−2.5	−38.1	*/MB3
ARGINSUL	−51.00	−60.00	−57.50	3.60	1.60	154.00	−9.6	−38.5	*/MB3
ARM00000	71.40	45.13	40.12	1.60	1.60	90.00	−9.6	−40.4	
ARS00000	51.90	45.70	23.10	3.70	2.60	153.00	−8.7	−39.3	
ASCSTHTC	−37.10	−11.80	−19.60	5.60	1.80	77.00	−8.0	−39.0	*/MB4
ATG00000	−77.70	−61.80	17.00	1.60	1.60	90.00	−9.6	−41.8	
AUS00001	144.10	134.30	−24.50	6.60	5.30	146.00	1.9	−38.2	*/MB6
AUS00002	144.10	163.60	−30.50	1.60	1.60	90.00	−9.6	−39.5	*/MB6
AUS00003	144.10	101.50	−11.10	1.60	1.60	90.00	−9.6	−40.5	*/MB6
AUS00004	144.10	159.00	−54.50	1.60	1.60	90.00	−9.6	−41.6	*/MB6
AUS00005	144.10	110.40	−66.30	1.60	1.60	90.00	−9.6	−41.3	*/MB6
AUT00000	−11.40	13.20	47.50	1.60	1.60	90.00	−9.6	−40.8	
AZE00000	95.90	47.20	40.34	1.60	1.60	0.00	−9.6	−42.2	
AZR00000	−10.60	−28.00	38.70	1.60	1.60	90.00	−9.6	−41.1	*/MB7
B 00001	−65.00								1
B 00002	−56.50								1
B 00003	−69.45	−50.00	−20.90	4.30	3.00	60.00	−3.4	−38.5	
BAH00000	−74.30	−75.80	24.00	1.60	1.60	133.00	−9.6	−39.4	
BDI00000	−3.50	29.90	−3.40	1.60	1.60	90.00	−9.6	−41.6	
BEL00000	54.55	5.20	50.60	1.60	1.60	90.00	−9.6	−41.2	
BEN00000	−30.60	2.30	9.30	1.60	1.60	90.00	−9.6	−39.9	
BERCAYS	−37.10	−68.60	22.50	3.70	2.30	41.00	−5.6	−38.2	*/MB4
BFA00000	10.79	−1.40	12.20	1.70	1.60	24.00	−9.6	−39.5	
BGD00000	133.00	90.20	24.00	1.60	1.60	90.00	−9.6	−40.3	
BHR00000	13.60	50.60	26.10	1.60	1.60	90.00	−9.6	−41.9	
BLR00000	64.40	27.01	53.60	1.60	1.60	0.00	−9.4	−41.3	
BLZ00000	−90.80	−88.60	17.20	1.60	1.60	90.00	−9.6	−41.6	
BOL00000	−34.80	−64.40	−17.10	2.70	1.70	129.00	−7.5	−38.6	
BOT00000	21.20	24.00	−21.80	1.60	1.60	90.00	−9.6	−40.0	
BRB00000	−29.60	−59.60	13.20	1.60	1.60	90.00	−9.6	−41.6	
BRM00000	111.50	97.00	18.90	3.20	1.60	88.00	−7.2	−38.8	
BRU00000	157.30	114.60	4.50	1.60	1.60	90.00	−9.6	−40.9	
BTN00000	59.10	90.40	27.00	1.60	1.60	90.00	−9.6	−41.5	
BUL00000	56.02								1
CAF00000	14.40	21.50	6.50	2.70	1.70	14.00	−8.4	−39.1	
CAN0CENT	−111.10	−96.10	51.40	4.30	2.00	155.00	−7.6	−38.4	
CAN0EAST	−107.30	−76.60	50.10	5.00	1.70	154.00	−7.0	−38.3	
CAN0WEST	−114.90	−120.10	57.40	3.10	1.90	173.00	−9.6	−38.7	

图 2-19　附录 30B 第 10 条 FSS 规划情况

附录 30B Part A 资料的提交、审查和公布如图 2-20 所示。

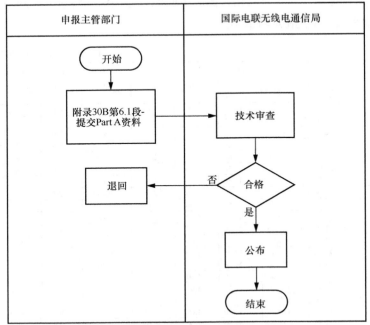

图 2-20　附录 30B Part A 资料的提交、审查和公布

（4）开展必要的国际协调之后，主管部门可根据《无线电规则》附录 30B 第 6.17 段提交 Part B 资料。Part B 资料包含卫星网络的最终特性参数。国际电联无线电通信局对 Part B 资料进行审查，若审查不合格，国际电联无线电通信局将该卫星网络资料退回；若审查合格，国际电联无线电通信局将该频率指配登记进入《国际频率登记总表》。

附录 30B Part B 资料的提交、审查和公布如图 2-21 所示。

（5）根据《无线电规则》附录 30B 第 8.1 段、第 49 号决议、第 11 条的相关规定，主管部门向国际电联无线电通信局提交通知资料、行政应付努力信息和投入使用信息。在收到完整的通知资料后，国际电联无线电通信局将其公布在《国际频率信息通报》的 Part I-S 特节。经审查合格后，将其公布在《国际频率信息通报》的 Part II-S 特节，相关频率指配登记进入《国际频率登记总表》。若审查不合格，将其公布在《国际频率信息通报》的 Part III-S 特节，表明相关频率指配被退回通知主管部门。

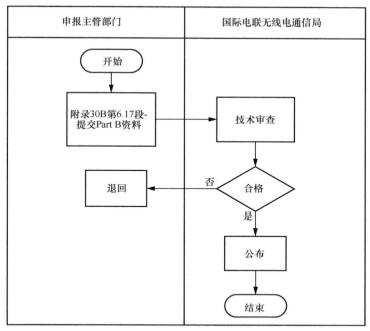

图 2-21 附录 30B Part B 资料的提交、审查和公布

附录 30B N 资料的提交、审查和公布如图 2-22 所示。

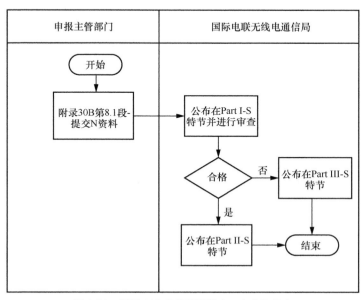

图 2-22 附录 30B N 资料的提交、审查和公布

在收到卫星网络行政应付努力信息和投入使用信息后，国际电联无线电通信局会将频率指配正式登记进入《国际频率登记总表》，相关频率指配获得规则保护地位。

（6）报送行政应付努力信息和投入使用信息的国际规则与非规划频段相同，可参考本章前述内容。

第3章

卫星网络的国内协调和国际协调

3.1 概述

卫星网络国内协调是指根据我国无线电管理相关规定，依不同情况，在卫星网络国际申报之前或之后，卫星网络之间或卫星网络与地面业务之间就兼容性问题所进行的协调。

卫星网络国际协调是指根据国际电联无线电通信局《无线电规则》相关要求，在向国际电联无线电通信局申报卫星网络资料之后，我国卫星网络与相关国家的卫星网络或地面业务之间就兼容性问题所进行的协调。

我国卫星操作单位在向国际电联无线电通信局申报卫星网络通知资料或向我国无线电主管部门申请空间电台频率许可和电台执照之前，必须完成国内协调（内地与香港协调除外）。需要进行国内协调的卫星网络资料包括提前公布资料、协调资料和规划频段Part A资料。

走协调程序的卫星网络资料必须开展必要的国际协调，才能向国际电联无线电通信局申报通知资料和请求将卫星网络的频率指配登记进入《国际频率登记总表》，以获得合法有效的国际保护地位。

3.2 卫星网络的国内协调

3.2.1 国内相关管理规定

《卫星网络国内协调会议工作规则（暂行）》（以下简称《国内协调会议规则》）

已于 2015 年 7 月 1 日起实施。《国内协调会议规则》的出台主要是为了规范卫星网络国内协调会议的组织工作，促进卫星网络国内协调有序进行。《国内协调会议规则》规定了国内协调会前、会中和会后所需开展的工作，内容主要包括国内协调会议目的、范围、原则、卫星操作单位应提交的材料、卫星网络资料受理、意见征求、意见反馈、分歧处理、会议结论等，同时明确了卫星网络与地面业务的协调不在会议讨论范围之内。

《卫星网络国际申报简易程序规定（试行）》（以下简称《简易程序规定》）已于 2019 年 8 月 1 日起实施。《简易程序规定》的出台主要是为了加快卫星网络国际申报，简化申报程序，提升申报效率。《简易程序规定》规定了适用简易程序应满足的条件、卫星操作单位申报时应提交的材料、卫星网络国内协调地位的确立、卫星网络国内协调相关单位的义务等。

3.2.2　国内协调关系的确立

根据卫星网络国内申报程序的不同、空间业务和地面业务协调对象的不同以及内地和香港卫星网络资料的区别，国内协调关系确立所使用的规则也有所不同。

（1）国内协调关系确立的原则

按照"先登先占"的原则，卫星网络国内协调地位由主管部门接收合格卫星网络资料的时间来确定。国内协调地位优先的卫星网络可对协调地位落后的卫星网络提出协调意见；协调地位落后的卫星网络应当保护协调地位优先的卫星网络。

提出国内协调意见的规则主要包括以下几点。

① 双方卫星网络存在频率重叠。

② 对于内地 GSO 卫星网络之间有协调弧的频段，一般应在协调弧以内。

③ 对于内地与香港 GSO 卫星网络之间，按照《内地与香港卫星网络申报协调登记办法》第 1.4.6 款，即"卫星固定业务网络（含规划和非规划频段）、卫星广播业务网络（含规划和非规划频段）之间是否存在潜在的有害干扰，应采取以下标准：双方存在频率重叠且在 C、X、Ku、Ka 频段双方网络标称轨位间隔小于等于 3 度"。

④ 对于满足《无线电规则》第 22.2 款的情况，NGSO 卫星网络不得对 GSO 卫星网络提出协调意见。

（2）国内协调关系确立的时间

对于适用非简易程序的卫星网络资料，需要在卫星网络国际申报之前确立国内协调关系。其中，卫星网络之间的国内协调关系由卫星网络国内协调会议确立，卫星网络与地面业务通信系统之间的国内协调关系在主管部门就卫星网络资料申报事宜进行会签时确立。空地之间的协调关系最终会被汇总在《卫星网络国内协调清单》中。

对于适用简易程序的卫星网络资料，需要在卫星网络国际申报之后确立国内协调关系。通常在卫星网络资料报送至国际电联无线电通信局后 10 个工作日，主管部门向空间业务和地面业务相关单位征求意见，并在随后的 5 个工作日内汇总意见，发布《卫星网络国内协调清单》。

根据《内地与香港卫星网络申报协调登记办法》，香港卫星网络的国内协调关系可以在国际申报之前按照第 1.4.3 款和第 1.4.5 款确立，也可以在国际申报之后按照第 1.6 款，即资料公布后的 4 个月内确立。

3.3　卫星网络的国际协调

3.3.1　相关国际规则

3.3.1.1　国际协调关系的确立

卫星网络国际协调关系的确立要基于国际电联无线电通信局的判定。国际电联无线电通信局会将需要协调的卫星网络或主管部门清单公布在《国际频率信息通报》相关特节中。如果新申报卫星网络的主管部门只收到来自他国主管部门的协调函件，而与该函件相关的卫星网络或主管部门却未被公布在《国际频率信息通报》中，在此情况下，双方在理论上是不存在强制性国际协调关系的，是否开展相应的国际协调就需要由双方主管部门协商确定。

按照卫星网络轨道类型的不同，国际电联无线电通信局对协调关系的判定主要分为以下几种。

（1）GSO 与 GSO 卫星网络间协调关系的确立

根据《无线电规则》第 9.36.2 款，国际电联无线电通信局将根据第 9.7 款确定一个新申报的 GSO 卫星网络需协调的 GSO 卫星网络清单，并公布在《国际频率信息通报》的 CR/C 特节中。是否纳入卫星网络协调清单的判断依据为轨位间隔是否大于协调弧或噪声温度增量百分比 $\Delta T / T$ 是否超过 6%。

根据《无线电规则》第 9.51 款或第 9.52 款，其他主管部门要在 CR/C 特节公布的

4 个月内提交《国际频率信息通报》意见，如果未按时提交，将视为同意国际电联无线电通信局的判定。此外，根据《无线电规则》第 9.41 款，在上述 4 个月内，若主管部门不完全同意国际电联无线电通信局公布的受影响卫星网络清单，还可以通过 SpaceCom 软件向国际电联无线电通信局提出在 CR/C 特节协调清单基础上增加或删除卫星网络的意见，但必须同时提供技术依据。主管部门的意见一旦被采纳，将被公布在《国际频率信息通报》的 CR/E 特节中。另外，根据第 9.21A 款需要协调的 GSO 卫星网络将被公布在《国际频率信息通报》的 CR/D 特节中。也就是说，某一 GSO 卫星网络根据《无线电规则》第 9.7 款需协调的 GSO 卫星网络清单是《国际频率信息通报》的 CR/C、CR/D 和 CR/E 特节中公布信息的集合。

（2）GSO 与 NGSO 卫星网络间协调关系的确立

对于走 A-N 程序的 GSO 或 NGSO 卫星网络，国际电联无线电通信局在该卫星网络 API/A 特节公布的 4 个月内，征求其他主管部门的意见。其他主管部门根据《无线电规则》第 9.3 款通过 SpaceCom 软件提交《国际频率信息通报》的意见。国际电联无线电通信局在收到意见后，将受影响的主管部门清单公布在 API/B 特节中。需要注意的是，在 API/A 特节中公布的需协调的主管部门清单仅作为参考，具体开展协调要以 API/B 特节中公布的主管部门为准；API/B 特节仅公布了受影响的主管部门，而卫星网络名称需要结合具体的协调函件来确定。

对于走 C-N 程序的 GSO 或 NGSO 卫星网络，国际电联无线电通信局在该卫星网络 CR/C 特节公布的 4 个月内，征求其他主管部门的意见。其他主管部门根据《无线电规则》第 9.12A 款、第 9.13 款、第 9.21A 款或第 9.21B 款通过 SpaceCom 软件提交《国际频率信息通报》意见。国际电联无线电通信局在收到意见后，将受影响的主管部门清单公布在 CR/D 特节中。需要注意的是，在 CR/C 特节中公布的需协调的主管部门清单仅作为参考，具体开展协调要以 CR/D 特节中公布的主管部门为准；CR/D 特节仅公布了受影响的主管部门，而卫星网络名称需要结合具体的协调函件来确定。

（3）NGSO 与 NGSO 卫星网络间协调关系的确立

对于走 A-N 程序的 NGSO 卫星网络，国际电联无线电通信局在该卫星网络 API/A 特节公布的 4 个月内，征求其他主管部门的意见。其他主管部门根据《无线电规则》第 9.3 款通过 SpaceCom 软件提交《国际频率信息通报》意见。国际电联无线电通信局在收到意见后，将受影响的主管部门清单公布在《国际频率信息通报》的 API/B 特节中。需要注意的是，在 API/A 特节中公布的需协调的主管部门清单仅作为参考，具体开展协调要以 API/B 特节中公布的主管部门为准；API/B 特节仅公布了受影响的主管部门，而卫星网络名称需要结合具体的协调函件来确定。

对于走 C-N 程序的 NGSO 卫星网络，国际电联无线电通信局在该卫星网络 CR/C 特节公布的 4 个月内，征求其他主管部门的意见。其他主管部门根据《无线电规则》第 9.12 款或第 9.21B 款通过 SpaceCom 软件提交《国际频率信息通报》意见。国际电联无线电通信局在收到意见后，将受影响的主管部门清单公布在 CR/D 特节中。需要注意的是，在 CR/C 特节中公布的需协调的主管部门清单仅作为参考，具体开展协调要以 CR/D 特节中公布的主管部门为准；CR/D 特节仅公布了受影响的主管部门，而卫星网络名称需要结合具体的协调函件来确定。

（4）卫星网络与地面业务间协调关系的确立

对于走 A-N 程序的卫星网络，国际电联无线电通信局在该卫星网络 API/A 特节公布的 4 个月内，征求其他主管部门的意见。其他主管部门根据《无线电规则》第 9.3 款通过 SpaceCom 软件提交《国际频率信息通报》意见。国际电联无线电通信局在收到意见后，将地面业务受影响的主管部门清单公布在 API/B 特节中。

对于走 C-N 程序的卫星网络，国际电联无线电通信局在该卫星网络 CR/C 特节公布的 4 个月内，征求其他主管部门的意见。其他主管部门根据《无线电规则》第 9.14 款或第 9.21C 款通过 SpaceCom 软件提交《国际频率信息通报》意见。国际电联无线电通信局在收到意见后，将受影响的主管部门清单公布在 CR/D 特节中。

3.3.1.2　协调地位的判定

除规划波束外，卫星网络的国际协调地位以"先登先占"为原则，先申报的卫星网络国际协调地位高，后申报的卫星网络国际协调地位低。协调地位低的卫星网络需要保护协调地位高的卫星网络。具体来说，按照 GSO 与 GSO、GSO 与 NGSO、NGSO 与 NGSO 3 种协调类型，卫星网络国际协调地位的相关规则又有所不同。

（1）GSO 与 GSO 卫星网络间的国际协调地位

GSO 与 GSO 卫星网络间的国际协调地位由协调资料在国际电联无线电通信局的收妥日期来确定。在 2017 年 1 月 1 日之后，GSO 卫星网络资料（除 GSO 与 NGSO 星间链路之外）走 C-N 的程序（2017 年 1 月 1 日之前是走 A-C-N 程序）。协调资料的国际电联无线电通信局收妥日期既是 GSO 卫星网络资料生命周期的起点，又是确立其国际协调地位的依据。国际电联无线电通信局收妥日期的先后决定了卫星网络国际协调地位的高低。

（2）GSO 与 NGSO 卫星网络间的国际协调地位

GSO 与 NGSO 卫星网络间的国际协调地位主要根据是否适用《无线电规则》的第

22.2 款来判断。根据《无线电规则》第 22.2 款，NGSO 卫星网络对 GSO 卫星网络的卫星固定业务和卫星广播业务既不能产生干扰也不能寻求保护。是否适用《无线电规则》第 22.2 款，要根据《无线电规则》第 5 条中频率划分表的脚注来判断。在适用第 22.2 款的情况下，GSO 卫星网络卫星固定业务和卫星广播业务的协调地位高于 NGSO 卫星网络，NGSO 卫星网络对 GSO 卫星网络要无条件加以保护，这个保护也包括对后申报的 GSO 卫星网络；在不适用第 22.2 款的情况下，GSO 卫星网络与 NGSO 卫星网络的国际协调地位高低由其国际电联无线电通信局收妥日期的先后来确定。

（3）NGSO 与 NGSO 卫星网络间的国际协调地位

NGSO 与 NGSO 卫星网络间的国际协调地位与申报的卫星网络资料类型有关。根据《无线电规则》第 5 条中的频率划分，NGSO 卫星网络在某些频段上应申报协调资料，而在另一些频段上应申报提前公布资料。申报协调资料的 NGSO 卫星网络的国际协调地位与 GSO 卫星网络相同——均是根据协调资料在国际电联无线电通信局的收妥日期来确定的。对于申报提前公布资料的 NGSO 卫星网络，严格来说，由于不需要走协调程序，因此也就没有国际协调地位的说法。但是在实际协调谈判中，为方便开展协调，一般的做法是将提前公布资料在国际电联无线电通信局的收妥日期视为确立国际协调地位的依据。国际电联无线电通信局收妥日期的先后决定了 NGSO 卫星网络国际协调地位的高低。

3.3.1.3　GSO 卫星网络的协调弧

国际电信联盟在 2000 年世界无线电通信大会（WRC-2000）上首次引入了协调弧的概念。目前最新的协调弧规则是在 2019 年世界无线电通信大会（WRC-19）上修订的。协调弧的轨位间隔从 6°到 16°不等，主要取决于协调双方使用的频段和无线电业务。最常用的是 C 频段 7°、Ku 频段 6°以及 Ka 频段 8°的协调弧。

《无线电规则》附录 5 给出了 3 400 MHz 以上频段卫星固定业务（FSS）、卫星广播业务（BSS）、卫星移动业务（MSS）、空间研究业务（SRS）、卫星气象业务协调弧的大小，具体见表 3-1。

表 3-1　不同频段和业务的协调弧

序号	频段	业务	轨位间隔
1	3 400～4 200 MHz 5 725～5 850 MHz（1 区） 5 850～6 725 MHz 7 025～7 075 MHz	FSS 与 FSS	±7°

（续表）

序号	频段	业务	轨位间隔
2	10.95～11.2 GHz 11.45～11.7 GHz 11.7～12.2 GHz（2 区） 12.2～12.5 GHz（3 区） 12.5～12.74 GHz（1 和 3 区） 12.7～12.75 GHz（2 区） 13.75～14.8 GHz	非规划 FSS/BSS 与非规划 FSS/BSS	±6°
3	14.5～14.8 GHz	非规划 FSS/SRS 与非规划 FSS/SRS	±6°
4	13.4～13.65 GHz（1 区）	FSS/SRS 与 FSS/SRS	±6°
5	17.7～19.7 GHz（2 区和 3 区） 17.3～19.7 GHz（1 区） 27.5～29.5 GHz	FSS 与 FSS	±8°
6*	19.7～20.2 GHz 29.5～30 GHz	FSS/MSS 与 FSS/MSS	±8°
7	17.3～17.7 GHz（1 区和 2 区）	FSS 与 BSS 或 BSS 与 FSS	±8°
8	17.7～17.8 GHz	FSS 与 BSS 或 BSS 与 FSS	±8°
9	18.0～18.3 GHz（2 区） 18.1～18.4 GHz（1 区和 3 区）	FSS/卫星气象业务与 FSS/卫星气象业务	±8°
10	17.3 GHz 以上（序号 5、6、9 规定的频段除外）	FSS 与 FSS	±8°
11	21.4～22 GHz（1 区和 3 区）	BSS 与 BSS	±12°
12	17.3 GHz 以上 （序号 7、8、11 规定的频段除外）	非规划 FSS/BSS 与非规划 FSS/BSS （FSS 与 FSS 情况除外）	±16°

注：在 19.7～20.2 GHz 和 29.5～30 GHz 频段，FSS/MSS 与 FSS/MSS 间的协调弧是 WRC-19 新修改的内容。

3.3.1.4　GSO 卫星网络的噪声温度增量百分比

　　判断两个 GSO 卫星网络是否需要进行国际协调，一项重要的依据就是噪声温量百分比$\Delta T/T$ 为 6%的门限值。$\Delta T/T$ 是系统等效噪声温度增量（ΔT）与原系统等效噪声温度总量（T）的比值，可反映出干扰卫星网络对受干扰卫星网络的影响。当$\Delta T/T$ 大于 6%时，可认为双方 GSO 卫星网络存在潜在干扰，需要进行协调；当$\Delta T/T$ 不超过 6%时，可认为双方 GSO 卫星网络不存在潜在干扰，无须进行协调。

$\Delta T/T$ 的计算结果是除协调弧外卫星网络是否被纳入协调清单的另一个重要判断指标。根据《无线电规则》第 9.41 款，主管部门要求增加或删除协调清单中的卫星网络时，也需要提交 $\Delta T/T$ 计算结果作为技术依据。

3.3.1.5 干扰保护标准

（1）GSO 与 GSO 卫星网络间干扰保护标准

在 GSO 卫星网络间开展技术协调时，评价干扰程度最常用的方法是计算受干扰卫星网络和干扰卫星网络间的载波干扰比（C/I）。该方法适用于所有信号类型和调制类型。根据《无线电规则》，计算 C/I 是完成卫星网络频率协调的一个重要环节。C/I 的计算方法主要由国际电信联盟的建议书 ITU-R S.740 给出，保护标准由国际电信联盟的建议书 ITU-R S.741-2 和《程序规则》B3 部分表 2 给出。当然，经双方主管部门协商，还可以采用其他的 GSO 卫星网络干扰计算方法，例如国际电信联盟的建议书 ITU-R S.740 的附件 3 和附录 4 中的方法。

（2）空间业务和地面业务间干扰保护标准

《无线电规则》第 21.16 款，即表 21-4 给出了卫星发射到达地面需满足的功率通量密度限值。涉及 L 至 Q/V 频段和卫星固定业务、卫星地球探测业务（EESS）、空间研究业务等多种业务。

对于走 C-N 程序的卫星网络，在申报 C 资料时就需要满足第 21.16 款的限值要求，否则资料将由于国际电联无线电通信局审查不合格被退回。对于走 A-N 程序的卫星网络，在申报 API 资料时，国际电联无线电通信局不审查第 21.16 款的限值情况，因此存在超限的可能性。在申报 N 资料时，国际电联无线电通信局将对此项进行审查，需要满足第 21.16 款的限值要求，否则资料将会因国际电联无线电通信局审查不合格被退回。对于走 A-N 程序的卫星网络，在开展国际协调时，可以在相关频段上采用第 21.16 款的限值建议完成协调。

（3）NGSO 卫星地球探测业务对 GSO 卫星网络的保护标准

《无线电规则》第 22.5 款规定，在利用非对地静止轨道卫星网络的卫星地球探测业务与卫星固定业务（地对空）或卫星气象业务（地对空）共用的 8 025～8 400 MHz 频段内，由任何卫星地球探测业务的空间电台产生，到达对地静止轨道的最大功率通量密度，在任一 4 kHz 频段内应不超过 -174 dB(W/m^2)。

该条款提供了 NGSO 卫星地球探测业务卫星网络对 GSO 卫星网络的保护标准。基于该条款，NGSO 卫星地球探测业务卫星网络可建议与 GSO 卫星网络完成协调。

（4）GSO 和 NGSO 空间研究业务干扰保护标准

国际电信联盟建议书 ITU-R SA.609 是针对地表以上 200 万千米以内、30 GHz 以下频段空间研究业务卫星的保护准则，规定了干噪比（I/N）超过 − 6 dB 的时间百分比不超过 0.1%。从轨道类型来看，该建议书既适用于 GSO 卫星网络也适用于 NGSO 卫星网络。在实际应用中，一些国家主管部门 GSO 和 NGSO 卫星网络 S 频段测控业务或 X 频段卫星地球探测业务（数据传输）的干扰分析也使用此建议书（如日本）。

（5）NGSO 卫星地球探测业务和卫星气象业务干扰保护标准

国际电信联盟建议书 ITU-R SA.1027 是针对 NGSO 卫星地球探测业务和卫星气象业务空对地方向的干扰保护标准，规定了不同情况下单入干扰信号功率门限值，适用于 VHF、UHF、L、X 和 Ka 频段。

3.3.2　国际协调方式

卫星网络的国际协调方式主要包括卫星网络信函协调、卫星网络双边/多边协调会谈以及卫星网络多边磋商会议。

3.3.2.1　卫星网络信函协调

卫星网络信函协调是双方主管部门通过协调函件开展国际协调的一种方式，是日常协调的一种重要手段。在协调函件中，双方无线电主管部门可以提出协调需求、询问对方卫星网络的详细参数、讨论协调完成的条件、提供干扰仿真分析的结果等。卫星网络信函协调的优点是协调对象比较广泛、协调时间比较灵活、协调次数不受限制、协调成果可以作为开展协调努力的证明等。

3.3.2.2　卫星网络双边/多边协调会谈

卫星网络双边协调会谈主要包括主管部门间卫星网络协调会谈和卫星操作单位间卫星网络协调会谈两种方式。主管部门间卫星网络协调会谈由主管部门组织召开，按照国际惯例由会谈双方主管部门轮流主办。会谈通常涉及多家卫星操作单位，重点讨论协调需求迫切和协调难度较大的协调问题。

卫星网络多边协调会谈与双边协调会谈性质类似，由双方协调改为多方协调，例如我国与俄罗斯及哈萨克斯坦主管部门曾召开过中俄哈三方协调会谈。

卫星网络协调会谈的优点是通过面对面的沟通可以提高协调效率，解决复杂协调问题；缺点是组织会谈花费的人力和时间成本较高。

中国与法国主管部门间卫星网络协调会谈如图 3-1 所示。

图 3-1　中国与法国主管部门间卫星网络协调会谈

卫星操作单位间卫星网络协调会谈是由卫星操作单位自行组织并开展的协调会谈，最终达成的协调成果以卫星操作单位间卫星网络协调纪要的形式呈现。

卫星操作单位间卫星网络协调纪要需要经双方主管部门批准，并以信函方式相互通知对方才能正式生效。

卫星操作单位间卫星网络协调会谈纪要批准流程如图 3-2 所示。

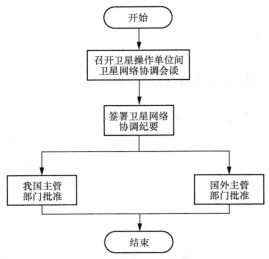

图 3-2　卫星操作单位间卫星网络协调会谈纪要批准流程

3.3.2.3　卫星网络多边磋商会议

国际电信联盟第 609 号决议磋商会议是目前比较成熟的卫星网络多边磋商机制。它是根据国际电信联盟第 609 号决议的要求，在 1164～1215 MHz 频段内，为使正在运行或计划运行的卫星无线电导航业务（RNSS）系统满足对航空无线电导航业务（ARNS）系统的集总等效功率通量密度（AePFD）限值（不能超过 −121.5 dBW/m²/MHz）而组织召开的卫星导航系统主管部门间的多边磋商会议。

另一个重要的卫星网络多边磋商会议是国际电信联盟第 769 号决议的磋商会议。它是随着近些年兴起的大规模低轨卫星通信星座系统热潮而产生的。第 769 号决议要求操作或计划操作 NGSO FSS 网络的主管部门通过多边磋商会议，协同商定分担对GSO FSS、MSS 和 BSS 系统的集总干扰问题。磋商会议的要求包括：

（1）以主管部门名义参与；

（2）召集人主持会议，国际电联无线电通信局作为观察员参与；

（3）NGSO FSS 系统的卫星操作单位或计划的卫星操作单位需提供协调资料和通知资料信息、空间电台数量、单入贡献率，卫星制造、购买协议、发射协议及相关证明文件（或主管部门出具的用于建设该系统的资金和发射协议等证明的担保）等信息；

（4）会议结束后一个月内，在国际电信联盟网站公布会议纪要及相关信息。

第 769 号决议是在 2019 年世界无线电通信大会（WRC-19）上通过的，目前尚未召开过会议。

3.3.3　国内相关管理规定

《中华人民共和国无线电管理条例》《卫星网络申报协调与登记维护管理办法（试行）》《关于进一步加强和改进卫星频率和轨道资源国际协调工作的通知》《关于进一步加强和改进卫星网络国际信函协调工作的通知》等对我国卫星网络国际协调提出了要求。下面对其中的重点内容节选如下。

3.3.3.1　《中华人民共和国无线电管理条例》

《中华人民共和国无线电管理条例》（2016 年 11 月 11 日中华人民共和国国务院、中华人民共和国中央军事委员会令第 672 号修订，自 2016 年 12 月 1 日起施行）第二十二条对申请使用国际规则规划和非规划的卫星无线电频率做出规定。

第二十二条　国际电信联盟依照国际规则规划给我国使用的卫星无线电频率，由国家无线电管理机构统一分配给使用单位。

申请使用国际电信联盟非规划的卫星无线电频率，应当通过国家无线电管理机构统一提出申请。国家无线电管理机构应当及时组织有关单位进行必要的国内协调，并依照国际规则开展国际申报、协调、登记工作。

3.3.3.2　《卫星网络申报协调与登记维护管理办法（试行）》

《卫星网络申报协调与登记维护管理办法（试行）》（工信部无〔2017〕3 号，2017 年 1 月 3 日发布）对开展卫星网络申报、协调、登记和维护工作做出规定。

第五条（节选）　在卫星网络协调阶段，由工业和信息化部组织卫星操作单位就申报的卫星网络，开展与国内及相关国家的卫星网络和地面无线电业务的兼容共用技术磋商工作。

第十条　卫星操作单位在卫星网络提前公布资料、协调资料或 PART A 资料等报送国际电联后，应根据国际电联在国际频率信息通报（IFIC）中公布的协调清单和《无线电规则》有关要求，通过信函、电子邮件、电话会议、会谈等方式与相关国家的卫星网络和地面无线电业务开展协调。

第十一条　卫星网络协调可以通过主管部门开展，也可由卫星操作单位自主开展。主管部门间的协调会谈优先考虑涉及静止轨道卫星网络、实际在轨卫星、已批复工程计划、开展国际合作或者历次卫星操作单位间协调中遇有突出困难等的相关卫星网络的协调。

第十二条　应卫星操作单位要求，工业和信息化部可对卫星操作单位间的协调给予必要的指导。我国卫星操作单位与国外卫星操作单位间达成的协调协议应当符合我国无线电管理相关规定，有利于国家卫星频率和轨道资源整体利益，并不得损害国内第三方合法权益。卫星操作单位间所达成的协调协议，应当在协议签署后 6 个月内报告工业和信息化部。

第十三条　卫星操作单位应当在每年的 10 月前将下一年度的卫星网络国际协调计划报工业和信息化部。根据卫星网络协调的工作需要，由工业和信息化部统筹安排下一年度主管部门间卫星网络国际协调会谈计划。

第十四条　对于规划频段的 PART A 资料，在完成必要的国际协调后，卫星操作单位应当通过工业和信息化部向国际电联提交 PART B 资料，并同时提供协调情况说明。

3.3.3.3　《关于进一步加强和改进卫星频率和轨道资源国际协调工作的通知》

《关于进一步加强和改进卫星频率和轨道资源国际协调工作的通知》（工信厅无函〔2013〕800 号，2013 年 11 月 13 日发布）要求如下（节选）。

一、高度重视，加强卫星频率和轨道资源国际协调工作的组织领导

各单位要高度重视卫星频率和轨道资源国际协调工作，加强组织领导，指定专人负责，明确责任分工，落实卫星频率和轨道资源国际协调各项工作任务。通过改进协调方式，提高协调效率，强化能力建设，不断加强卫星频率和轨道资源国际协调各项工作。

二、转变方式，大力加强操作单位间的卫星频率和轨道资源协调

发挥卫星操作单位间协调快捷灵活、务实高效的特点，鼓励卫星操作单位之间开展多种形式的协调。各卫星操作单位要转变工作方式，提高协调工作主体意识，既要重视卫星网络的申报，也要重视卫星网络的协调；既要重视参加主管部门间的协调会谈，也要重视与其他国家或地区卫星操作单位间的协调；既要重视面对面开展会谈协调，也要重视通过信函、邮件等方式开展协调。

卫星操作单位间的会谈要坚持国家利益优先的原则，双方达成的会谈纪要应当遵守国际电联规则和我国无线电管理相关规定，不得与主管部门间达成的会谈协议相抵触，不得损害国内第三方的权益。卫星操作单位要密切配合，加强国内交流合作，适时互相通报与相关国家操作者间会谈情况，形成工作合力，在对外协调中争取主动。每年各卫星操作单位应向我部报送协调会谈计划，卫星操作单位间的协调会谈可以请求主管部门给予必要的指导和帮助。

三、突出重点，改进主管部门间卫星频率和轨道资源协调工作

要提高主管部门间协调谈判效率，重点解决协调谈判中的突出问题。卫星操作单位应在报送国际协调计划的同时，提出拟纳入主管部门间会谈的协调需求。统筹各卫星操作单位协调需求和工作计划，我部每年一般安排 4 次主管部门间卫星网络协调会谈（境内、境外各 2 次）。主管部门间的协调会谈议题优先考虑涉及在轨卫星、已批复工程计划、国际合作或者历次操作者协调中遇有突出困难等情况的相关卫星网络的协调。对于需纳入主管部门协调会谈的议题，卫星操作单位应按相关要求报送协调预案，提供卫星工程计划、历次协调背景等相关情况说明。……

四、创造条件，加强卫星频率和轨道资源国际协调能力建设

各卫星操作单位要加强协调条件能力建设，不断提升国际协调工作成效。要将卫星频率和轨道资源国际协调纳入日常工作，开展态势分析，完善协调策略。要研判其

他国家对我国卫星频率和轨道资源使用的影响，及时对卫星频率和轨道资源面临的失效风险、漏洞隐患、挤占威胁等进行预警预报，制定国际协调风险防范应对措施，保障资源使用安全。

要加强协调队伍建设，充实协调人员，完善激励机制，形成人员结构合理、专业背景互补、队伍相对稳定的协调团队。要加强人才培养，进一步创造条件，为协调团队参加国际协调、学习培训、国际会议等工作任务提供相应的支持。要加大投入，提供必要的经费和硬件支持，为协调团队配备相应的计算机软硬件、互联网等工作条件。

3.3.3.4 《关于进一步加强和改进卫星网络国际信函协调工作的通知》

《关于进一步加强和改进卫星网络国际信函协调工作的通知》（工信厅无函〔2015〕273 号，2015 年 4 月 22 日发布）要求如下。

一、增强信函协调意见的时效性……

二、提高信函协调意见的准确性……

三、确保信函协调意见的完整性……

3.3.4 卫星网络信函协调

3.3.4.1 卫星操作单位应提交的材料

卫星操作单位在开展国际信函协调时，应按照要求提交《国际协调函件信息表》。信息表的主要内容如下。

（1）卫星操作单位基本信息

卫星操作单位基本信息主要是指卫星操作单位名称、国际来函主管部门编号、国际来函日期、是否紧急（如紧急，需说明原因）、单位经办人及其联系方式、单位审查人及其联系方式。

需要卫星操作单位注意的是，审查人应对经办人起草的所有内容进行复核，特别是中文代拟函与英文代拟函内容的一致性问题。

（2）我国卫星网络基本信息

我国卫星网络基本信息主要是指卫星网络名称（轨道信息）、星座构型、频段、业务、卫星网络资料申报情况、空间电台许可申请或拟申请日期、使用计划等。

在填写卫星网络基本信息时，卫星操作单位需要注意以下问题：

①　"卫星网络名称（轨道信息）"填写格式为"卫星网络名称 + 空格 + 西文左括号 + 轨道位置°E/°W（或者 NGSO）+ 西文右括号，Times New Roman 字体"，示例：CHINASAT-163E (163°E)或者 SPACEWAY (NGSO)；

②　仅 NGSO 卫星网络需要填写"星座构型"；

③　填写"频段"和"业务"时，应注意申报的频段和业务要写全，不要有遗漏，且频段和业务要相互对应；

④　"卫星网络资料申报情况"应填写 A、C、N 资料和 Res49、BIU 信息的申报或拟申报日期；

⑤　"使用计划"应填写已在轨或计划发射卫星的信息。

（3）双方协调信息

双方协调信息主要是指外方来函主要内容、本次协调的情况说明、双方卫星网络的协调频段、业务、国际电联无线电通信局判定情况（截图）等。

在填写双方协调信息时，卫星操作单位需要注意以下问题：

①　"情况说明"应填写协调问题的背景及策略等，特别是对于较复杂的协调问题，需进行详细说明。如果是请求批准操作单位间协调纪要，应填写纪要总结、完成协调情况、协调进展或意义、是否需要我国主管部门先于外方主管部门批准等信息。

②　"国际电联无线电通信局判定情况（截图）"应截取我方卫星网络 API/B 或 CR/C、CR/D、CR/E 特节中相关国家国际电联无线电通信局的判定情况。根据不同的条款，提供不同的特节截图。

（4）中文代拟函和英文代拟函

中、英文代拟函应包括标题、主送信息、抄送信息、参考文献、正文内容等，且中、英文的正文内容必须一致。

3.3.4.2　信息查询方法

（1）协调对象查询

①　我国 GSO 卫星网络的情况

若国际信函协调中我国为 GSO 卫星网络，协调对象在《国际频率信息通报》的 CR/C、CR/D 或 CR/E 特节中查询。其中，对于国际电联无线电通信局根据第 9.7 款确定的受影响 GSO 卫星网络名称，查询 CR/C 特节；对于根据第 9.13 款确定的受影响 NGSO 卫星网络主管部门名称、第 9.14 款确定的受影响地面业务主管部门名称、第 9.21 款确定的受影响卫星网络和地面业务主管部门名称，查询 CR/D 特节；对于根据第 9.41

款要求加入的受影响 GSO 卫星网络名称，查询 CR/E 特节。

以我国 CHINASAT-F-110.5E 卫星网络为例，CR/C、CR/D 和 CR/E 特节公布情况如图 3-3～图 3-5 所示。

II. Liste des réseaux à satellite (voir N° 9.36.2)　II. List of satellite networks (see No. 9.36.2)　II. Lista de redes de satélite (véase el N.° 9.36.2)

二、卫星网络清单(见第9. 36. 2款)　II. Список спутниковых сетей (см. п. 9.36.2)　II. قائمة بالشبكات الساتلية (انظر الرقم 9.36.2)

Liste des réseaux à satellite pour lesquels Delta T/T > 6% est identifié dans le cas I uniquement (réseau utile et réseau brouilleur utilisant en partage la même bande de fréquences dans le même sens de transmission) ou qui sont situés à l'intérieur de l'arc de coordination (au titre du N° 9.7)
List of satellite networks for which Delta T/T > 6% identified under Case I only (Wanted and interfering networks sharing the same frequency band in the same direction of transmission) or which are within the coordination arc (under No. 9.7)
Lista de redes de satélites para los que Delta T/T > 6% identificadas con arreglo al Caso I solamente (Redes deseada e interferente que comparten la misma banda de frecuencias en la misma dirección de transmisión) o que se encuentran dentro del arco de coordinación (según N.° 9.7)
仅在情形一（使用网络和干扰网络在同一传输方向上共用同一个频段）中由于Delta T/T > 6%，或落入协调弧之内 而得到确认的卫星网络清单（依据 9.7）
Список спутниковых сетей, для которых критерий Дельта T/T > 6% определен в рамках только случая I (полезная и мешающая сети, совместно использующие одну и ту же полосу частот для передачи в одном и том же направлении) или которые располагаются в пределах координационной дуги (согласно № 9.7)
قائمة الشبكات الساتلية التي تكون فيها النسبة دلتا T/T>6% محددة في الحالة I فقط (الشبكتان المطلوبة والمسببة للتداخل تتقاسمان نطاق التردد نفسه في اتجاه الإرسال نفسه) أو التي تدخل ضمن قوس التنسيق (بموجب الرقم 9.7)

A1f1 Notif. adm.	A1f3 Inter. sat. org.	A1a Sat. Network	A4a1 Orbital long.	BR3b Category of notif.	BR25 A/T	BR6a Id. no.	BR26 Causing interference	BR27 Receiving interference	BR28 Detected by coord. arc
ALG		ALCOMSAT-27.6W	27.6 W	C	A	114520218	C	R	
ARG		ARSAT-F	91.5 W	C	A	115520101		R	
		ARSAT-H	38.5 W	C	A	115520103		R	
ARM		ARMSAT1	71.4 E	C	A	113520013	C	R	
ARS	ARB	ARABSAT 5A-30.5E	30.5 E	N	A	110500040	C	R	
		ARABSAT 5B-26E	26 E	N	A	111500061	C		
		ARABSAT 5C-20E	20 E	N	A	111500210	C		
		ARABSAT 6E-34.5E	34.5 E	N	A	111500139	C	R	
		ARABSAT 7A-30.5E	30.5 E	C	A	109520112		R	
		ARABSAT 7A-30.5E	30.5 E	N	T	118500054		R	
		ARABSAT 8A-30.5E	30.5 E	C	A	113520014	C	R	
		ARABSAT 8B-26E	26 E	C	A	113520015	C	R	
		ARABSAT 8C-20E	20 E	C	A	113520016	C	R	
		ARABSAT 8D-7.5E	7.5 E	C	A	113520017	C	R	
		ARABSAT 8E-34.5E	34.5 E	C	A	113520018	C	R	
		ARABSAT 8F-44.5E	44.5 E	C	A	113520019	C	R	
		ARABSAT 8G-11E	11 E	C	A	113520020	C	R	
		ARABSAT 8H-17E	17 E	C	A	113520021	C	R	
		ARABSAT-9AS-81.5E	81.5 E	C	A	117520218	C	R	
		ARABSAT-9F-44.5E	44.5 E	C	A	117520216	C	R	
		ARABSAT-9L-1E	1 E	C	A	117520215	C	R	
		ARABSAT-9M-67.5E	67.5 E	C	A	117520217	C	R	
		ARABSAT-KA-26E	26 E	N	A	108501204	C		

受影响的主管部门和卫星网络名称

CR/C/4945

Page / Página / 页 / стр. / 132 الصفحة

图 3-3　根据第 9.7 款确定的受影响 GSO 卫星网络

Tableau I /Table I /Cuadro I /表一/ Таблица I / I الجدول

Disposition / Provision / Disposición / 条款 / Положение / الحكم			Récapitulatif des coordinations à effectuer / 协调要求概述	Summary of coordination requirements / Сводные данные о будущей координации	Resumen de los requisitos de coordinación / ملخص متطلبات التنسيق
	9.11				
X	9.11A				
		9.12			
		9.12A			
	X	9.13	AUS, CAN, D, F, G, HOL, ISR, LIE, NOR, NZL, PNG, RUS/IK, RUS, SLM, UAE, USA		
	X	9.14	ARM, ARS, AUS/CHR, AUS/HMD, AUS/ICO, AUS/NFK, AUS, AZE, BHR, CYP, EGY, F/AMS, F/CRO, F/KER, F/MYT, F/NCL, F/REU, F/WAL, G/DGA, IND, INS, IRN, ISR, J, KAZ, KOR, MLA, NZL, OMA, PAK, PNG, QAT, RUS, SDN, SNG, SYR, TUR, UAE, UKR, USA/ALS, USA/GUM, USA/HWA, USA/HWL, USA/JON, USA/MDW, USA/MRA, USA/SMA, USA/WAK, UZB, VTN		
	9.21A				
	9.21B				
	9.21C				
	RS33#2.1				

受影响的NGSO卫星网络主管部门名称

受影响的地面业务主管部门名称

CR/D/4028

Page / Página / 页 / стр. / 4

الصفحة

图 3-4　根据第 9.13 款、第 9.14 款和第 9.21 款确定的受影响主管部门

II. Liste des réseaux à satellite　　　II. List of satellite networks　　　II. Lista de redes de satélite
二、卫星网络清单　　　II. Список спутниковых сетей　　　II. قائمة بالشبكات الساتلية

Liste des réseaux à satellite pour lesquels Delta T/T est supérieur à 6% mais qui ne sont PAS dans l'arc de coordination (au titre du N° 9.7)
List of satellite networks for which Delta T/T > 6% but are NOT within the coordination arc (under No. 9.7)
Lista de redes de satélites para las cuales ΔT/T > 6% pero NO se encuentran dentro del arco de coordinación (según N.° 9.7)
Delta T/T > 6%但不属于协调弧范围的卫星网络清单（依据第 9.7）
Перечень спутниковых сетей, для которых Delta T/T > 6%, однако НЕ находится в пределах координационной дуги (согласно № 9.7)
قائمة الشبكات الساتلية التي تكون فيها النسبة > ΔT/T 6% ولكنها ليست ضمن قوس التنسيق (بموجب الرقم 7.9)

A1f1 Notif. adm.	A1f3 Inter. sat. org.	A1a Sat. Network	A4a1 Orbital long.	A4a1 Category of notif.	BR3b A/T	BR25 Id. no.	BR6a Causing interference	BR26 Receiving interference	BR27
AUS		DEF-R-SAT-5S	68 E	C	A	115520146	C		
EGY		EG-JAN1A	7 W	C	A	114520032	C	R	
		EG-JAN2A	6 W	C	A	114520079	C	R	
		EG-JAN3A	2 W	C	A	114520080	C	R	
		EG-JAN4A	11 E	C	A	114520081	C	R	
		EG-JAN5A	15 E	C	A	114520082	C	R	
		EG-JAN6A	18 E	C	A	114520083	C	R	
		EG-JAN7A	21 E	C	A	114520084	C	R	
		EG-JAN8A	23 E	C	A	114520085	C	R	
		EGY-N-SAT		C	A	114520263	C	R	
		EGYCOMM20A	35.5 E	C	A	109520318	C	R	
		EGYCOMM30A	35.5 E	N	A	118500131	C	R	
		EGYCOMM2A	2 E	C	A	116520436	C	R	
		EGYCOMM3A	6 E	C	A	116520437	C	R	
		EGYCOMM5A	18 E	C	A	116520438	C	R	
		EGYCOMM9A	.5 E	C	A	116520230	C	R	
J		D-STAR-1	32 E	N	A	107500244	C	R	
		D-STAR-2	136 E	N	A	110500022	C	R	
		N-STAR-E	136 E	N	A	110500062	C	R	
		N-STAR-F	132 E	N	A	110500063	C	R	
		N-STAR-F		N	T	311500088	C	R	
		QZSS-GS-A1	90.5 E	C	A	118520075	C	R	
		QZSS-GS-A3	123 E	C	A	118520076	C	R	
		QZSS-GS-A4	127 E	C	A	118520077	C	R	
		QZSS-GS-A5	137 E	C	A	118520078	C	R	
		QZSS-GS-A6	168 E	C	A	118520079	C	R	
		QZSS-GS4	127 E	C	A	115520497	C	R	
NOR		GEO-KOMPSAT-2-128.2E	128.2 E	C	A	116520089	C		
		GK2-128.2E	128.2 E	C	A	115520069	C	R	
		GK2-128.2E	128.2 E	N	T	315500081	C	R	
		KOREASAT-128.2E	128.2 E	C	A	116520088	C	R	
		KOREASAT-93E-MT2	93 E	C	A	116520263	C	R	
		KOREASAT-97E-MT2	97 E	C	A	115520212	C	R	

CR/E/1962

受影响的主管部门和卫星网络名称

Page / Página / 页 / стр. / 12 الصفحة

图 3-5　根据第 9.41 款要求加入的受影响 GSO 卫星网络

② 我国 NGSO 卫星网络的情况

若国际信函协调中我国为 NGSO 卫星网络，协调对象在《国际频率信息通报》的 API/B 或 CR/D 特节中查询。其中，对于根据第 9.3 款确定的受影响卫星网络和地面业务主管部门名称，查询 API/B 特节；对于根据第 9.12 款确定的受影响 NGSO 卫星网络主管部门名称、根据第 9.12A 款确定的受影响 GSO 卫星网络主管部门名称、根据第 9.14 款确定的受影响地面业务主管部门名称、根据第 9.21 款确定的受影响卫星网络和地面业务主管部门名称，查询 CR/D 特节。

以我国 GW-S 卫星网络为例，API/B 和 CR/D 特节公布情况如图 3-6 和图 3-7 所示。

（2）重叠频段查询

使用国际电联无线电通信局软件 BRSIS-SpaceQry 中的 "Overlap" 功能检查卫星网络重叠频段。具体方法是，选择 "Overlap graphical representation"，输入双方卫星网络名称。

以我国 AS 卫星网络和阿塞拜疆 AZERSKY 卫星网络为例，图 3-8 展示了用 "Overlap" 功能查看双方卫星网络重叠频段的结果。

受影响的主管部门名称

	ADM
E	ALG, ARS, B, BLR, D, EGY, HNG, INS, IRN, OMA, QAT, VTN
T	ALG, BLR, CAN, D, EGY, HNG, HOL, IRN, J, MLT, OMA, QAT, UAE, VTN
S	ALG, ARG, AUS, AZE, B, CAN, CYP, D, E, EGY, F/GLS, F, G, GRC, HOL, I, IND, INS, IRN, J, KAZ, KOR, LIE, LTU, MCO, MLA, NOR, OMA, PAK, QAT, RUS, SUI, UAE, USA, VTN

Symboles utilisés dans le résumé des observations / Symbols used for the Summary of comments / Símbolos utilizados en el resumen de los comentarios / 意见摘要使用的符号 / Условные обозначения, используемые в резюме замечаний / الرموز المستعملة في ملخص التعليقات

ADM: Administration / Administration / Administración / 主管部门 / Администрация / (الإدارة)

E: Exclusion du territoire / Excluding territory / Territorio excluido / 领土除外 / Исключая территорию / باستثناء أراضي

T: Brouillage causé aux services de Terre / Interference to the terrestrial services / Interferencia a los servicios terrenales / 对地面业务的干扰 / Помехи наземным службам / تداخل في خدمات الأرض

S: Brouillage causé aux services spatiaux / Interference to the space services / Interferencia a los servicios espaciales / 对空间业务的干扰 / Помехи космическим службам / تداخل في الخدمات الفضائية

API/B/1375

Page / Página / 页 / стр. / 3 الصفحة

图 3-6 根据第 9.3 款确定的受影响主管部门

Tableau I / Table I / Cuadro I / 表一 / Таблица I / الجدول I

Disposition / Provision / Disposición / 条款 / Положение / نص	Récapitulatif des coordinations à effectuer 协调要求概述	Summary of coordination requirements Сводные данные о будущей координации	Resumen de los requisitos de coordinación ملخص متطلبات التنسيق
9.11			
X 9.11A	受影响的主管部门名称		
X 9.12	ARS, AUS, CAN, CYP, E, F/GLS, F, G, HOL, I/GLS, IND, IRN, ISR, J, LIE, LUX, MEX, NZL, PNG, RUS/IK, RUS, SLM, SNG, USA, VTN		
X 9.12A	AUS, B, CYP, D, E, F, HOL, I, IND, J, LUX, MLA, PAK, RUS, TUR, UAE, USA		
9.13			
X 9.14	BHR, D, EGY, F, G/GIB, G, J		
X 9.21A	ARS/ARB, AUS, AZE, B, CYP, D, E, EGY, F, HOL, I, IND, INS, ISR, J, KOR, LUX, MCO, MLA, OMA, PAK, PNG, QAT, RUS/IK, RUS, S, TUR, UAE, UKR, USA		
X 9.21B	ARS, CAN, CYP, E, F/GLS, F, G, I/GLS, J, NOR, PNG, RUS, SLM, USA		
X 9.21C	ARG, ARM, ARS, AUS, AZE, CAN, D/HOL, D, E/CNR, E, EGY, F/CAN, F/SPM, F, G/GIB, G, GRC, HRV, I, INS, IRN, J, KAZ, KGZ, KOR, LTU, MEX, MLA, MRC, NZL, OMA, PRG, RUS/KAZ, RUS, S, SNG/MLA, SNG, SYR, UAE, UKR, USA/GUM, USA/HWA, USA/PTR, USA
RS33#2.1			

CR/D/4449

Page / Página / 页 / стр. / 4 الصفحة

图 3-7 根据第 9.12 款、9.12A 款、9.14 款、9.21 款确定的受影响主管部门

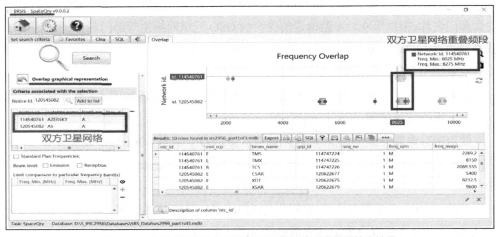

图 3-8 AS 卫星网络和 AZERSKY 卫星网络重叠频段检查结果

（3）特定地球站地理位置查询

使用国际电联无线电通信局 SNS 在线（Space Network Systems Online）数据库，检查卫星网络特定地球站信息。

以 AZERSKY 卫星网络为例，图 3-9 展示了其特定地球站的情况。

PROVISIONS| AFF.NTW| TR.PROVN| PUBLICATION| TSUM| NWKSUM (E)| NWKSUM (R)| BEAMS| FREQS| EMISSIONS| EARTH STN| SPACE STN| NEW QUERY

ASSOCIATED EARTH STATION INFORMATION

STATION	COUNTRY	LONGITUDE	LATITUDE	STATION TYPE	ANTENNA	BEAMWIDTH	GAIN	CLS STN	NAT	SRV
ABU-DHABI_AZ	UAE	54.4581	24.4331	S	A-25*LOG(FI)	0.51	50.4	TW	CR	
ADELAIDE_AZ	AUS	138.62	-34.81	S	A-25*LOG(FI)	0.38	50	TW	CR	
ASSOUAN_AZ	EGY	32.8486	23.9706	S	A-25*LOG(FI)	0.75	47.5	TW	CR	
BAKU_AZ	AZE	49.8	40.4167	S	A-25*LOG(FI)	0.27	56	TD	OT	
BAKU_AZ	AZE	49.8	40.4167	S	A-25*LOG(FI)	0.27	56	TK	OT	
BAKU_AZ	AZE	49.8	40.4167	S	A-25*LOG(FI)	0.27	56	TR	OT	
CARACAS_AZ	VEN	-66.8897	10.4	S	A-25*LOG(FI)	0.75	47.5	TW	CR	
CAYENNE_AZ	F	-52.3094	4.95	S	A-25*LOG(FI)	0.57	49.5	TW	CR	
ESRANGE_AZ	S	21.06	67.88	S	A-25*LOG(FI)	0.27	56	TD	OT	
ESRANGE_AZ	S	21.06	67.88	S	A-25*LOG(FI)	0.27	56	TK	OT	
ESRANGE_AZ	S	21.06	67.88	S	A-25*LOG(FI)	0.27	56	TR	OT	
ESRANGE_AZ	S	21.06	67.88	S	A-25*LOG(FI)	0.28	55.5	TW	CR	
HANOI_AZ	VTN	105.75	21.06	S	A-25*LOG(FI)	0.75	47.5	TW	CR	
HARTEBESHOEK_AZ	AFS	27.71	-25.89	S	A-25*LOG(FI)	0.34	51.5	TW	CR	
INUVIK_AZ	CAN	133.535	68.3275	S	A-25*LOG(FI)	0.2	58.7	TD	OT	
INUVIK_AZ	CAN	-133.535	68.3275	S	A-25*LOG(FI)	0.2	58.7	TK	OT	
INUVIK_AZ	CAN	133.535	68.3275	S	A-25*LOG(FI)	0.2	58.7	TR	OT	
INUVIK_AZ	CAN	-133.535	68.3275	S	A-25*LOG(FI)	0.2	58.7	TW	CR	
INUVIK_AZ2	CAN	-133.558	68.3197	S	A-25*LOG(FI)	1.38	41.2	TD	OT	
INUVIK_AZ2	CAN	-133.558	68.3197	S	A-25*LOG(FI)	1.38	41.2	TK	OT	
INVIK_AZ2	CAN	-133.558	68.3197	S	A-25*LOG(FI)	1.27	41.9	TK	OT	
INVIK_AZ2	CAN	-133.558	68.3197	S	A-25*LOG(FI)	1.27	41.9	TR	OT	
IRKOUTSK_AZ	RUS	104.3	52.32	S	A-25*LOG(FI)	1.07	44.1	TW	CR	
ISLAMABAD_AZ	PAK	73.1764	33.5181	S	A-25*LOG(FI)	0.75	47.5	TW	CR	
ISTANBUL_AZ	TUR	29.027	41.1	S	A-25*LOG(FI)	0.75	47.5	TW	CR	
IVANTEEVKA_AZ	RUS	37.97	55.93	S	A-25*LOG(FI)	0.83	46.3	TW	CR	
LADKRABANG_AZ	THA	100.793	13.7261	S	A-25*LOG(FI)	0.28	55.5	TW	CR	
LETHBRIDGE_AZ	CAN	-112.873	49.6814	S	A-25*LOG(FI)	0.57	49.5	TW	CR	
MAGADAN_AZ	RUS	150.8	59.58	S	A-25*LOG(FI)	1.07	44.1	TW	CR	
MASPALOMAS_AZ	E	-15.5	27.7633	S	A-25*LOG(FI)	0.26	56.5	TW	CR	
MEXICO_AZ	MEX	-99.13	19.32	S	A-25*LOG(FI)	0.75	47.5	TW	CR	
MIAMI_AZ	USA	-80.385	25.6133	S	A-25*LOG(FI)	0.23	57.5	TW	CR	
MIYUN_AZ	CHN	116.86	40.45	S	A-25*LOG(FI)	0.23	57.3	TW	CR	
MOURZOUK_AZ	LBY	13.9422	25.92	S	A-25*LOG(FI)	0.75	51.1	TW	CR	
PARE-PARE_AZ	INS	119.65	3.9778	S	A-25*LOG(FI)	0.75	47.5	TW	CR	
RIYADH_AZ	ARS	46.6417	24.7111	S	A-25*LOG(FI)	0.23	57.3	TW	CR	
SINGAPORE_AZ	SNG	103.78	1.29	S	A-25*LOG(FI)	0.2	58.7	TW	CR	
SVALBARD_AZ	NOR	15.39	78.23	S	A-25*LOG(FI)	0.23	57.5	TW	CR	
TEL-AVIV_AZ	ISR	34.9019	32.0286	S	A-25*LOG(FI)	0.75	47.5	TW	CR	
TEMERLOH_AZ	MLA	102.4	3.27	S	A-25*LOG(FI)	0.2	58.7	TW	CR	
TOULOUSE_AZ	F	1.49	43.55	S	A-25*LOG(FI)	0.47	51.1	TW	CR	
TYPICAL1_AZ				T	A-25*LOG(FI)	0.71	47.6	TW	CR	
TYPICAL2_AZ				T	A-25*LOG(FI)	0.57	49.5	TW	CR	
YORI_AZ	J	139.28	36.1078	S	A-25*LOG(FI)	0.75	47.5	TW	CR	

PROVISIONS| AFF.NTW| TR.PROVN| PUBLICATION| TSUM| NWKSUM (E)| NWKSUM (R)| BEAMS| FREQS| EMISSIONS| EARTH STN| SPACE STN| NEW QUERY

图 3-9 AZERSKY 卫星网络特定地球站

3.4 兼容性分析和干扰计算

为确保卫星系统能够兼容共存，重要的方法是通过开展相应的兼容性分析及计算，来评价系统间能否满足频率共用的指标。

本节主要阐述在国际电信联盟框架内的卫星系统间兼容性分析方法和常用的干扰计算评价指标，以期为卫星系统间的共存研究和卫星网络协调提供技术依据。

3.4.1 兼容性分析方法

根据《无线电规则》中的定义，干扰是指由于某种发射、辐射、感应或其组合所产生的无用能量对无线电通信系统的接收产生的影响，这种影响的后果表现为性能下降、误解或信息遗漏，如不存在这种无用能量，则此后果可以避免。其中，可允许干扰是指观测到的或预测到的干扰，该干扰符合《无线电规则》或国际电联无线电通信部门（ITU-R）系列建议书规定的干扰允许值和共用的定量标准；可接受干扰是指其电平高于规定的可允许干扰电平，但要经过两个或两个以上主管部门协商同意，并且不损害其他主管部门利益的干扰；有害干扰是指危及无线电导航或其他安全业务的运行，或严重损害、阻碍或一再阻断按照《无线电规则》开展的无线电通信业务的干扰。

兼容性分析的意义就在于通过技术手段找到无线电通信系统间频率兼容共用的条件，使得各系统间在无干扰、可允许干扰或可接受干扰下公平、高效地利用频谱资源。

作为无线电领域的核心机构，国际电联无线电通信部门负责确定数量巨大、范围日广的无线电业务和系统的技术特性和操作程序，其各研究组负责为世界无线电通信大会（WRC）所做决定奠定技术基础，并制定有关无线电通信的国际标准（建议书）、报告和手册。表 3-2 给出了国际电联无线电通信部门各研究组的研究范围及与兼容性分析相关的主要建议书系列。

表 3-2　国际电联无线电通信部门各研究组的研究范围及与兼容性分析相关的主要建议书系列

研究组	研究范围	建议书系列
第 1 研究组（频谱管理）	频谱工程技术、频谱管理方法和经济战略、频谱监测	SM
第 3 研究组（无线电波传播）	传播要素、点对面传播、电离层传播及无线电噪声、点对点和地对空传播	P
第 4 研究组（卫星业务）	卫星固定业务、卫星移动业务、卫星广播业务和卫星无线电测定业务的系统和网络	S、M
第 5 研究组（地面业务）	卫星固定业务、卫星移动业务、卫星无线电测定业务和卫星业余业务的系统和网络	F、M
第 6 研究组（广播业务）	无线电通信广播，包括主要面向公众传输的视频、声音、多媒体和数据业务	BS、BT
第 7 研究组（科学业务）	标准频率时间和信号业务、空间研究业务、空间操作业务、卫星地球探测业务、卫星气象业务、气象辅助和射电天文业务	TF、SA、RS、RA

卫星系统的典型系统参数、干扰保护准则或系统间共用标准主要由第 4 研究组负责，对应通信链路所适用的传播模型则由第 3 研究组负责。

开展兼容性分析一般分为以下步骤。

参数获取：通过干扰及受干扰系统双方提供或根据国际电联无线电通信部门相关建议书获取干扰系统与受干扰系统的典型参数；

保护准则：按照受干扰系统的业务类型、操作特性选取合适的干扰保护准则，如果国际电联无线电通信部门的建议书未推荐相关保护准则或指标，也可通过干扰与受干扰系统双方协商确定；

场景建模：根据干扰与受干扰系统双方部署情况对干扰场景进行建模，在确定干扰链路与受干扰链路后，选择合适的传播模型来预测信号的衰减程度；

干扰计算：通过计算得到干扰系统对受干扰系统的影响程度，并将计算结果与受干扰系统的保护准则进行比较，获得双方系统能否兼容共用的最终结论。如不能兼容共用，则可通过调整相关系统操作特性、区分业务区域、使用干扰规避技术等方法满足系统间兼容共存的要求。

在国际电信联盟框架下的兼容性分析流程如图 3-10 所示。

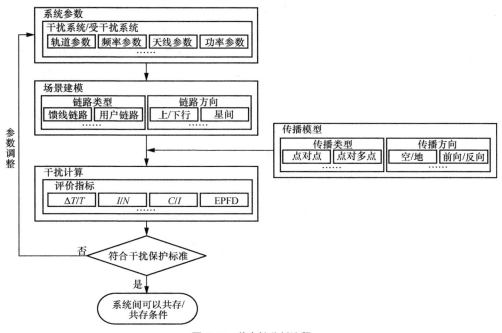

图 3-10　兼容性分析流程

3.4.2　干扰计算评价指标

根据《无线电规则》，卫星网络的频率指配在符合频率划分的基础上，也要符合脚注、第 21 条、第 22 条中明确规定的功率限值，此类限值被称为硬限值，即向国际电联无线电通信局申报的卫星网络资料必须满足《无线电规则》规定的硬限值，否则卫星网络资料将被判定为不合格，将无法被国际电联无线电通信局所接收（根据《无线电规则》第 4.4 款的频率指配除外）。还有一些限值由各研究组制定的建议书提供，需要卫星操作单位在开展系统间兼容共用分析及卫星网络协调过程中特别加以关注。本小节对不同类型的卫星系统所适用的干扰计算评价指标进行介绍。

3.4.2.1　GSO 系统之间

针对 GSO 系统，其通信链路在某一时刻可以看作是相对固定的，因此只要受干扰系统接收机输入端的期望载波功率与总噪声功率之比（C/N_{tot}）满足接收机输出端的信号指标要求，就可以认为该系统能够实现正常工作，其中总噪声功率 N_{tot} 是期望的系统噪声温度 N 与外部干扰 I 之和。

外部干扰 I 造成的系统性能衰减程度可以由外部干扰与系统噪声温度之比（I/N）来衡量。按照《无线电规则》附录 8 中的干扰协调计算方法，判定两个对地静止轨道卫星网络是否需要协调的依据是：如果 I/N 超过了门限值就要求两系统间开展协调；反之，如果 I/N 没有超过门限值，则两系统间不必开展协调。此计算方法是保证两个对地静止轨道卫星网络共存的基础。

以系统间上行干扰为例，若受干扰系统为 S，干扰系统为 S'，则干扰场景如图 3-11 所示。

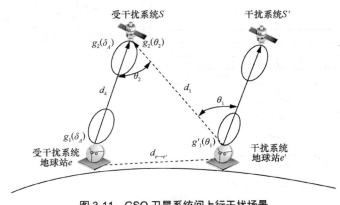

图 3-11　GSO 卫星系统间上行干扰场景

噪声相对增量 $\Delta T_s / T_s$ 的计算方法则可以用式（3-1）表示

$$\Delta T_s / T_s = \frac{p'_{e0} g'_1 (\theta_1) g_2(\theta_2)}{k l_u T_s} \tag{3-1}$$

其中，若考虑一般场景，则只需考虑自由空间传输损耗，$l_u = \left(\dfrac{4\pi d_1}{\lambda_1}\right)^2$。

T_s：受干扰 GSO 卫星上行接收端的等效噪声温度，单位是 K；

P'_{e0}：干扰地球站最大发射功率密度，单位是 W/Hz；

$g'_1(\theta_1)$：干扰 GSO 地球站天线在离轴角 θ_1 方向上的发射增益，单位是 dBi；

θ_1：干扰 GSO 地球站天线的离轴角，单位是度；

$g_2(\theta_2)$：受干扰 GSO 卫星天线在离轴角 θ_2 方向上的接收增益，单位是 dBi；

θ_2：受干扰 GSO 卫星天线的离轴角，单位是度；

l_u：干扰 GSO 卫星网络上行通信链路的传输损耗，单位是 dB；

k：玻尔兹曼常数（1.38×10^{-23} J/K）；

d_1：上行干扰链路的距离，单位是 m；

λ_1：干扰 GSO 卫星网络上行通信链路的载波波长，单位是 m。

《无线电规则》附录 8 中规定的 $\Delta T/T$ 门限值为 6%。如果 $\Delta T/T$ 没有超过这一门限值，则两个 GSO 系统间无潜在干扰，可不开展更为详细的干扰计算。如果两个 GSO 系统的 $\Delta T/T$ 超出了这个门限值，则必须根据《无线电规则》启动相应的国际协调程序。

当通过 $\Delta T/T$ 或协调弧的方法判定两个卫星网络之间需要协调时，相关主管部门应开展更为详细的干扰计算，如利用载波与干扰的比值（C/I）来评估干扰系统对受干扰系统的干扰程度。因为对于两个系统间不同的频率共用状态，$\Delta T/T$ 是按最坏情况进行评估计算的，没有考虑干扰载波具体的频谱特性，因此当计算出的 $\Delta T/T$ 超过 6% 的门限值时，不一定都会对受干扰系统产生不可接受的 C/I 计算结果。根据图 3-11 所示，C/I 的计算方法为

$$I_u = \frac{p'_e g'_1(\theta_1) g_2(\theta_2)}{l_u} = p'_e g'_1(\theta_1) g_2(\theta_2)\left(\frac{\lambda_1}{4\pi d_1}\right)^2 \tag{3-2}$$

$$C_u = p_e g_1(0) g_2(0)\left(\frac{\lambda_4}{4\pi d_4}\right)^2 \tag{3-3}$$

$$\left(\frac{C}{I}\right)_u = \frac{p_e g_1(0) g_2(0)}{p'_e g'_1(\theta_1) g_2(\theta_2)}\left(\frac{\lambda_4 d_1}{\lambda_1 d_4}\right)^2 \tag{3-4}$$

P_e'：干扰地球站最大发射功率，单位是 W；

P_e：受干扰 GSO 地球站的发射功率，单位是 W；

$g_1'(\theta_1)$：干扰 GSO 地球站天线在离轴角 θ_1 方向上的发射增益，单位是 dBi；

$g_1(0)$：受干扰 GSO 网络中的地球站天线的峰值发射增益，单位是 dBi；

θ_1：干扰 GSO 地球站天线的离轴角，单位是度；

$g_2(\theta_2)$：受干扰 GSO 卫星天线在离轴角 θ_2 方向上的接收增益，单位是 dBi；

$g_2(0)$：受干扰 GSO 卫星天线的峰值接收增益，单位是 dBi；

θ_2：受干扰 GSO 卫星天线的离轴角，单位是度；

l_u：干扰 GSO 卫星网络上行通信链路的传输损耗，假设为自由空间损耗，单位是 dB；

d_1：上行干扰链路的距离，单位是 m；

d_4：受干扰 GSO 卫星网络上行工作链路的距离，单位是 m；

λ_1：干扰 GSO 卫星网络上行通信链路的载波波长，单位是 m；

λ_4：受干扰 GSO 卫星网络上行通信链路的载波波长，单位是 m。

对于两个卫星系统，仅在上行出现干扰时，系统间总的 $\left(\dfrac{C}{I}\right)_{tot}$ 可以由式（3-2）～式（3-4）得出。如系统间仅存在下行干扰，则可将干扰系统的干扰源由地球站转换为卫星，受干扰系统的受干扰卫星转换为受干扰地球站，相关距离与夹角计算类似，则系统间总的 $\left(\dfrac{C}{I}\right)_{tot}$ 为

$$\left(\frac{C}{I}\right)_{tot} = \left(\frac{C}{I}\right)_d \qquad (3\text{-}5)$$

对于系统间上下行都存在干扰的情况，其系统间总的 $\left(\dfrac{C}{I}\right)_{tot}$ 可由式（3-6）表示

$$\left(\frac{C}{I}\right)_{tot} = 10\log\left[10^{\frac{\left(\frac{C}{I}\right)_u}{10}} + 10^{\frac{\left(\frac{C}{I}\right)_d}{10}}\right] \qquad (3\text{-}6)$$

3.4.2.2 GSO 与 NGSO 系统之间

当干扰系统变为 NGSO 系统，尤其是由多颗卫星组成的 NGSO 星座时，由于此类系统的时变特性，导致干扰模式、干扰源个数以及干扰判定指标的复杂性远远高于 GSO 卫星系统之间的干扰计算。典型的 NGSO 系统干扰 GSO 系统场景如图 3-12 所示。

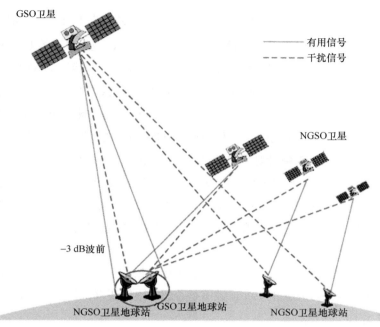

图 3-12　典型的 NGSO 系统干扰 GSO 系统场景

从图 3-12 可以看出，NGSO 系统对 GSO 系统的干扰往往是多条链路对一条链路，在这种情况下，国际电联无线电通信局采用等效功率通量密度评估 NGSO 系统对 GSO 系统的干扰程度。等效功率通量密度是指，在 NGSO 卫星系统范围内，所有发射电台在地球表面或者对受干扰卫星接收端的功率通量密度的总和，可以表示为

$$\text{EPFD} = 10\lg\left(\sum_{k=1}^{N} 10^{\frac{P_i}{10}} \frac{G_t(\theta_i)}{4\pi d_i^2} \frac{G_r(\varphi_i)}{G_{r,\max}}\right) \tag{3-7}$$

N：地球表面某地或 GSO 卫星可见的 NGSO 卫星发射电台个数；

i：可见 NGSO 卫星中的第 i 颗卫星；

P_i：在参考带宽内第 i 个干扰链路的发射功率，单位是 dBW；

θ_i：第 i 颗 NGSO 卫星天线视轴与受干扰来路方向间的夹角，单位是度；

$G_t(\theta_i)$：第 i 条干扰链路在 θ_i 方向上的发射天线增益，单位是 dBi；

d_i：第 i 条干扰链路的距离，单位是 m；

φ_i：受干扰系统的天线视轴与第 i 颗 NGSO 卫星发射方向间的夹角，单位是度；

$G_r(\varphi_i)$：第 i 条干扰链路在 φ_i 方向上的接收天线增益，单位是 dBi；

$G_{r,\max}$：受干扰链路接收天线峰值增益，单位是 dBi。

因此 $G_r(\varphi_i)/G_{r,\max}$ 表示受干扰链路在第 i 个干扰链路方向的接收天线相对增益。需要注意的是，考虑到 NGSO 系统的时变特性，计算 NGSO 卫星星座的 EPFD 需要根据 NGSO 卫星星座的运行参数，计算 GSO 卫星可视范围内所有同频 NGSO 地面站发射机辐射的集总能量到达 GSO 卫星接收机处的功率谱密度，或 GSO 卫星地球站可视范围内所有同频 NGSO 卫星发射机辐射的集总能量到达 GSO 卫星地球站接收机处的功率通量密度。随着 NGSO 卫星星座的运行，不同时刻 NGSO 卫星星座的 EPFD 值会有所不同。

《无线电规则》第 22 条针对特定频段给出了 EPFD 的限值要求。限值要求的具体形式为，对于典型口径和典型方向图的发射天线，在 40 kHz 或 1000 kHz 的参考带宽内，超过某一限值的时间占比应小于某一具体限值要求。要计算出《无线电规则》第 22 条中 EPFD 的累计概率分布曲线，需要根据 NGSO 卫星星座的轨道运行参数、运行角速度、可见范围、用户站分布以及参考的 GSO 卫星链路等对星座的覆盖范围和 GSO 轨道弧进行遍历计算。针对这一问题，国际电联无线电通信局开发了 EPFD validation 等软件，用于验证 NGSO 系统的 EPFD 数值是否超过限值要求，并在 NGSO 卫星网络资料申报时对此予以审查。

3.4.2.3 NGSO 系统之间

与前述干扰场景相比，NGSO 系统间的干扰计算最为复杂，因为不论对于干扰系统还是受干扰系统，其干扰链路与受干扰链路都是时变的。针对这一问题，国际上目前尚无统一、明确的干扰计算评价标准，需要协调双方在进行干扰计算前明确用于判断是否存在干扰的指标。

一种可行的方式是将前述涉及的干扰噪声比（I/N）或载波干扰比（C/I）按照受多条干扰链路影响，用集总干扰的方式表示出来。以某 NGSO 系统上行接收链路受到另一 NGSO 系统第 i 条链路干扰为例，可将式（3-2）与式（3-4）修改为

$$I_{u,i} = \frac{p'_{e,i} g'_{1,i}(\theta_{1,i}) g_{2,i}(\theta_{2,i})}{l_{u,i}} = p'_{e,i} g'_{1,i}(\theta_{1,i}) g_{2,i}(\theta_{2,i}) \left(\frac{\lambda_{1,i}}{4\pi d_{1,i}}\right)^2 \tag{3-8}$$

$$\left(\frac{C}{I}\right)_{u,i} = \frac{p_e g_1(0) g_2(0)}{p'_{e,i} g'_{1,i}(\theta_{1,i}) g_{2,i}(\theta_{2,i})} \left(\frac{\lambda_4 d_{1,i}}{\lambda_{1,i} d_4}\right)^2 \tag{3-9}$$

$p'_{e,i}$：第 i 个干扰地球站最大发射功率，单位是 W；

P_e：受干扰 NGSO 地球站的发射功率，单位是 W；

$g'_{1,i}(\theta_{1,i})$：第 i 个干扰地球站天线在离轴角 $\theta_{1,i}$ 方向上的发射增益，单位是 dBi；

$g_1(0)$：受干扰 NGSO 网络中的地球站天线的峰值发射增益，单位是 dBi；

$\theta_{1,i}$：第 i 个干扰地球站天线的离轴角，单位是度；

$g_{2,i}(\theta_{2,i})$：第 i 条干扰链路在离轴角 $\theta_{2,i}$ 方向上的接收天线增益，单位是 dBi；

$g_2(0)$：受干扰 NGSO 卫星天线的峰值接收增益，单位是 dBi；

$\theta_{2,i}$：受干扰 NGSO 卫星天线的离轴角，单位是度；

$l_{u,i}$：第 i 条干扰上行通信链路的传输损耗，假设为自由空间损耗，单位是 dB；

$d_{1,i}$：第 i 条上行干扰链路的距离，单位是 m；

d_4：受干扰 NGSO 卫星网络上行工作链路的距离，单位是 m；

$\lambda_{1,i}$：第 i 条干扰上行通信链路的载波波长，单位是 m；

λ_4：受干扰 NGSO 卫星网络上行通信链路的载波波长，单位是 m。

在多星、多地球站的干扰场景下，集总载干比是指多条干扰链路的载干比总和。应当注意的是，式（3-9）中的 $g_1(0)$ 和 $g_2(0)$ 均为峰值增益，这是因为对于受干扰系统来说，假定其通信链路正常时，发射端和接收端是实时对准的，即发射增益和接收增益都是离轴角为 0°时的峰值增益，以保证最好的信号质量。

相比于噪声相对增量和干扰噪声比，集总载干比的主要特征是其关注了通信信号本身的质量，重点在于衡量干扰信号相对于自身通信信号的比重，刻画了干扰信号对自身正常业务开展的影响，判断是否会对系统自身工作造成影响。集总载干比也是 NGSO 卫星操作单位常用的干扰评价指标，主要的使用方式是根据集总载干比和载噪比门限的差值大小，判断干扰信号对自身系统的影响程度。

上述几个重要的技术指标是在卫星频率与轨道资源兼容共用分析及卫星网络协调过程中最为基本且比较常用的。而针对某一卫星网络的协调，需要考虑多个卫星网络对该卫星网络产生的干扰影响。因此，在开展卫星网络协调时，卫星操作单位需要把卫星网络受影响的情况统筹考虑，按照为每一种情况都留有卫星操作余量来开展卫星网络的协调。

3.4.3　主流的兼容性仿真分析工具

针对空间无线电业务兼容性仿真，国际电联无线电通信局提供了基本的 $\Delta T/T$ 和 PFD 仿真计算校验工具。此外，目前也有其他多款卫星轨道、仿真分析等方面的仿真工具，如 GIBC、STK、Visualyse Professional、Visualyse GSO 和 MATLAB 等。以下就各主流仿真分析工具的功能与特点进行简要介绍。

3.4.3.1 GIBC 校验软件

GIBC 是国际电联无线电通信局推出的一款帮助各主管部门和卫星操作单位进行卫星网络干扰分析计算的软件，可免费使用。该软件可计算功率通量密度以及《无线电规则》附录 8（$\Delta T/T$）、附录 30&30A、附录 30B、附录 7 中涉及的内容，但不能计算 C/I。

用 GIBC 计算 $\Delta T/T$ 的操作流程如下。

在"Tools/Options"选项卡中添加卫星网络数据库和 GIMS 数据库，然后在"Appendix 8"选项卡中选择要计算的具体卫星网络名称，单击开始，即可进行计算。

$\Delta T/T$ 的计算结果可以通过"View Results"查看。

需要注意的是，GIBC 软件只提供干扰的主管部门名称，并不给出 $\Delta T/T$ 的具体数值，同时也不提供可与其他软件相互调用的外部接口。GIBC 校验软件示意如图 3-13 所示。

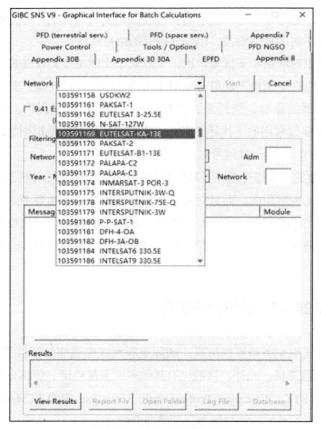

图 3-13 GIBC 校验软件示意

3.4.3.2　STK 仿真分析软件

STK 是美国 Analytical Graphics 公司开发的一款航天工业领域的商业化分析软件。STK 软件提供的分析引擎可用于卫星计算数据，显示卫星和其他对象，如运载火箭、导弹、飞机、地面车辆、目标等的实时运动状态，并且其提供多种形式的二维和三维地图用于辅助覆盖分析工作。STK 软件的核心能力是产生位置和姿态数据、获取时间、遥感器覆盖分析。其专业版还包括附加的轨道预报算法、姿态定义、坐标类型和坐标系统、遥感器类型、高级的约束条件定义以及卫星、城市、地面站和恒星数据库等。对于特定的分析任务，STK 软件提供了附加分析模块，可以解决通信分析、雷达分析、覆盖分析、轨道机动、精确定规和实时操作等问题。另外，STK 软件还具备三维可视化模块，为 STK 软件和其他附加模块提供三维显示环境。在通信链路的干扰兼容性分析方面，STK 软件未涉及相关功能，但具备与其他软件相互调用的外部接口，具有一定的可扩展性。

3.4.3.3　Visualyse 仿真分析软件

在空间无线电通信干扰分析方面，国际上较为通用的仿真分析工具是英国 TSL 研发的 Visualyse 系列软件，包括 Visualyse Professional 和 Visualyse GSO。

Visualyse Professional 基于国际电联无线电通信部门的标准，可以在较宽的频率范围内进行无线通信系统仿真，结合国际电联无线电通信部门和 3GPP 提供的标准传播模型，可针对多种无线电业务进行仿真建模，主要包括对地面、航空、海事和 GSO 卫星通信系统的仿真，兼顾 NGSO 的固定地球站和移动地球站，例如 NGSO 系统的卫星固定业务、卫星广播业务、卫星气象业务和卫星导航业务等。此外还可通过使用卫星间的通信链路，将卫星连接构成一个统一的工作网络，并对卫星间通信进行仿真分析，同时也包括针对气象、广播、射电天文、业余业务、导航、雷达、海事通信和航空通信等场景的仿真分析。

Visualyse GSO 是基于国际电联无线电通信部门的标准，用于 GSO 卫星网络频率协调的软件包，可为 GSO 卫星网络频率协调提供帮助。Visualyse GSO 提供了专门的工具来整合用户、《国际频率信息通报》和空间无线电台数据库（SRS，此为数据库名称）的数据源，并提供分析工具和管理支持。该软件主要有《国际频率信息通报》自动检查、自定义检查、非重叠频段查找和修改卫星网络等 4 项功能。

Visualyse 系列仿真工具对国际电信联盟框架下的兼容分析模型及干扰标准制定具

有较好的支撑与适配，但是该类软件未预留与其他软件进行调用的接口，基本不具备二次开发能力。Visualyse 仿真分析软件示意如图 3-14 所示。

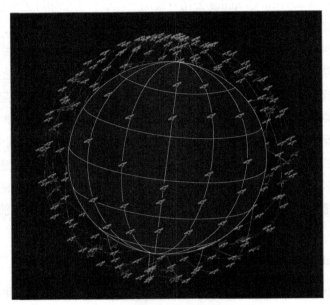

图 3-14　Visualyse 仿真分析软件示意

3.4.3.4　MATLAB 仿真分析软件

MATLAB 是美国 MathWorks 公司出品的商业数学软件，用于算法开发、数据可视化、数据分析以及数值计算的高级技术计算语言和交互式环境，主要包括 MATLAB 和 Simulink 两大部分。该软件主要面对科学计算、可视化以及交互式程序设计的计算环境，将数值分析、矩阵计算、科学数据可视化以及非线性动态系统的建模和仿真等功能集成在一个易于使用的视窗环境中，并在通信、信号处理、控制等专业领域为开发者提供多种函数库。

该软件在卫星仿真方面起步较晚，在其 2021 年的版本中首次增加了卫星工具箱。该工具箱主要用于仿真、分析和测试卫星通信系统和链路，可以对卫星轨道进行建模和可视化，并执行链路分析和接入计算。还可以与 RF 组件和地面站接收器一起设计物理层算法，生成测试波形，并执行设计验证，支持用户在 MATLAB 中开发基于标准的卫星通信信号，并具有可配置性和可扩展性，支持卫星通信、导航和遥感系统的多域仿真和验证。此外，还可以用于验证设计、原型和实现是否符合卫星通信和导航标准（DVB-S2X、DVB-S2、CCSDS 和 GPS）。MATLAB 仿真分析软件示意如图 3-15 所示。

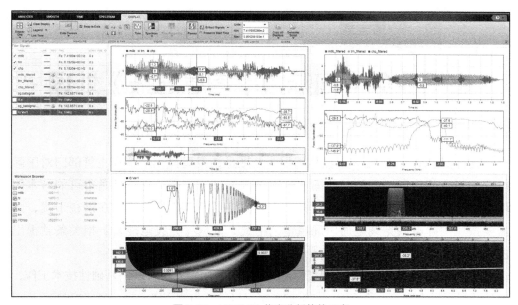

图 3-15　MATLAB 仿真分析软件示意

以上介绍的仿真分析工具相关功能对比见表 3-3。

表 3-3　仿真分析工具相关功能对比

仿真环境	国际电联无线电通信部门模型支持	可扩展程序接口	SRS 导入	轨道计算	场景展示
GIBC	√		√	√	
STK		√		√	√
Visualyse	√		√	√	√
MATLAB		√		√	√

第4章

空间业务《国际频率信息通报》处理

《国际频率信息通报》（也称周报）处理是指卫星操作单位和主管部门对国际电联无线电通信局公布的其他国家的卫星网络进行审查，判断其是否可能对本国现有或规划的卫星网络和地面业务产生无法接受的干扰。如果存在潜在干扰，则需要按照国际电联无线电通信局规定的格式，依据《无线电规则》相关条款提出协调意见。

《国际频率信息通报》处理工作是卫星频率和轨道资源管理的基础性技术工作，也是开展国际协调的重要依据，与维护国家卫星频率和轨道资源权益密切相关。

4.1 《国际频率信息通报》处理

4.1.1 《国际频率信息通报》介绍

《国际频率信息通报》是国际电联无线电通信局根据第 CR/134 号和第 CR/327 号通函以及 1997 年世界无线电通信大会（WRC-97）第 30 号决议，以较为固定的时间（通常时间间隔为 14 天）发布的集新申报、登记以及已申报进入各阶段的卫星网络资料等于一体的数据库载体。因以光盘登载，故称其为《国际频率信息通报》光盘。

《国际频率信息通报》光盘分为地面业务光盘和空间业务光盘两类：新申报和登记的地面业务无线电台（站）的资料被记录在地面业务光盘中；新申报和登记的卫星网络或系统、卫星地球站、射电天文台的资料被记录在空间业务光盘中。《国际频率信息通报》光盘封面如图 4-1 所示，《国际频率信息通报》光盘信息界面如图 4-2 所示。

图 4-1 《国际频率信息通报》光盘封面

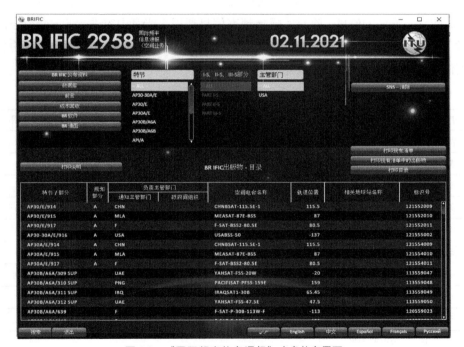

图 4-2 《国际频率信息通报》光盘信息界面

　　《国际频率信息通报》光盘通常由国际电联无线电通信局每两周发布一期，遇节假日（例如圣诞节）则将公布日期顺延。《国际频率信息通报》所提供的数据是免费的，由国际电信联盟向成员国免费提供一套光盘。卫星操作单位如需要《国际频率信息通报》光盘，则必须付费购买。《国际频率信息通报》光盘公布后，国际电联无线电通信局会将其邮寄给成员国的主管部门和付费购买者。每期《国际频率信息通报》中的数据也被同步公布在国际电联无线电通信局的网站上。有国际电信联盟 TIES（Telecommunication Information Exchange Service）账号的用户可登录查阅，并可下载与本国相关的卫星网络资料数据。

《国际频率信息通报》的内容主要包括其公布的资料、数据库、前言、卫星操作单位变更信息、支撑文件及国际电联无线电通信局免费提供的软件，其中支撑文件主要包括通函、成本回收信息、数据项描述信息、引用说明、SNS 数据移除信息。

4.1.2 《国际频率信息通报》的前言

《国际频率信息通报》的前言（Preface）作为每期《国际频率信息通报》必备的文件，包含多方面的信息，除对《国际频率信息通报》光盘内容进行详细介绍外，还提供了一份参照表，为《国际频率信息通报》使用者查阅国际电信联盟数据库的全部数据信息提供了极大的便利，具体内容见表 4-1。

表 4-1 前言中提供的参照表信息

序号	参照表内容	更新日期
表 1A	表示通知方主管部门的代码	2013-02
表 1B	表示国家或地理地区的代码	2014-03
表 2	政府间卫星组织	2021-07
表 3	台站类别（数据项 C4a）	2020-06
表 4	业务性质（数据项 C4b）	2002-03
表 5	表示电波极化的符号（数据项 C6a）	2002-03
表 6	射电天文台天线特性（数据项 B6）	2021-09
表 7	天线辐射参考方向图（数据项 B3c、B5c 和 C10d5a）	2020-11
表 8	参照物代码（数据项 A4b2）	2022-04
表 9、表 10	未用的表号	—
表 11A	协调和协议状态使用的符号（数据项 A5/A6）（协调阶段）	2021-07
表 11B	协调和协议状态使用的符号（数据项 A5/A6）（通知阶段）	2015-11
表 11C	附录 30 和 30A 的第 4 条或附录 30B 的第 6 条	2020-03
表 12A/12B	运营机构（数据项 A3a）和负责主管部门（数据项 A3b）	2022-07
表 13A1	审查结论出处-与《无线电规则》的一致性-13A1 栏中使用的符号	2015-06

（续表）

序号	参照表内容	更新日期
表 13A2	审查结论出处–在与其他主管部门的协调有关的程序方面的一致性或与（世界或区域）规划的一致性–13A2 栏中使用的符号	2009-03
表 13A3	审查结论出处–技术审查–13A3 栏中使用的符号	2004-04
表 13A4	审查结论出处–与第 49 号决议的一致性–13A4 栏中使用的符号	2004-04
表 13B1	引用的《无线电规则》的条款或其附录，或者世界无线电通信大会决议或区域协议–13B1 栏中使用的符号	2021-12
表 13B2	关于审查结论的备注–13B2 栏中使用的符号	2004-04
表 13B3	与复审有关的日期–13B3 栏中使用的符号	2021-02
表 13C	备注–13C 栏中使用的符号	2021-02

4.1.3　《国际频率信息通报》的特节

《国际频率信息通报》的特节是国际电联无线电通信局为区分不同类别的卫星网络或地球站资料的不同阶段而制定的。目前特节类别主要分为 API/A、API/B、CR/C、CR/D、CR/E、AP30/E、AP30A/E、AP30B、AP30-30A/F/C、Part、RES 49 等。

4.1.3.1　特节 API/A

特节 API/A 是指主管部门根据《无线电规则》第 9.1 款的要求，向国际电信联盟提交的拟使用卫星频率和轨道资源的初步信息。

提前公布资料发布的目的是使全球的卫星操作单位了解该卫星网络资料所包含的频率和轨道使用初步意向。国际电联无线电通信局在收到主管部门送交的完整资料后，一般会在 2 个月内通过《国际频率信息通报》进行公布，其特节标识为 API/A。

4.1.3.2　特节 API/B

特节 API/B 是在特节 API/A 公布之后，由国际电联无线电通信局对根据《无线电规则》第 9.3 款提出意见的主管部门进行汇总，形成主管部门列表，即这些主管部门均在 4 个月期限内对同编号的 API/A 资料提交了协调意见。此外，还有可能包括依据《无线电规则》第 9.4 款由负责的主管部门提交的报告。

4.1.3.3　特节 CR/C

特节 CR/C 是指在报送通知资料和投入使用之前，需要根据《无线电规则》第 9.7、

9.7B、9.11～9.14、9.21、9.41、23.13 款和 AP30/30A 第 7.1 款等的规定进行协调，由主管部门根据《无线电规则》附录 4 规定的数据项向国际电信联盟申报的卫星网络资料，其特节标识为 CR/C。

4.1.3.4 特节 CR/D

特节 CR/D 包含根据《无线电规则》第 9.53A 款公布的，依据第 9.11～9.14 款和第 9.21 款协调程序的状态信息（该状态确定了后续行动的协调要求）。

4.1.3.5 特节 CR/E

特节 CR/E 包含按照《无线电规则》第 9.41 款提交的有关列入协调程序中的状态信息和按照第 9.41 款被新加入协调列表的卫星网络资料清单。

4.1.3.6 特节 AP30/E

特节 AP30/E 网络资料是指依据《无线电规则》附录 30 第 4 条公布的卫星网络资料，适用于 3 区 11.7～12.2 GHz、1 区 11.7～12.5 GHz 和 2 区 12.2～12.7 GHz 频段内的卫星广播业务，其特节标识为 AP30/E。

4.1.3.7 特节 AP30A/E

特节 AP30A/E 网络资料是指依据《无线电规则》附录 30A 第 4 条公布的卫星网络资料，适用于 1 区和 3 区卫星广播业务 14.5～14.8 GHz 和 17.3～18.1 GHz 频段及 2 区卫星广播业务 17.3～17.8 GHz 频段内卫星固定业务（地对空）的馈线链路，其特节标识为 AP30A/E。

4.1.3.8 特节 AP30B

《无线电规则》附录 30B 是专门用于卫星固定业务规划频段卫星网络的规定，为每一个国家或地区组织预先分配了卫星固定业务规划频段卫星网络的频率和轨道资源。附录 30B 资料是主管部门为启用附录 30B 中的频率和轨道资源而向国际电信联盟报送的卫星网络资料，其特节标识为 AP30B。

4.1.3.9 特节 AP30-30A/F/C

特节 AP30-30A/F/C 网络资料公布了根据《无线电规则》附录 30 或 30A 第 2A 条提交的协调请求的详细数据，涉及提供支持 BSS 的空间操作功能的 1 区和 3 区规划频段，或者 2 区规划频段保护带的频率指配，其特节标识为 AP30-30A/F/C。

4.1.3.10 特节 Part

特节 Part（通知资料）是指主管部门为了将频率指配登记进入《国际频率登记总表》，根据《无线电规则》附录 4 规定的数据项向国际电信联盟申报的卫星网络资料。

特节 Part 分为 I-S、II-S 和 III-S 3 个部分，其中 Part I-S 部分是指国际电联无线电通信局收到各主管部门提交的关于新频率指配或修改或撤销已记录在案的频率指配的通知；Part II-S 部分是指国际电联无线电通信局收到各主管部门提交的《国际频率登记总表》中登记的频率指配；Part III-S 部分是指通过 Part I-S 公布，经详细的技术和规则审查后，结论为不合格或不符合《无线电规则》条款并被退回相关主管部门的频率指配。

4.1.3.11 特节 RES 49

特节 RES 49 是根据国际电信联盟第 49 号决议附件 1 中的第 4～6 段和第 8 段公布的卫星网络方面的行政应付努力信息。

4.1.4 国际电信联盟数据库查询

国际电信联盟不仅发布《国际频率信息通报》光盘数据库，还在其网站上提供两个在线数据库，分别是空间网络列表（Space Network List，SNL）和空间网络系统（Space Network Systems，SNS），供用户查询相关信息。下面分别加以介绍。

4.1.4.1 空间业务在线数据库 SNL 和 SNS 查询

SNL 在线数据库是关于规划或已有空间电台、地球站的基本信息列表。它包含卫星网络的提前公布信息、协调资料、通知资料、规划信息及上述这些信息的处理时间节点。具体来说，SNL 在线数据库包含 Part-A，即静止轨道卫星和非静止轨道卫星的已用频率和轨位占用信息；Part-B，即空间业务相关的所有参考特节；Part-C，即国际电联无线电通信局正在处理的网络信息列表（已经收妥但还没有被国际电联无线电通信局公布的网络信息列表）。

SNS 在线数据库提供与规划现有空间电台、地球站和射电天文台相关的基本信息，此外还提供与频谱使用、轨道占用、参考出版物和待审查卫星网络资料相关的信息。

（1）SNL 在线数据库查询

利用 SNL 在线数据库进行查询时，可根据特节类别、卫星网络名称、主管部门、地球站名称、《国际频率信息通报》期号等设置查询条件。通用的 SNL 在线数据库查询及条件设置如图 4-3 所示。

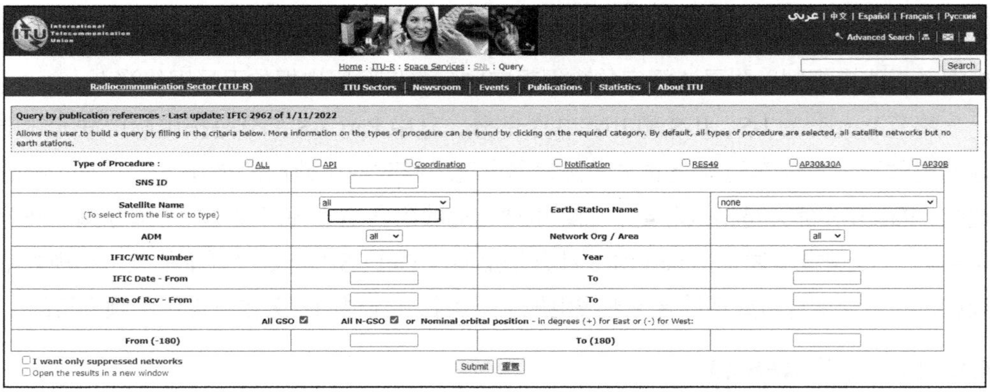

图 4-3　通用的 SNL 在线数据库查询及条件设置

例如，将查询条件设置为：卫星网络名称设置为 CHINASAT-64、主管部门设置为 CHN。该条件下的 SNL 通用查询结果如图 4-4 所示。

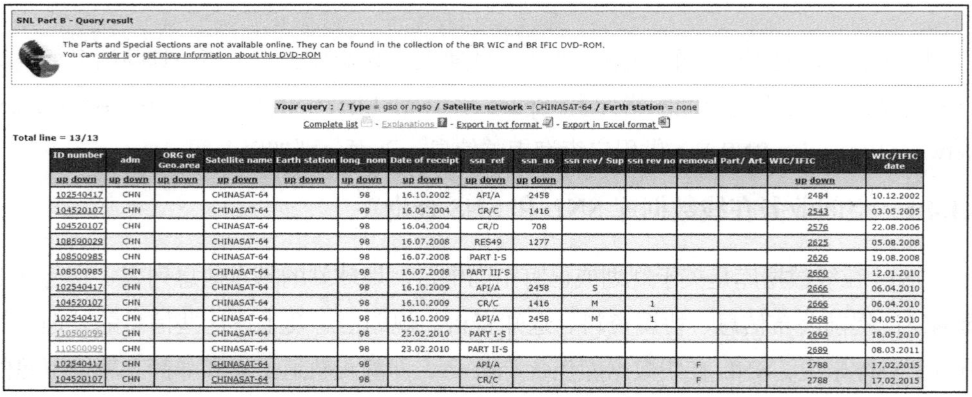

SNL Part B - Query result

The Parts and Special Sections are not available online. They can be found in the collection of the BR WIC and BR IFIC DVD-ROM.
You can order it or get more information about this DVD-ROM

Your query : / Type = gso or ngso / Satellite network = CHINASAT-64 / Earth station = none

Complete list - Explanations - Export in txt format - Export in Excel format

Total line = 13/13

ID number	adm	ORG or Geo.area	Satellite name	Earth station	long_nom	Date of receipt	ssn_ref	ssn_no	ssn rev/ Sup	ssn rev no	removal	Part/ Art.	WIC/IFIC	WIC/IFIC date
up down	up down	up down	up down	up down	up down	up down	up down	up down					up down	
102540417	CHN		CHINASAT-64		98	16.10.2002	API/A	2458					2484	10.12.2002
104520107	CHN		CHINASAT-64		98	16.04.2004	CR/C	1416					2543	03.05.2005
104520107	CHN		CHINASAT-64		98	16.04.2004	CR/D	708					2576	22.08.2006
108590029	CHN		CHINASAT-64		98	16.07.2008	RES49	1277					2625	05.08.2008
108500985	CHN		CHINASAT-64		98	16.07.2008	PART I-S						2626	19.08.2008
108500985	CHN		CHINASAT-64		98	16.07.2008	PART III-S						2660	12.01.2010
102540417	CHN		CHINASAT-64		98	16.10.2009	API/A	2458	S				2666	06.04.2010
104520107	CHN		CHINASAT-64		98	16.10.2009	CR/C	1416	M	1			2666	06.04.2010
102540417	CHN		CHINASAT-64		98	16.10.2009	API/A	2458	M	1			2668	04.05.2010
110500099	CHN		CHINASAT-64		98	23.02.2010	PART I-S						2669	18.05.2010
110500099	CHN		CHINASAT-64		98	23.02.2010	PART II-S						2689	08.03.2011
102540417	CHN		CHINASAT-64		98		API/A				F		2788	17.02.2015
104520107	CHN		CHINASAT-64		98		CR/C				F		2788	17.02.2015

图 4-4　SNL 通用查询结果

（2）SNS 在线数据库查询

利用 SNS 在线数据库进行查询时，可以设置非规划频段查询、规划频段查询、删除/移除卫星网络资料查询、决议 49/552 查询、因过期而删除的 API/C 资料查询等。下面以非规划频段查询为例，介绍如何使用 SNS 在线数据库进行查询。

如图 4-5 所示，查询条件的数据项可以设置卫星/地球站名称、通知标识、通知主管部门名称、类型、网络所属组织名称、经度起止等。

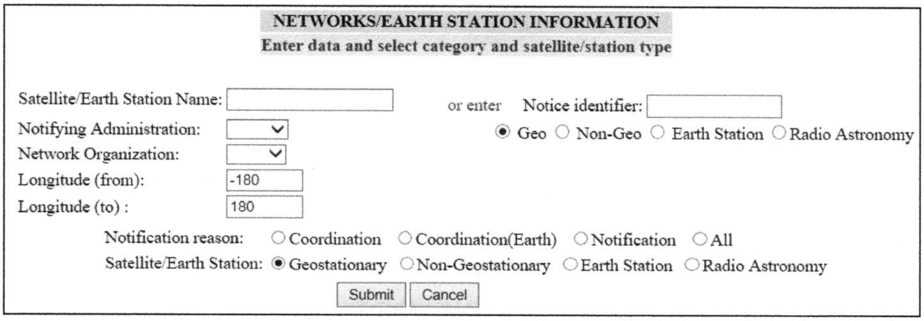

图 4-5 SNS 在线数据库查询及条件设置

例如，将查询条件设置为：类型设置为射电天文、主管部门设置为 CHN。该条件下的查询结果如图 4-6 所示。

Country	Station Name	Satellite Name	Adm	Category	Date of Protection	Status	WIC
CHN	BEIJING 4		CHN	N	20.04.1979	50	
CHN	BEIJING 5		CHN	N	20.04.1979	50	
CHN	CCOSMA		CHN	N	19.04.2017	50	2885
CHN	CSRH		CHN	N	14.12.2018	50	2944
CHN	FAST		CHN	N	14.12.2018	50	2944
CHN	KUNMING40M		CHN	N	14.12.2018	50	2944
CHN	MIYUN50M		CHN	N	14.12.2018	50	2944
CHN	NANSHAN25		CHN	N	21.09.2004	50	2590
CHN	PMODLH		CHN	N	21.09.2004	50	2589
CHN	SHA025		CHN	N	21.09.2004	50	2589
CHN	SHANGHAI		CHN	N	20.04.1979	50	
CHN	TIANMA		CHN	N	14.12.2018	50	2944
TOTAL:							12

图 4-6 SNS 通用查询结果

4.1.4.2 空间业务数据库查询

空间业务数据库由 SRS、30B 和 SPS 3 个部分组成，其中 SRS 数据库中包含了所有申报状态下的非规划卫星网络和地球站，30B 包含了所有按照附录 30B 申报的卫星网络和地球站，SPS 包含了所有按照附录 30 和 30A 申报的卫星网络和地球站。

空间业务数据库文件分为 3 个路径存放：

SRS 数据库存放路径为 Databases\SRS_Data；

30B 数据库存放路径为 Databases\AP30B；

SPS 数据库存放路径为 Databases\AP30_30A。

上述 3 类数据库可使用国际电联无线电通信局提供的 SpaceCap、SpacePub 和 SpaceQry 软件进行查询。空间业务数据库的查询结果如图 4-7 所示。

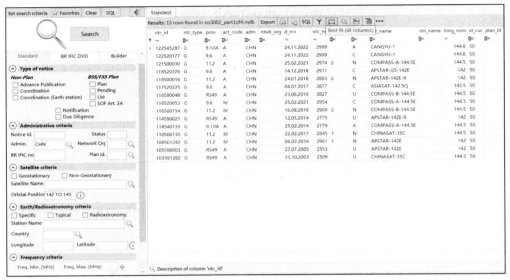

图 4-7　空间业务数据库的查询结果

4.1.5　《国际频率信息通报》处理软件

对国际电联无线电通信局《国际频率信息通报》的处理需要使用软件 SpaceCom（即国际频率信息通报处理软件）来完成。该软件是由国际电联无线电通信局专门提供的用以协助主管部门和卫星操作单位处理《国际频率信息通报》意见的软件工具。

目前，SpaceCom 包含 API/A、CR/C、9.41 Request、AP30/E Part A、AP30-30A/F/C 5 个模块。根据第 55 号决议，针对 API/A、CR/C、AP30-30A/E 和 AP30-30A/F/C 特节向国际电联无线电通信局提交《国际频率信息通报》意见时，卫星操作单位应使用 SpaceCom 软件生成电子格式的数据库，由主管部门通过国际电联无线电通信局的 e-Submission 在线系统提交至国际电联无线电通信局。SpaceCom 软件界面如图 4-8 所示。

以提前公布资料特节的处理为例，SpaceCom 软件的使用方法介绍如下。

（1）单击 API/A 选项卡，然后选择对应的卫星操作单位。

（2）完成上述步骤后，弹出《国际频率信息通报》处理基本信息填写界面，在 BR IFIC No.栏中输入待处理的《国际频率信息通报》期号，然后单击 BR IFIC database 功能区的浏览按键，添加需要分析的数据库文件。该数据库文件的存放路径为 Databases\IFIC_Data，然后选择 Get list of API/A(s)打开数据库文件。SpaceCom 基本信息填写如图 4-9 所示。

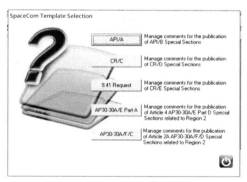

图 4-8　SpaceCom 软件界面

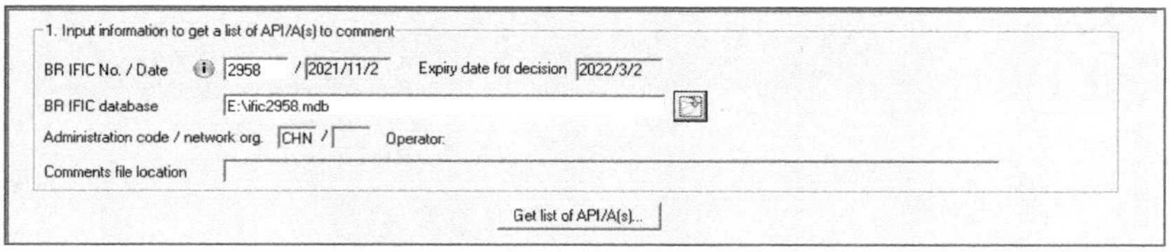

图 4-9　SpaceCom 基本信息填写

（3）打开数据库文件后，显示本期《国际频率信息通报》待处理的提前公布资料列表。此列表为本期《国际频率信息通报》中能够提出意见的全部 API/A 特节，如图 4-10 所示。如果认为国外的卫星网络对我国的卫星网络存在潜在干扰，则可选择该卫星网络，在界面下方单击 Comment API/A 进入意见处理模块。

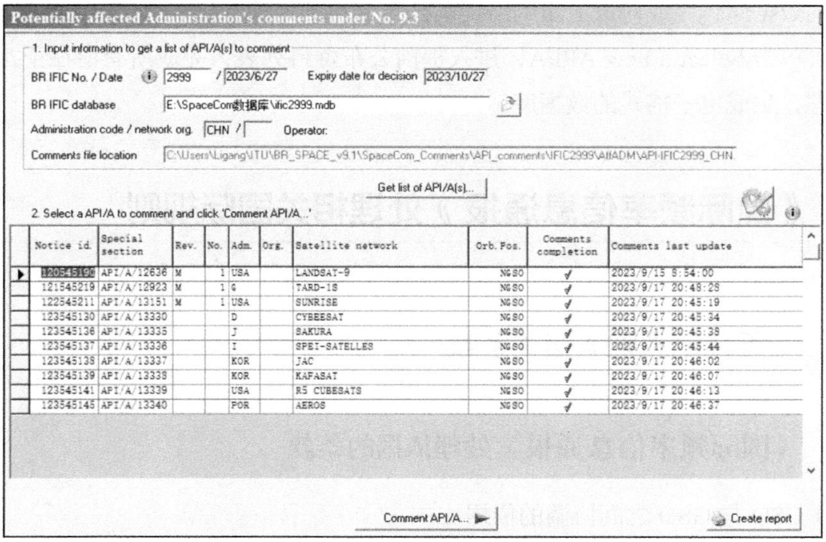

图 4-10　提前公布资料列表

（4）意见处理模块如图 4-11 所示，共有以下 3 种类型的意见。

Excluding territory：造成潜在干扰的国外卫星网络不覆盖中国领土；

Interference to the terrestrial service：对我国地面业务造成干扰；

Interference to the space service：对我国空间业务造成干扰。

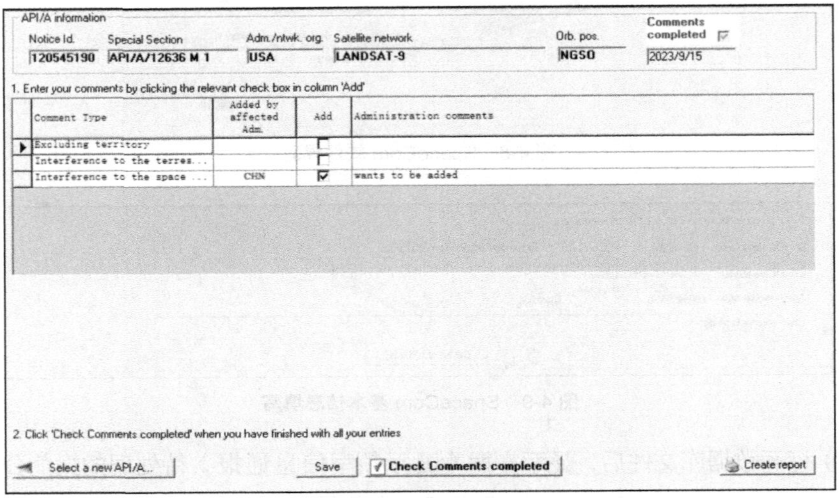

图 4-11　意见处理模块

根据国外卫星网络的干扰情况，选择对应的意见类型。单击 Save 保存后可生成电子格式的数据库，完成对该卫星网络提前公布资料的处理。

（5）单击 Select a new API/A，进入提前公布资料列表，完成所有潜在干扰网络的意见处理，生成电子格式的数据库。

4.2　《国际频率信息通报》处理相关国际规则

4.2.1　《无线电规则》相关条款

4.2.1.1　《国际频率信息通报》处理依据的条款

（1）GSO 与 GSO 之间协调的依据

《无线电规则》第 9.7 款作为 GSO 与 GSO 之间协调的依据，是指在某一非规划的频段和区域内的任何空间无线电通信业务，使用对地静止轨道的某一卫星网络的一个电台，与在某一非规划的频段和区域内的任何空间无线电通信业务使用该轨道的任何其他的卫星网络，但在相反发射方向操作的地球站之间的协调除外。

（2）GSO ES 与 NGSO 之间协调的依据

《无线电规则》第 9.7A 款作为 GSO 地球站（GSO ES）与 NGSO 之间协调的依据，是指对于某些频段上卫星固定业务的对地静止轨道卫星网络的一个特定地球站，与卫星固定业务中的非对地静止轨道卫星系统。

（3）NGSO 与 GSO ES 之间协调的依据

《无线电规则》第 9.7B 款作为 NGSO 与 GSO ES 之间的协调依据，是指对于某些频段上卫星固定业务的非对地静止轨道卫星系统，与卫星固定业务中对地静止轨道卫星网络的一个特定地球站。

（4）NGSO 与 NGSO 之间协调的依据

《无线电规则》第 9.12 款作为 NGSO 与 NGSO 之间协调的依据，是指对于在频率划分表脚注内提及需按第 9.12 款或第 9.11A 款协调的非对地静止轨道的卫星网络电台，与使用非对地静止轨道的任何其他卫星网络，但在相反发射方向操作的地球站之间的协调除外。

（5）NGSO 与 GSO 之间协调的依据

《无线电规则》第 9.12A 款作为 NGSO 与 GSO 之间协调的依据，是指对于在频率划分表脚注内提及需按第 9.12A 款或第 9.11A 款协调的非对地静止轨道的卫星网络电台，与使用对地静止轨道的任何其他卫星网络，但在相反方向操作的地球站之间的协调除外。

（6）GSO 与 NGSO 之间协调的依据

《无线电规则》第 9.13 款作为 GSO 与 NGSO 之间协调的依据，是指对于在频率划分表脚注内提及需按第 9.13 款或第 9.11A 款协调的对地静止轨道卫星网络电台，与使用非对地静止轨道的任何其他卫星网络，但在相反方向操作的地球站之间的协调除外。

（7）空间电台与地面电台之间协调的依据

《无线电规则》第 9.14 款作为空间电台与地面电台之间协调的依据，是指对于在频率划分表脚注内提及需按第 9.14 款或第 9.11A 款协调的卫星网络发射空间电台，在超出门限值的情况下，与地面业务接收电台。

（8）参照频率划分表脚注的特殊协调

《无线电规则》第 9.21 款作为参照频率划分表的脚注协调的依据，是指对于需要与参照第 9.21 款的频率划分表的脚注内所列的其他主管部门达成协议的某一业务的任何电台。

（9）AP30 规划网络之间协调的依据

《无线电规则》第 AP30 的第 4.1.1 段作为 AP30 规划网络之间协调的依据，是指一个主管部门在提议将一个新的或修改的指配纳入《1 区和 3 区附加使用列表》之前，应寻求与其业务可能会受到影响的主管部门达成协议，这些主管部门即：

① 在 1 区和 3 区的主管部门，其对卫星广播业务空间电台的一个频率指配已经以必要带宽的形式被纳入 1 区和 3 区的规划中，且该必要带宽的一部分落入所提议的指配的必要带宽内；

② 或者在 1 区和 3 区的主管部门，其一个频率指配已被纳入《1 区和 3 区附加使用列表》中或根据第 4.1.3 段的规定国际电联无线电通信局已经收到该频率指配的完整的附录 4 资料，且该频率指配的一部分落入所提议的指配的必要带宽内；

③ 或者在 2 区的主管部门，其对卫星广播业务空间电台的一个频率指配或者是符合 2 区的规划，或者根据第 4.2.6 段的规定，国际电联无线电通信局已经收到了有关该指配对该规划的以必要带宽形式提议的修改，其中该必要带宽的一部分落在所提议的指配的必要带宽内；

④ 或者该主管部门卫星广播业务的必要带宽没有频率指配，该带宽的一部分落在所提议的必要带宽内，但因所提议的指配而导致在该国领土内的功率流量密度超过了预先规定的限值，或者该主管部门具有一个指配，其相应业务区域未覆盖该主管部门的全部领土，且因所提议的指配而导致在该服务区以外的该国领土范围内的来自该提议指配的功率流量密度超过了预先规定的限值；

⑤ 或者在 2 区的 11.7～12.2 GHz 频段内或在 3 区的 12.2～12.5 GHz 频段内具有一项登记在《国际频率登记总表》中的对卫星固定业务空间电台的频率指配，或者根据第 9.7 款或第 7 条第 7.1 段的规定，国际电联无线电通信局已收到完整的协调资料。

（10）修改或纳入新的频率指配协调的依据

AP30 的第 4.2.3 段作为修改或纳入新的频率指配协调的依据，是指如果某一主管部门提议修改一项符合 2 区规划的频率指配特性，或将一项新的频率指配纳入该规划，则应寻求下列主管部门的同意：

① 1 区和 3 区的主管部门，具有一项符合 1 区和 3 区规划的具有必要带宽的卫星广播业务空间电台的频率指配，且该必要带宽的任何部分落入提议指配的必要带宽内；

② 或者 1 区和 3 区的主管部门，其一个频率指配已被纳入《1 区和 3 区附加使用列表》中或根据第 4.1.3 段的规定国际电联无线电通信局已经收到该频率指配的完整的附录 4 资料，且该频率指配的一部分落入所提议的指配的必要带宽内；

③ 或者 2 区的主管部门，其在相同或相邻频道内卫星广播业务空间电台中具有 2 区规划的一个频率指配，或者根据第 4.2.6 段的规定，国际电联无线电通信局已经收到了有关对该规划的修改；

④ 或者该主管部门卫星广播业务在相关频道内没有频率指配，该带宽的一部分落在所提议的必要带宽内，但因所提议的指配而导致在该国领土内的功率流量密度超过了预先规定的限值，或者该主管部门具有一个指配，其相应业务区域未覆盖该主管部门的全部领土，且因所提议的指配而导致在该服务区以外的该国领土范围内的来自该提议指配的功率流量密度超过了预先规定的限值；

⑤ 或者在 1 区的 12.5～12.7 GHz 频段内或在 3 区的 12.2～12.7 GHz 频段内具有一项登记在《国际频率登记总表》中的对卫星固定业务空间电台的频率指配，或者根据第 9.7 款或第 7 条第 7.1 段的规定，国际电联无线电通信局已收到完整的协调资料；

⑥ 或者在 3 区的 12.5～12.7 GHz 频段内具有卫星广播业务空间电台的一个频率指配，具有必要带宽，且该带宽的任何部分均在提议的指配的必要带宽内，且已登记在《国际频率登记总表》中；或者根据第 9.7 款或第 7 条第 7.1 段的规定，国际电联无线电通信局已收到完整的协调资料。

（11）AP30A 规划网络之间协调的依据

AP30A 的第 4.1.1 段作为 AP30A 规划网络之间协调的依据，建议在馈线链路列表中包括一个新的或修改的指配的主管部门须征得那些其业务被认为受到影响的主管部门的同意，这些主管部门即：

① 1 区和 3 区的主管部门，他们对包括在 1 区和 3 区规划的卫星广播业务空间电台（具有必要带宽，所有带宽均在所建议的指配的必要带宽内）具有卫星固定业务（地对空）馈线链路的频率指配；

② 或 1 区和 3 区的主管部门，他们在列表中具有一个馈线链路的频率指配，或国际电联无线电通信局根据第 4.1.3 段的规定为此已经收到了完整的附录 4 资料，这些指配均在所建议的指配的必要带宽内；

③ 或 2 区的主管部门，他们对符合 2 区馈线链路规划的卫星广播业务空间电台具有卫星固定业务（地对空）馈线链路的频率指配，或者国际电联无线电通信局根据第 4.2.6 段的规定已经收到针对该规划的修改建议，包括必要的带宽，这些指配均在所建议的指配的必要带宽内；

④ 或对已登记在《国际频率登记总表》中，或者根据第 9.7 款或第 7 条第 7.1 段的规定，已经协调或正在协调的卫星广播业务空间电台，具有 2 区的 14.5～14.8 GHz 或 17.8～

18.1 GHz 频段内卫星固定业务（地对空）馈线链路的频率指配或者第 163 号决议（WRC-15）所列国家的 14.5～14.75 GHz 频段，以及第 164 号决议（WRC-15）所列国家的 14.5～14.8 GHz 频段内的非规划的卫星固定业务（地对空）（馈线链路）的一个频率指配，包括必要的带宽，这些指配均在所建议的指配的必要带宽内。

（12）AP30B 规划网络之间协调的依据

AP30B 的第 6.6 段作为 AP30B 规划网络之间协调的依据，是指在按照第 6.3 段审查根据第 6.1 段收到的通知单每一指配得出合格的结论时，国际电联无线电通信局须采用附录 4 中的方法来确定那些主管部门：

① 规划中的分配；

② 或在频率指配表中的指配；

③ 或国际电联无线电通信局先前已按照第 6 条第 6.1 段收到过完整资料的指配，并已按照本段进行了审查，被认为是受到该通知单中任何指配的影响。

（13）AP30B 排除业务区协调的依据

AP30B 的第 6.16 段作为 AP30B 排除业务区协调的依据，是指主管部门可以在上述 4 个月的期限内或之后随时通知国际电联无线电通信局，它反对被纳入任何指配的业务区内，即使该指配已经被列入频率指配表中。之后，国际电联无线电通信局须告知负责该指配的主管部门，并从业务区中删除提出异议的主管部门的领土和测试点。国际电联无线电通信局须在不对先前各项审查进行重新审查的情况下更新参考形势。

4.2.1.2 《国际频率信息通报》处理程序的相关条款

（1）API/A 提交意见的程序

第 9.3 款作为 API/A 提交意见的程序，是指在收到载有按照第 9.2B 款公布的资料的《国际频率信息通报》之后，如果某一主管部门认为可能对其现有的或规划的卫星网络或系统产生不可接受的干扰，应在收到该《国际频率信息通报》日期的 4 个月内告知公布资料的主管部门关于对其现有的或规划的系统预计产生干扰的详细情况的意见，这些意见的副本也应寄送给国际电联无线电通信局。然后，主管部门双方应共同努力合作解决困难，需要时任何一方可要求国际电联无线电通信局提供帮助，并交换任何可能有用的补充资料。如果在上述期限内没有收到主管部门的这种意见，则可以认为相关主管部门对详细公布的规划的卫星网络或系统没有异议。

（2）不同意协调要求的程序

第 9.52 款作为不同意协调要求的程序，是指在第 9.50 款的行动以后，如果某一主管部门不同意协调要求，须在第 9.38 款的《国际频率信息通报》公布日期或第 9.29 款的协调资料寄送日期 4 个月期限内将其不同意的意见通知要求协调的主管部门，并须提供作为不同意基础的与其自己指配有关的信息。还须建议其可能提供的令人满意的解决该问题的办法。该资料的副本须抄送至国际电联无线电通信局。如果该信息关系到某一地球站协调区范围内的地面电台或在相反发射方向操作地球站，只有与现有无线电通信电台有关的资料或者与在随后 3 个月内启用的地面电台或 3 年内启用的地球站有关的那些资料才须作为第 11.2 款或第 11.9 款的通知处理。

（3）4 个月反馈期限

第 9.52C 款作为 4 个月反馈期限的规定，是指对于应适用第 9.11～9.14 款和第 9.21 款的协调要求，如果一主管部门在同样的 4 个月内没有按照第 9.52 款答复，则须认为他不受影响；如果是第 9.11～9.14 款的情况，须采用第 9.48 款和第 9.49 款的规定。此外，对于按照第 9.12、9.12A 款和第 9.13 款进行的协调，任何经第 9.36.1 款确定的、但主管部门未在相同的 4 个月期限内根据第 9.52 款回复确认的卫星网络或系统，均须视为不受影响，并且第 9.48 款和第 9.49 款也须适用。反馈期限为 4 个月，不反馈则视为无意见。

（4）增加或删除协调列表中卫星网络的程序

第 9.41 款作为增加或删除协调列表中卫星网络的程序，是指在收到涉及根据第 9.7、9.7A、9.7B 款提出协调请求的《国际频率信息通报》后，若一主管部门认为其或依据第 9.36.2 款未被确定的任何卫星网络，应被列入协调请求，或者要求协调的主管部门认为，根据附录 5 表 5-1 中的第 9.7 款（GSO/GSO）（频段栏中的第 1)～8)项）、第 9.7A 款（GSO 地球站/NGSO 系统）或第 9.7B 款（NGSO 系统/GSO 地球站）的规定，确定的一主管部门或根据第 9.36.2 款确定的任何卫星网络不应被列入协调请求，则须在相关《国际频率信息通报》公布之日起 4 个月内，酌情通知要求协调的主管部门或被确定的主管部门和国际电联无线电通信局，说明这样做的技术原因，并须酌情要求将其名称或其依据第 9.36.2 款未被确定的任何卫星网络的名称列入；或者将被确定的主管部门的名称或其依据第 9.36.2 款被确定的任何卫星网络从中删除。

（5）排除业务区的程序

第 23.13 款作为排除业务区的程序，是指如果在按照第 9 条或附录 30 为协调提出的卫星广播业务（声音广播除外）网络出版的特节在公布后 4 个月内，主管部门通知国际电联无线电通信局未采用所有技术措施来降低在其领土上的辐射，国际电联无线电通信局应提醒负责的主管部门注意已收到的意见。国际电联无线电通信局应要求两个主管部门尽可能解决问题，而两个主管部门都可以要求国际电联无线电通信局研究该问题和向相关主管部门提出其报告。如果未达成协议，国际电联无线电通信局应将反对的主管部门的领土从服务区中删除，但不得影响其他服务区，并通知负责的主管部门。

（6）将主管部门名称纳入出版物的程序

AP30/30A 的第 4.1.7 段作为将主管部门名称纳入出版物的程序，是指如果某主管部门认为应将其包括在第 4.1.5 段所提的出版物中，则应在相应的《国际频率信息通报》出版后 4 个月内向国际电联无线电通信局提交其技术理由，并要求国际电联无线电通信局将其名称纳入该出版物中。国际电联无线电通信局应根据附录 1 的规定研究这一信息，并应将结论通知双方主管部门。如果国际电联无线电通信局同意该主管部门的请求，则应公布一个根据第 4.1.5 段所述出版物的补充文件。

（7）将第 4.1.5 段相关意见送交国际电联无线电通信局及相关主管部门

AP30/30A 的第 4.1.9 段作为将意见送交国际电联无线电通信局及相关主管部门的规定，是指由涉及第 4.1.5 段所述出版物中确定的主管部门提出的意见须送交国际电联无线电通信局及提议做出修改的主管部门。

（8）对第 4.1.5 段所述公布不提交意见或延长 4 个月时限

AP30/30A 的第 4.1.10 段作为对第 4.1.5 段所述公布不提交意见或延长 4 个月时限的规定，是指如果某一主管部门在第 4.1.5 段所述的《国际频率信息通报》出版后 4 个月内，既没有将其同意的意见通知寻求同意的主管部门，也没有通知国际电联无线电通信局，则认为该主管部门不同意这一提议的指配，除非适用了第 4.1.10a～4.1.10d 段以及第 4.1.21 段的规定。

此时限可延期：如果某一主管部门根据第 4.1.8 段的规定已经要求附加信息，则可最多延长 3 个月；或者如果某一主管部门根据第 4.1.21 段的规定已经向国际电联无线电通信局寻求帮助，则可最多延长到国际电联无线电通信局告知其行动结果之日后的 3 个月。

（9）被列入第 4.2.8 段所述公布中的程序

AP30/30A 的第 4.2.10 段作为被列入第 4.2.8 段所述公布中的程序，是指认为其应被列入第 4.2.8 段所述公布中的主管部门，应在相关《国际频率信息通报》出版之日起 4 个月内，阐述其技术理由，要求国际电联无线电通信局将其名称列入公布资料内。国际电联无线电通信局须根据附件 1 对该资料进行研究并将结果通知双方主管部门。若国际电联无线电通信局同意该主管部门的请求，则须在第 4.2.8 段所述的公布资料上刊登补遗。

（10）对第 4.2.8 段所述公布不提交意见

AP30/30A 的第 4.2.14 段作为对第 4.2.8 段所述公布不提交意见的规定，是指如果某一主管部门在第 4.2.8 段所述的公布资料出版后 4 个月内既没有将其意见通知寻求同意的主管部门，也没有通知国际电联无线电通信局，则应认为该主管部门已经同意了这一提议的指配。如果某一主管部门根据第 4.2.12 段的规定已经要求附加信息，或某一主管部门根据第 4.2.22 段的规定已经向国际电联无线电通信局寻求帮助，则可最多延长 3 个月。对于后一种情况，国际电联无线电通信局应向相关主管部门通报这一请求。

（11）AP30B 提交意见的程序

AP30B 的第 6.10 段作为提交意见的程序，是指依据第 6.7 段公布的 BR IFIC 特节中根据第 6.5 段确定的主管部门的意见，须在《国际频率信息通报》公布之日后 4 个月内发送给国际电联无线电通信局和依据第 6.1 段提交该通知单的主管部门。对于发送给后者的意见，可直接发送，也可通过国际电联无线电通信局转送。若一主管部门未在 4 个月的期限内做出回复，应视为该主管部门未同意所建议的指配，除非应用第 6.13～6.15 段的规定。

（12）将受影响的主管部门纳入第 6.7 段所述公布的程序

AP30B 的第 6.12 段作为将受影响的主管部门纳入第 6.7 段公布的程序，是指如果一个主管部门认为应将其作为受到影响的主管部门纳入上述第 6.7 段公布资料中，则须在相关《国际频率信息通报》公布之日后的 4 个月内请国际电联无线电通信局将其名称包括在公布资料中，同时说明理由。国际电联无线电通信局须根据附件 4 进行研究，并将研究结果告知受到影响的主管部门和发出通知单的主管部门。如果国际电联无线电通信局同意该主管部门的请求，则须发布一份依据第 6.7 段的补遗。

4.2.2　《程序规则》相关条款

《程序规则》是经无线电规则委员会批准，由国际电联无线电通信局用于实施《无线电规则》、区域性协议、世界和区域性无线电通信大会的决议和建议的各项规定。

《程序规则》可在国际电联无线电通信局官网免费下载。其中，表 9.11A-1 给出了各频段各业务类型在提出《国际频率信息通报》意见时所依据的条款列表，卫星操作单位在《国际频率信息通报》处理中可参考此表。第 9.11A 款至第 9.14 款的规定对空间业务电台的适用性如图 4-12 所示。

1 频段/MHz	2 第5条脚注编号	3 酌情在引证第9.11A、9.12、9.12A、9.13款或第9.14款的脚注中提及的空间业务	4 第9.12款至第9.14款酌情同等适用的其他空间业务	5 第9.12款至第9.14款酌情适用	6 同等酌情适用第9.14款的地面业务	7 注释
137~137.025	5.208	卫星移动(NGSO)	空间操作 卫星气象 空间研究	→ 9.12, 9.12A, 9.13, 9.14	固定(5.204, 5.205) 陆地移动(5.204, 5.205) 水上移动(5.204, 5.205) 航空移动 OR (5.204, 5.207) 广播(5.207)	1
137.175~137.825	5.208	卫星移动(NGSO)	空间操作(根据第660号决议的(WRC-19执行短期任务的NGSO除外)(参见第5.209A款) 卫星气象 空间研究	→ 9.12, 9.12A, 9.13, 9.14	固定(5.204, 5.205) 陆地移动(5.204, 5.205) 水上移动(5.204, 5.205) 航空移动(5.204, 5.206) 广播(5.207)	1
137.025~137.175 137.825~138	5.208	卫星移动(NGSO)	---	→ 9.12, 9.14	固定(在不同于5.204和5.205所列的国家) 陆地移动(在不同于5.204和5.205所列的国家) 水上移动(在不同于5.204和5.205所列的国家) 航空移动(在不同于5.204和5.206所列的国家)	
148~149.9	5.219	卫星移动(NGSO)	---(见第5.219款)	→ 9.12	---(见第5.219款)	1
149.9~150.05	5.220	卫星移动(NGSO)	---	← 9.12	---	1
312~315	5.255	卫星移动(NGSO)	卫星移动(GSO)	→ 9.12, 9.12A, 9.13	---	
312~315	5.255	卫星移动(NGSO) (5.254)	卫星移动(NGSO)(5.254) 卫星移动(GSO)(5.254)	↓↑ 9.12, 9.12A, 9.13	---(见第5.254款)	2
387~390	5.255	卫星移动(NGSO)	卫星移动(GSO)	↑ 9.12, 9.12A, 9.13	---	
387~390	5.255	卫星移动(NGSO) (5.254)	卫星移动(NGSO)(5.254) 卫星移动(GSO)(5.254)	↑↓ 9.12, 9.12A, 9.13	---(见第5.254款)	2
399.9~400.05	5.220	卫星移动(NGSO)	---	← 9.12	---	
400.15~401	5.264	卫星移动(NGSO)	卫星气象 空间研究	→ 9.12, 9.12A, 9.13, 9.14	固定(5.262) 移动(5.262) 气象辅助	1
454~455	5.286A	卫星移动(NGSO) (5.286D, 5.286E)	---	→ 9.12	---(见5.286B和5.286C)	
455~456 459~460	5.286A	卫星移动(NGSO) (2区)(5.286E)	---	← 9.12	---(见5.286B和5.286C)	

图4-12 第9.11A款至第9.14款的规定对空间业务电台的适用性

4.3　《国际频率信息通报》处理流程与方法

4.3.1　《国际频率信息通报》处理流程

卫星操作单位在收到国际电联无线电通信局公布的《国际频率信息通报》后，需要查看公布的卫星网络，判断是否对己方卫星网络存在潜在的干扰，依据《无线电规则》中的相关条款提出《国际频率信息通报》意见，并将意见按时提交至主管部门。具体流程和时限如图 4-13 所示。

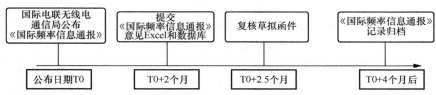

图 4-13　卫星操作单位处理《国际频率信息通报》意见的流程和时限

国际电联无线电通信局在收到主管部门申报的卫星网络资料后，会依据《无线电规则》条款做出初步判定，主管部门和卫星操作单位需要对国际电联无线电通信局的判定进行确认并做出必要的回应。具体情况分为以下 3 类。

（1）国际电联无线电通信局对受影响网络的判定

根据《无线电规则》第 9.7 款、第 9.12 款、第 9.12A 款、第 9.13 款、AP30 的第 7.1 段、AP30A 的第 7.1 段、AP30 的第 4.1.1 a)/b)/d)/e)、AP30B 的第 6.5 段做出判定。

对于此类判定，需要受影响的主管部门对判定结果进行确认，如需添加网络，则要附上详细的计算分析。

（2）国际电联无线电通信局对受影响国家的判定

根据《无线电规则》第 9.14、9.21 款做出判定。

对于此类判定，需要受影响的主管部门根据《无线电规则》条款提出我国可能受影响的卫星网络或地面业务。如果不提交意见，则视为无意见。这种情况需要卫星操作单位积极准确地完成《国际频率信息通报》处理工作。

（3）受影响的主管部门自主提出的意见

受影响的主管部门自主提出的意见，通常为根据《无线电规则》第 23.13 款和

AP30B 的第 6.16 段排除业务区、Part I 资料协调状态错误等。

为了维护自身和国家利益，需要卫星操作单位以积极主动的态度对待需要自主提出意见的情况，认真进行处理。《国际频率信息通报》中需要自主提交意见的特节见表 4-2，国际电联无线电通信局处理《国际频率信息通报》意见全流程见表 4-3。

表 4-2　《国际频率信息通报》中需要自主提交意见的特节

	非规划业务		规划业务				
			附录 30/30A				附录 30B 第 6 条
	第 9 条 IA 子部分	第 9 条 II 部分	AP30/30A 第 4 条		AP30/30A 第 2A 条		
区域	所有	所有	区域 1 和 3	区域 2	区域 1 和 3	区域 2	所有
特节	API/A	CR/C	AP30/E(Part A) AP30A/E(Part A)	AP30-30A (Part A)	AP30-30A/ F/C	AP30-30A/ F/C	AP30B/ A6A

表 4-3　国际电联无线电通信局处理《国际频率信息通报》意见全流程

特节	区域	确认条款	意见依据	怎么提	意见汇总发布	国际电联无线电通信局协助程序
API/A	全部	—	No.9.3	SpaceCom	API/B	—
CR/C	全部	9.7, 9.7A, 9.7B	No.9.52	信函	—	Nos.9.60～9.62
CR/C	全部	AP30 第 7.1 段 AP30A 第 7.1 段 RS539				—
		第 9.11 款, 第 9.11A 款（第 9.12 款, 第 9.12A 款, 第 9.13 款, 第 9.14 款), 第 9.21/A 款, 第 9.21/B 款, 第 9.21/C 款	No.9.52	SpaceCom	CR/D	
		—	No.9.41	SpaceCom	CR/E	—
AP30/E (Part A) AP30A/E (Part A)	区域 1 和 3	全部	AP30/30A 的第 4.1.7、4.1.9、4.1.10 段	信函	—	第 4.1.10a～ 4.1.10 d 段
AP30-30A/E (Part A)	区域 2	全部	AP30/30A 的第 4.2.10、4.2.13、4.2.14 段	SpaceCom	AP30-30A/ E (Part D)	—

（续表）

特节	区域	确认条款	意见依据	怎么提	意见汇总发布	国际电联无线电通信局协助程序
AP30-30A/F/C	区域 1 和 3	AP30 第 4.1.1D 段	AP30/30A 的第 4.1.7、4.1.9、4.1.10 段	信函	—	第 4.1.10 1a～4.1.10 1d 段
		第 9.7 款				Nos.9.60～9.62
		AP30 第 7.1 段，AP30A 第 7.1 段	No.9.52	信函	—	—
AP30-30A/F/C	区域 2	AP30 第 4.2.3D 段	AP30/30A 的第 4.2.10、4.2.13、4.2.14 段	SpaceCom	AP30-30A/F/D	—
		第 9.7 款				Nos.9.60～9.62
		AP30 第 7.1 段，AP30A 第 7.1 段	No.9.52	信函	—	—
AP30B/A6A	全部	AP30B 第 6.5 段	AP30B 的第 6.10 段	信函	—	第 6.13～6.15 段
		AP30B 第 6.6 段	—	信函	—	

4.3.2　API/A 资料提交意见

依据《无线电规则》第 9.3 款，卫星操作单位可以从以下 3 个维度对 API/A 资料提出《国际频率信息通报》意见。国际电联无线电通信局在 API/B 资料中也以 3 类进行公布，分别为 E、T、S，具体含义如下。

- E：排除业务区。
- T：可能干扰地面业务。
- S：可能干扰空间业务。

API/A 资料提交意见的流程如图 4-14 所示。

SpaceCom 提交意见的流程和方法如下：

（1）用 SpaceCom 打开 IFIC 数据库，获取所有当期公布的 API/A 列表；

（2）对每一个 API/A 打勾并检查；

（3）顺序完成所有 API/A 的意见；

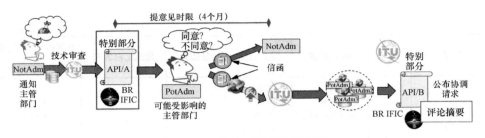

图 4-14　API/A 资料提交意见的流程

（4）检查所有意见是否完备、准确；

（5）保存并生成 mdb 文件，在提交《国际频率信息通报》意见的 Excel 时附上该文件；

（6）由主管部门通过 e-Submission 提交 SpaceCom 意见。

API/B 公布提交意见主管部门列表如图 4-15 所示。

卫星网络 СПУТНИКОВАЯ СЕТЬ	**GPM**		特节编号 СПЕЦИАЛЬНАЯ СЕКЦИЯ №		**API/B/1770**
			无线电通信局国际频率信息通报 / 日期 ИФИК БР / ДАТА		2961 / 14.12.2021
负责主管部门 ОТВЕТСТВЕННАЯ АДМ. **USA**	标称经度 НОМИНАЛЬНАЯ ДОЛГОТА	**NGSO**	识别号 ИДЕНТИФИКАЦИОННЫЙ НОМЕР		109540831
特节参考号 (无线电通信局国际频率信息通报/日期) ССЫЛКА НА СПЕЦИАЛЬНУЮ СЕКЦИЮ (ИФИК БР / ДАТА)			**API/A/5920 MOD-2 (BR IFIC 2949 / 29.06.2021)**		

ALG, B, CHN, E, EGY, F, HNG, J, OMA, PNG, QAT, RUS, THA

图 4-15　API/B 公布提交意见主管部门列表

4.3.3　CR/C 资料提交意见

依据《无线电规则》第 9.7～9.21 款，卫星操作单位可以对 CR/C 特节的公布资料提出《国际频率信息通报》意见。CR/C 资料的处理流程如图 4-16 所示。

（1）根据第 9.7 款提交意见

按照第 9.7 款提出包含或排除以下情形的意见：

① 适用于应用协调弧的频段；

② $\Delta T/T > 6\%$ 的限值；

③ 允许包含位于协调弧之外的网络。

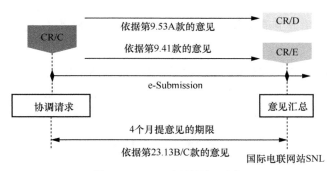

图 4-16　CR/C 资料的处理流程

《程序规则》：依据第 9.41 款应向国际电联无线电通信局提供一份 $\Delta T/T$ >6%（一对频率指配）的示例（例如：使用 GIBC/AP8 生成的文件 AP8_OPT.LST 或其他计算证明 $\Delta T/T$ >6%）。

卫星操作单位审查 CR/C 资料，需要查看公布卫星网络国际电联无线电通信局审查结果的 PDF 文件，确认受干扰卫星网络列表的完整性，主要针对己方网络，包含情形一：受干扰网络和干扰网络在同一传输方向上共用频段中，由于 $\Delta T/T$ >6%，或落入协调弧之内而得到确认的卫星网络清单；情形二：受干扰网络和干扰网络在相反传输方向上共用频段（双向使用）中，由于 $\Delta T/T$ >6%而得到确认的卫星网络清单。CR/C 资料第 9.7 款判定列表示意如图 4-17 所示。

二、卫星网络清单(见第9. 36. 2款)　　II. Список спутниковых сетей (см. п. 9.36.2)　　II. قائمة بالشبكات الساتلية (انظر الرقم 9.36.2)

Liste des réseaux à satellite pour lesquels Delta T/T > 6% est identifié dans le cas I uniquement (réseau utile et réseau brouilleur utilisant en partage la même bande de fréquences dans le même sens de transmission) ou qui sont situés à l'intérieur de l'arc de coordination (au titre du N° 9.7)
List of satellite networks for which Delta T/T > 6% identified under Case I only (Wanted and interfering networks sharing the same frequency band in the same direction of transmission) or which are within the coordination arc (under No. 9.7)
Lista de redes de satélites para los que Delta T/T > 6% identificadas con arreglo al Caso I solamente (Redes deseada e interferente que comparten la misma banda de frecuencias en la misma dirección de transmisión) o que se encuentran dentro del arco de coordinación (según N.° 9.7)
仅在情形一（使用网络和干扰网络在同一传输方向上共用同一个频段）中由于Delta T/T > 6%，或落入协调弧之内 而得到确认的卫星网络清单（依据 9.7）
Список спутниковых сетей, для которых критерий Дельта T/T > 6% определен в рамках только случая I (полезная и мешающая сети, совместно использующие одну и ту же полосу частот для передачи в одном и том же направлении) или которые располагаются в пределах координационной дуги (согласно № 9.7)
قائمة الشبكات الساتلية التي تكون فيها النسبة دلتا T/T>6% محددة في الحالة I فقط (الشبكتان المطلوبة والمسببة للتداخل تتقاسمان نطاق التردد نفسه في اتجاه الإرسال نفسه) أو التي تدخل ضمن قوس التنسيق (بموجب الرقم 9.7)

A1f1 Notif. adm.	A1f3 Inter. sat. org.	A1a Sat. Network	A4a1 Orbital long.	BR3b Category of notif.	BR25 A/T	BR6a Id. no.	BR26 Causing interference	BR27 Receiving interference	BR28 Detected by coord. arc
ARG		ARSAT-F	91.5 W	C	A	115520101	C	R	
		ARSAT-H	38.5 W	C	A	115520103	C	R	
		ARSAT-M	81 W	C	A	117520224	C	R	
		ARSAT-N	81 W	C	A	119520367	C	R	
		ARSAT-O	72 W	C	A	120520234	C	R	
		P-P-SAT-1	81 W	N	A	105500330	C		
ARS	ARB	ARABSAT 5A-30.5E	30.5 E	N	A	110500040	C	R	
		ARABSAT 5B-26E	26 E	N	A	111500061	C	R	
		ARABSAT 5C-20E	20 E	N	A	111500210			A
		ARABSAT 6E-34.5E	34.5 E	N	A	111500139	C	R	
		ARABSAT 7A-30.5E	30.5 E	C	A	109520112	C	R	
		ARABSAT 7A-30.5E	30.5 E	N	A	118500054	C	R	
		ARABSAT 7B-26E	26 E	C	A	109520113	C	R	

图 4-17　CR/C 资料第 9.7 款判定列表示意

（2）SpaceCom 软件提交意见范围为第 9.12、9.12A、9.13 款

SpaceCom 软件已经将根据第 9.12、9.12A、9.13 款提出的意见细化到了各主管部

门的卫星网络中，需要卫星操作单位在提交意见时勾选己方网络，提交 SpaceCom 软件处理的结果文件。

使用 SpaceCom 软件对 CR/C 资料勾选意见示意如图 4-18 所示。

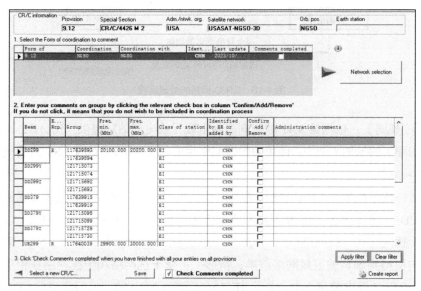

图 4-18　使用 SpaceCom 软件对 CR/C 资料勾选意见示意

（3）根据第 9.41 款提交意见

考虑到在 CR/C 特节公布信息中有可能存在潜在错误，如果主管部门发现国际电联无线电通信局未根据第 9.36.2 款使用 $\Delta T/T$ 标准确定的任何卫星网络本应包含在 CR/C 中，它仍可根据第 9.41 款要求将其列入，但需要提交 $\Delta T/T > 6\%$ 的技术依据，并使用 SpaceCom 软件提交电子意见。依据 GIBC 计算 $\Delta T/T$ 的实例如图 4-19 所示。

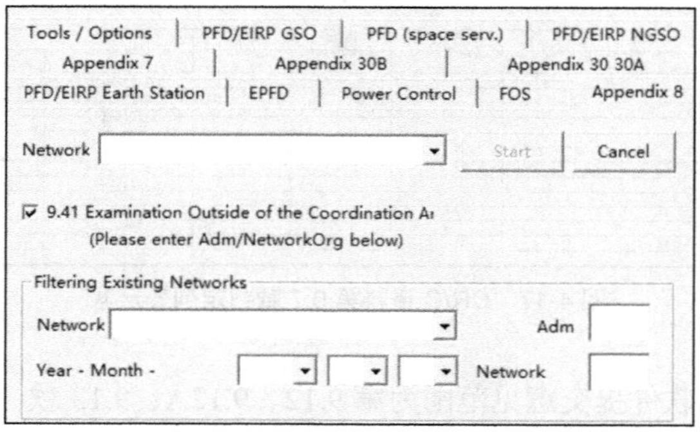

图 4-19　依据 GIBC 计算 $\Delta T/T$ 的实例

国际电联无线电通信局在收到第 9.41 款意见后，将会对意见进行处理，并公布于相同编号的 CR/E 特节中。CR/E 特节公布第 9.41 款意见的提交结果如图 4-20 所示。

Disposition / Provision / Disposición / 条款 / Положение / الكبة	Administrations incluses dans le processus de coordination. 协调过程中包括的主管部门	Administration included in the coordination process Администрации, включенные в процесс координации	Administraciones incluidas en el procedimiento de coordinación الإدارات التي تشملها عملية التنسيق
X 9.41 / 9.7	EGY, J, OMA, PAK, RUS		
9.41 / 9.7A			
9.41 / 9.7B			

图 4-20　CR/E 特节公布第 9.41 款意见的提交结果

（4）根据第 23.13 款提交意见

对于排除业务区和删除测试点的情况，可依据第 23.13 款提交意见。

4.3.4　AP30 和 AP30A 资料提交意见

AP30 和 AP30A 资料提交意见的流程和方法如下。

（1）使用国际电联无线电通信局空间信息系统（Space Information System）加载《国际频率信息通报》光盘中的"AP30_30A"数据库文件。

（2）输入符合附录 30/30A 规定的区域 3 的频段作为查询条件，特节资料类型勾选"Pending"，输出潜在影响己方卫星广播业务的卫星网络。

（3）打开对应的特节，查找国际电联无线电通信局根据附录 30/30A 第 4.1.5 段识别的受影响的频率指配或卫星网络列表，如果存在己方频率指配或卫星网络列表，需提出意见。

（4）卫星操作单位若同意国际电联无线电通信局的判定，则应记录对应主管部门的代码、干扰卫星网络名称、特节号、轨道位置和重叠频段，在"中国相关卫星网络或波束"一栏中只需注明"同意无线电通信局的判定"，而无须列出具体的卫星网络。

（5）若认为所列的卫星网络不全或中国应被列为受影响的主管部门，卫星操作单位可根据附录 30/30A 第 4.1.7 段提出将中国或受影响的卫星网络加入并提供技术依据。

4.3.5　AP30B 资料提交意见

AP30B 资料提交意见的流程和方法如下。

（1）使用国际电联无线电通信局空间信息系统加载《国际频率信息通报》光盘中的"AP30B"数据库文件。

（2）输入己方卫星网络使用附录 30B 规定的频段作为查询条件，特节资料类型勾选"Pending"，输出与己方卫星网络有重叠频段的附录 30B 卫星网络。

（3）打开对应的特节，查找国际电联无线电通信局根据第 6.5 段和第 6.6 段识别的受影响的主管部门和卫星网络列表，如果显示己方卫星网络，需提出意见。

（4）卫星操作单位若同意国际电联无线电通信局的判定，则应记录对应主管部门的代码、干扰卫星网络名称、特节号、轨道位置和重叠频段，在"中国相关卫星网络或波束"一栏中只需注明"同意无线电通信局的判定"，而无须列出具体的卫星网络。

（5）若中国未被列为受影响的主管部门或所列的卫星网络不全，卫星操作单位可根据第 6.12 段提出将中国或受影响的卫星网络加入并提供技术依据。

国际电联无线电通信局的 AP30B 判定列表如图 4-21 所示。

图 4-21　国际电联无线电通信局的 AP30B 判定列表

4.3.6　AP30-30A/F/C/资料提交意见

AP30-30A/F/C/资料提交意见的流程和方法如下：

（1）检查待处理的 AP30-30A/F/C/资料中国际电联无线电通信局根据第 9.36.2 款确认的受影响的主管部门和卫星网络列表，如显示己方卫星网络，则需提出意见；

（2）卫星操作单位若同意国际电联无线电通信局的判定，则应记录对应主管部门的代码、干扰卫星网络名称、特节号、轨道位置和重叠频段，在"中国相关卫星网络或波束"一栏中只需注明"同意无线电通信局的判定"，而无须列出具体的卫星网络。

4.4　《国际频率信息通报》意见的反馈

4.4.1　国内卫星操作单位意见反馈

卫星操作单位需要在《国际频率信息通报》光盘公布后两个月内，向主管部门提交周报意见反馈表（见表4-4）和 SpaceCom 软件生成的电子格式《国际频率信息通报》意见。电子格式的《国际频率信息通报》意见须通过邮件反馈。如果是以公函形式反馈意见，也需要将电子格式的《国际频率信息通报》意见同步发送邮件，方便主管部门进行汇总、审查和草拟 RG 发文函件。

表4-4　国内卫星操作单位周报意见反馈表

单位	可能造成潜在干扰的卫星网络或波束					中国相关的卫星网络或波束		具体条款	是否采用 SpaceCom
	主管部门	网络	特节号	卫星轨道	干扰频段	受影响网络	卫星轨道		
XXX									

卫星操作单位需要注意《国际频率信息通报》意见的准确性和规范性，包括干扰频段、受干扰卫星网络和具体条款等内容。根据我国主管部门的相关要求，需要做到以下几点。

（1）卫星操作单位处理《国际频率信息通报》的基本要求

① 高度重视《国际频率信息通报》处理工作，明确《国际频率信息通报》处理联系人和负责人；

② 及时、准确做好《国际频率信息通报》处理工作，按期处理、及时函告，格式规范；

③ 熟练掌握《国际频率信息通报》处理的国际规则，具备相关技能。

（2）注意《国际频率信息通报》处理时限

卫星操作单位应在《国际频率信息通报》公布后的两个月内将《国际频率信息通报》处理意见提交给主管部门，逾期未提交者将按"无意见"处理；确需延期提交的，应提前以书面形式说明理由，延期一般不超过 5 个工作日。主管部门起草好草拟函件后，将会通过邮件发送给相关卫星操作单位进行复核。卫星操作单位收到邮件后，应在5个工作日内予以回复确认，逾期未回复的，视为同意主管部门意见。

（3）涉及内地和香港的协调情形

内地和香港的《国际频率信息通报》意见统一由主管部门发送至国际电信联盟，即《国际频率信息通报》函件和 SpaceCom 数据库包含了内地和香港卫星操作单位对国外卫星网络资料的周报意见。内地和香港卫星操作单位对对方所申报的卫星网络提出周报意见，由主管部门转发给相应的卫星操作单位，方便后续开展卫星操作单位间的卫星网络协调工作。

4.4.2　常见问题及应对措施

《国际频率信息通报》处理工作不仅规则性和时限性强，而且要求技术人员在工作中必须认真细致，否则极易出现错误。以下列举一些经常出现的问题，并提出应对措施。

（1）"干扰频段"填写不规范

例如，"干扰频段"填写了频段的符号 C、Ku、Ka 等。正确的做法是按照频段的起止频率进行填写，如×××～××× MHz。

（2）频率单位使用不规范

例如，将 11.7～20.2 GHz 写成了 11 700～20 200 MHz。正确的做法是根据《无线电规则》第 5 条对频率单位的书写要求，当频率 $f <$ 27 500 kHz 时，频率单位使用 kHz；当 27 500 kHz ≤ $f <$ 10 000 MHz 时，频率单位使用 MHz；当 10 000 MHz ≤ $f <$ 3 000 GHz 时，频率单位使用 GHz。

（3）具体条款填写错误

例如，中国相关卫星网络和波束为 GSO，却使用了第 9.12 款。为确保正确使用规则条款，《国际频率信息通报》处理人员必须认真研读《无线电规则》，熟悉《国际频率信息通报》意见相关条款的内涵。

（4）对修改资料提出意见

国际电联无线电通信局公布的修改资料不再收集各主管部门的意见，相应网络的周报意见以之前公布资料的意见为准，所以卫星操作单位无须提交相应网络资料的《国际频率信息通报》意见。如果卫星操作单位对修改资料提出《国际频率信息通报》意见，该意见将被主管部门删除。

（5）忽视《国际频率信息通报》处理时限

根据我国的相关管理要求，卫星操作单位的《国际频率信息通报》意见回复如果超过两个月时限，则应提交书面说明材料，当期《国际频率信息通报》意见才能被采纳。

第5章

卫星地球站国际协调与登记

5.1 概述

随着无线电用频和设置无线电台需求的快速增长，无线电频率的使用环境日益恶化。为了避免和减少卫星地球站与其他国家无线电台间的干扰，争取和保护我国卫星地球站的国际地位，需要在国际规则的框架下开展卫星地球站国际协调与登记工作。

根据国际规则，只有登记进入《国际频率登记总表》的无线电台才可在国际上享有优先受保护的地位，后申报的无线电台应采取有效措施，确保不对先申报的无线电台产生有害干扰，因此我们应积极开展边境地区卫星地球站的国际协调与登记工作。

除了边境地区的卫星地球站，希望获得国际保护的卫星地球站，如卫星气象业务单收站、空间研究地球站等，由于接收灵敏度较高，容易受到其他无线电台的干扰，对于此类不涉及国际协调的电台，也可申请登记进入《国际频率登记总表》，以便其他国家在部署同频无线电台时，考虑对我国相关无线电台的保护。

为了便于开展卫星地球站国际协调与登记工作，本章主要对卫星地球站国际协调与登记中涉及的基本概念、卫星地球站国际协调与登记的意义、卫星地球站国际协调与登记涉及的国际国内规则和程序等加以介绍。有关卫星地球站国际协调技术分析的内容将在第6章中介绍。

5.2 基本概念

卫星地球站：位于地球表面或地球大气层主要部分以内的电台，并拟与一个或多个空间无线电台进行通信，或通过一颗或多颗反射卫星或空间其他物体与一个或多个同类卫星地球站进行通信的电台。电台是为在某地开展无线电通信业务或射电天文业务所必需的一台或多台发信机或收信机，或发信机与收信机的组合（包括附属设备）。每一个电台按其业务是常设或临时运营进行分类。

卫星地球站国际协调：我国与其他国家或地区就卫星地球站拟使用的无线电频率及相关技术参数开展的磋商工作，主要是指卫星地球站与邻国地面业务电台或反向使用频率的卫星地球站之间的协调，属于卫星频率和轨道资源国际协调的一部分。由我国主管部门向其他国家或地区的主管部门提出我国卫星地球站与其地面业务电台开展协调的请求，并争取完成协调，继而向国际电信联盟申请将我国卫星地球站的频率指配登记进入《国际频率登记总表》，有效保护我国空间业务免受其他国家尤其是邻国边境地面业务台站的干扰，获得受国际保护地位。实际上，除了我国卫星地球站就拟使用的无线电频率及相关技术参数向其他国家或地区的主管部门提出开展磋商工作外，卫星地球站国际协调还包括其他国家或地区的主管部门就拟使用的无线电频率及相关技术参数向我国无线电主管部门提出开展协调的请求。

卫星地球站国际登记：我国的卫星地球站在完成与所有相关国家或地区的相关无线电台国际协调工作后，我国主管部门向国际电联无线电通信局提交该卫星地球站的通知资料，并由国际电联无线电通信局按照相关程序将卫星地球站登记在《国际频率登记总表》中。

特定地球站（Specific Earth Station，SES）：具有明确站址的卫星地球站。

典型地球站（Typical Earth Station，TES）：无明确站址的卫星地球站。

移动地球站：用于卫星移动业务，专供移动时或在非指定地点停留时使用的卫星地球站。

动中通地球站：指安装在机动车、铁路机车（含动车组列车）、船舶、航空器等可移动平台上，可在行进状态下使用卫星固定业务对地静止轨道卫星网络进行通信的卫星地球站。

卫星地球站的指配频段：批准给一个卫星地球站进行发射的频段，其带宽等于必要带宽加上频率容限绝对值的两倍。

指配频率：指配给无线电台的频段的中心频率。

发射标识：表征各类电台发射的标识，通过发射标识可获知载波信号的必要带宽、调制方式等主要特性，从而便于进行必要的分析计算。

天际线仰角：围绕卫星地球站的每个方位角，天际线所对应的水平仰角，单位为度。

峰包功率：在正常工作情况下，发信机在调制包络最高峰的一个射频周期内，供给天线馈线的平均功率，用 PX 或 pX 表示。

平均功率：在正常工作情况下，发信机在调制中以与所遇到的最低频率周期相比足够长的时间间隔内，供给天线馈线的平均功率，用 PY 或 pY 表示。

载波功率：在无调制的情况下，发信机在一个射频周期内供给天线馈线的平均功率，用 PZ 或 pZ 表示。

天线增益：在指定的方向上并在相同距离上产生相同场强或相同功率通量密度的条件下，无损耗基准天线输入端所需功率与供给某给定天线输入端功率的比值，通常用分贝表示。如无其他说明，则指最大辐射方向的增益。增益也可按照规定的极化来考虑。根据对基准天线的选择，增益分为：

（1）绝对或全向增益（G_i），这时基准天线是一个在空间中处于隔离状态的全向天线；

（2）相对于半波振子的增益（G_d），这里基准天线是一个在空间处于隔离状态的半波振子，且其大圆面包含指定的方向；

（3）相对于短垂直天线的增益（G_v），这时基准天线是一个比 $\dfrac{1}{4\lambda}$ 短得多的、垂直于包含指定方向并完全导电的平面的线性导体。

等效全向辐射功率：供给天线的功率与指定方向上相对于全向天线的增益（绝对或全向增益）的乘积。

允许干扰：观测的或预测的干扰。该干扰符合国家或国际上规定的干扰允许值和共用标准。

可接受干扰：干扰电平虽高于规定的允许干扰标准，但经两个或两个以上主管部门协商同意，且不损害其他主管部门利益的干扰。

有害干扰：危害无线电导航或其他安全业务的正常运行，或严重损害、阻碍或一再阻断按规定正常开展的无线电通信业务的干扰。

协调区：在与地面电台共用相同频率的卫星地球站周围或与接收地球站共用相同双向划分频段的发射地球站周围的一个区域，用于确定是否需要协调。在此区域之外，不会超过允许干扰的电平，因此不需要协调。协调区的确定是基于进行协调的卫星地球站的特性与对传播路径、未知地面电台或共用同一频段的未知接收地球站系统参数的保守推测得出的。虽然协调区的确定是基于技术标准的，但它所代表的是一个管制意义上的概念。其目的是确定一个区域，在此区域之内需要对潜在的干扰进行详细的评价，以确定进行协调的卫星地球站或任何地面电台，或在双向分配的情况下共用同一频段的任何接收地球站中是否会出现不可接受的干扰电平。因此，协调区并非一个禁止在卫星地球站和地面电台或其他卫星地球站之间共用频率的排它区域，而是用来确定某一区域以便进行更详细计算的一种手段。在多数情况下，由于确定协调区的程序以对于潜在干扰的不利推测为基础，因此更详细的分析将表明在协调区内共用频段是可行的。

协调等值线：环绕协调区的等高线。

协调距离：从与地面电台共用相同频率的卫星地球站周围或与接收地球站共用相同双向划分频段的发射地球站的给定方位起计算的一段距离，用于确定是否需要协调。在此距离之外，不会超过允许干扰电平，因此不需要协调。

传播模式：卫星地球站无线电信号在协调区内经历的传播机制，分为大圆传播机制（又称传播模式 1）和水汽散射传播机制（又称传播模式 2）。传播模式会影响协调区的大小和协调等值线的形状。其中，传播模式 1 包括晴空中的传播现象（对流层散射、波导、层反射/折射、气体吸收以及场地屏蔽），这些现象被限定在沿大圆路径传播；传播模式 2 为水汽散射传播，为信号通过雨区而产生的散射传播。

无线电气候区：国际电信联盟将全球分为 4 个基本的无线电气候区。

（1）A1 区：沿海陆地，即与 B 区或 C 区相毗邻的陆地，平均海拔为 100 m，但限定在离最近的 B 区或 C 区最多 50 km 的范围内（当缺少 100 m 处等值线的精确信息时，可以使用一个近似值，如 300 英尺（1 英尺为 0.304 8 m））。另外，面积至少为 7 800 km^2 的、包括许多小湖或河流网（50%以上的面积为水所覆盖），而且 90%以上陆地的平均海拔低于 100 m 的巨大内陆地区都可以被归入 A1 区。

（2）A2 区：除 A1 区中所定义的沿海陆地之外的全部陆地。

（3）B 区：纬度高于 30°的"冷"海、洋以及大型内陆水体，但地中海及黑海除外。为方便在行政管理上进行协调，"大型"内陆水体定义为除河流面积外，至少为 7 800 km^2 的内陆水体。如果这些水体中 90%的岛屿面积的平均海拔不足 100 m，则这些岛屿的面积也将作为水体被计入这个地区的面积之中。注意：不符合上述标准的岛屿在计算水域面积时应被算作陆地。

（4）C 区：纬度低于 30°的"暖"海、洋以及大型内陆水体，以及地中海与黑海。

《国际频率登记总表》：为了确保合理、平等、高效、经济地使用无线电频谱和卫星轨道资源，用于登记所有在用并已通知国际电信联盟的频率指配列表。国际电信联盟会对该表定期进行审查，以保持或提高其准确性。

5.3　卫星地球站国际协调

5.3.1　卫星地球站国际协调的相关国际规则

卫星地球站国际协调属于我国与其他国家或地区间的国际事务，因此主要依据的是国家或区域相关的双边、多边或区域协议，以及国际电信联盟的《无线电规则》《程序规则》、国际电联无线电通信局的建议书等。上述条款或规则出现不一致时，以有关的双边协议为最优先等级，其次是多边或区域协议，再次是《无线电规则》和《程序规则》，最后是相关建议书及其他公认的技术标准和规定。

由于双边、多边或区域协议一般都是在《无线电规则》和《程序规则》的基础上，针对实际系统签订的，虽然协议中的技术限制和要求等可能与国际电信联盟的不同，但总体流程和方法基本一致，因此下面仅在《无线电规则》《程序规则》和相关建议书的基础上进行阐述。

5.3.1.1　卫星地球站国际协调分类

依照实际情况，将卫星地球站国际协调分为 6 种类型。卫星地球站国际协调类型及相应的《无线电规则》条款见表 5-1。

（1）静止轨道卫星固定业务特定地球站与非静止轨道卫星固定业务卫星系统间协调（《无线电规则》第 9.7A 款和第 9.7B 款）

GSO FSS 的大型特定地球站工作频率重叠的 10.7～11.7 GHz（空对地）、11.7～12.2 GHz（2 区空对地）、12.2～12.75 GHz（3 区空对地）、12.5～12.75 GHz（1 区空对地）、17.8～18.6 GHz（空对地）和 19.7～20.2 GHz（空对地）频段，且 GSO FSS 大型特定地球站天线口面接收到的来自 NGSO FSS 卫星系统的等效功率通量密度超过协调要求中的限值，则 NGSO FSS 卫星系统需要与 GSO FSS 大型特定地球站开展协调，但仅用于 NGSO FSS 卫星系统对 GSO FSS 大型特定地球站消除干扰，不涉及与该 GSO FSS 卫星系统间的协调。

GSO FSS 大型特定地球站是指具备下述特点的地球站：

① 10.7～12.75 GHz 时，特定地球站的天线接收增益大于或等于 64 dBi；

② 17.8～18.6 GHz 和 19.7～20.2 GHz 时，卫星地球站的天线接收增益大于或等于 68 dBi；

③ 天线品质因数大于或等于 44 dB/K；

④ 工作频率低于 12.75 GHz 时，地球站的发射带宽大于或等于 250 MHz；

⑤ 工作频率高于 17.8 GHz 时，卫星地球站的发射带宽不小于 800 MHz。

表 5-1　卫星地球站国际协调类型及相应的《无线电规则》条款

协调类型	发起协调的条件	协调方法和要求	依据条款
GSO FSS 特定地球站与 NGSO FSS 卫星系统	（1）频率重叠 NGSO FSS 卫星系统所用频率包含 10.7～11.7 GHz（空对地）、11.7～12.2 GHz（2 区①空对地）、12.2～12.75 GHz（3 区空对地）、12.5～12.75 GHz（1 区空对地）、17.8～18.6 GHz（空对地）和 19.7～20.2 GHz（空对地）频段。 （2）GSO FSS SES 为大型卫星地球站，即具备下述特点： ①10.7～12.75 GHz 时，SES 的天线接收增益 $Gr \geqslant 64$ dBi，17.8～18.6 GHz 和 19.7～20.2 GHz 时，$Gr \geqslant 68$ dBi； ②天线品质因数 $G_r/T \geqslant 44$ dB/K，其中 T 为最小总接收系统的噪声温度； ③工作频率<12.75 GHz 时，卫星地球站的发射带宽≥250 MHz；工作频率>17.8 GHz 时，卫星地球站的发射带宽≥800 MHz （3）SES 天线口面接收到的来自 NGSO 卫星系统的等效功率通量密度超过协调要求中的限值	（1）计算方法见国际电信联盟 ITU-R S.1503 建议书； （2）SES 天线口面接收到的来自 NGSO 卫星系统的 EPFD 须满足： ①10.7～12.75 GHz 且 NGSO 轨道高度≤2 500 km 时，EPFD≥ −174.5 dB(W/(m²·40kHz))；NGSO 轨道高度>2 500 km 时，EPFD≥ −202 dB(W/ (m²·40kHz))； ②17.8～18.6 GHz 和 19.7～20.1 GHz 且 NGSO 轨道高度≤2 500 km 时，EPFD≥ −157 dB (W/ (m²·40kHz))；NGSO 轨道高度≤2 500 km 时，EPFD≥ −185 dB(W/ (m²·40kHz))	第 9.7A 款和第 9.7B 款
NGSO 卫星地球站②与地面业务	（1）与地面业务具有同等划分地位的频段：137～138 MHz、400.15～401 MHz、1 518～1 535 MHz、1 545～1 559 MHz、1 610～1 626.5 MHz、1 613.8.5～1 631.5 MHz、1 634.5～1 645.5 MHz、1 646.5～1 656.5 MHz、1 668.4～1 675 MHz、1 980～2 010 MHz、2 010～2 025 MHz、2 160～2 170 MHz、2 170～2 200 MHz、2 483.5～2 500 MHz、2 500～2 535 MHz、2 655～2 690 MHz、5 030～5 091 MHz、5 091～5 150 MHz、5 150～5 250 MHz、6 700～7 075 MHz、15.43～15.63 GHz、18.8～19.3 GHz、19.3～19.7 GHz、28.6～29.1 GHz、29.1～29.5 GHz； （2）协调区跨越其他主管部门管辖领土	《无线电规则》附录 7：100 MHz～105 GHz 频段内，卫星地球站周围协调区的确定方法	第 9.15 款和第 9.16 款
卫星地球站与地面业务	（1）工作在 100 MHz 以上，空间与地面业务以同等权利共用的频段内； （2）协调区跨越其他主管部门管辖领土	《无线电规则》附录 7	第 9.17 款和第 9.18 款③

---

① 1 区、2 区和 3 区的划分详见《无线电规则》第 5.2～5.9 款。

② 地球站包含了特定地球站和典型地球站。

③ 根据《程序规则》，对《无线电规则》第 9.17 款和第 9.18 款的程序适用于除了第 9.7A 款和第 9.7B、9.15 款和第 9.16、9.17A 款和第 9.17B、9.19、9.21 款外，其他所有地球站和地面业务间的协调。

（续表）

协调类型	发起协调的条件	协调方法和要求	依据条款
反向工作的卫星地球站间	（1）空间业务两个工作方向具有同等划分地位的频段； （2）协调区跨越其他主管部门管辖领土或协调区中有其他卫星地球站	《无线电规则》附录 7	第 9.17A 款
地面业务发射电台、FSS 发射地球站与 BSS 典型地球站	（1）与卫星广播业务具有同等主要划分地位的地面业务和卫星固定业务发射频段：1 452～1 492 MHz、2 310～2 360 MHz、2 520～2 670 MHz、11.7～12.7 GHz、12.5～12.75 GHz、17.3～17.8 GHz、17.7～17.8 GHz、40.5～42.5 GHz、74～76 GHz； （2）干扰电台功率通量密度或协调距离超过允许值需开展协调，即： ① 在 1 区和 3 区，工作在 1 452～1 492 MHz 频段，IMT 发射电台到达非规划 BSS 业务区边缘的 PFD 限值为：在 20%时间内，PFD 超过−154 dB(W/($m^2 \cdot 4$ kHz))（详见《无线电规则》第 761 号决议）； ② 对于 FSS 发射地球站超过其最相邻频段的 PFD 限值； ③ 其他无线电台与 BSS 典型地球站的距离未超过 1 200 km	核对"发起协调的条件"中各相关项	第 9.19 款
上述未规定，但《无线电规则》频率划分表脚注列出使用第 9.21 款的频段	（1）148～149.9 MHz、163～167 MHz、174～184 MHz、235～322 MHz、335.4～399.9 MHz、267～272 MHz、449.75～450.25 MHz、460～470 MHz、470～485 MHz、806～890 MHz、942～960 MHz、1.61～1.6265 GHz、1.75～1.85 GHz、1.77～1.79 GHz、2.4835～2.5 GHz、2.5～2.516.5 GHz、2.5～2.69 GHz、2.5～2.535 GHz、2.665～2.69 GHz、2.515～2.535 GHz、2.52～2.67 GHz、2.665～2.67 GHz、3.4～3.6 GHz、5～5.03 GHz、5.091～5.15 GHz、5.15～5.25 GHz、5.15～5.216 GHz、7.1～7.155 GHz、7.19～7.235 GHz、7.9～8.025 GHz、9.2～9.3 GHz、9.9～10.4 GHz、10.6～10.68 GHz、45.5～47 GHz； （2）超出《无线电规则》附录 7、附录 30 或附录 30A 的技术附件、相关脚注中规定的 PFD； （3）《无线电规则》或 ITU-R 建议书中的其他技术规定确定不兼容的	（1）《无线电规则》附录 7、附录 30 和附录 30A 规定的或改编的方法； （2）《无线电规则》或 ITU-R 建议书的其他技术规定，如 ITU-R SF.1006 建议书给出了卫星地球站与地面业务干扰分析的方法和保护限制等； （3）协调未完成前，可以按照《无线电规则》第 11.31.1 款进行通知登记	第 9.21 款

（2）NGSO 卫星地球站与地面业务间协调（《无线电规则》第 9.15 款和第 9.16 款）

在与地面业务具有同等划分地位的频段，卫星移动业务地球站使用 137～138 MHz、400.15～401 MHz、1 518～1 535 MHz、1 545～1 559 MHz、1 610～1 626.5 MHz（卫星无线电测定业务）、1 613.85～1 631.5 MHz、1 634.5～1 645.5 MHz、1 646.5～1 656.5 MHz、1 668.4～1 675 MHz（气象辅助业务除外，且工作在 1 670～1 675 MHz 频段的美国和加拿大固定和移动业务除外）、1 980～2 010 MHz、2 010～2 025 MHz（2 区）、2 160～

2 170 MHz（2 区）、2 170～2 200 MHz、2 483.5～2 500 MHz（卫星无线电测定业务）、2 500～2 535 MHz（3 区）、2 655～2 690 MHz（3 区）、5 030～5 091 MHz（卫星航空移动（Routine，R）业务，且仅限于国际标准的航空系统）、5 091～5 150 MHz（限于 NGSO 卫星移动业务馈线链路，且与航空无线电导航业务地面站的主管部门领土间隔大于 450 km）、5 150～5 250 MHz（限于 NGSO 卫星移动业务馈线链路）、6 700～7 075 MHz（限于 NGSO 卫星移动业务馈线链路）、15.43～15.63 GHz（限于 NGSO 卫星移动业务馈线链路，且航空无线电导航业务电台须遵守 ITU-R S.1340 中的功率限值）、18.8～19.3 GHz（卫星固定业务）、19.3～19.7 GHz（限于 NGSO 卫星移动业务馈线链路）、28.6～29.1 GHz、29.1～29.5 GHz（GSO FSS 和 NGSO 卫星移动业务馈线链路）中的频率工作，且协调区跨越至其他主管部门管辖的领土时，需要开展 NGSO 卫星地球站与地面业务间的协调。即发射地球站须与在发射地球站协调区内的其他国家领土上的接收地面站进行协调，以及接收地球站须与接收地球站协调区内的其他国家领土上的发射地面站进行协调。

（3）卫星地球站与地面业务间协调（《无线电规则》第 9.17 款和第 9.18 款）

100 MHz 以上，空间业务和地面业务具有同等划分地位的频段上，特定地球站和典型移动地球站需要与地面业务电台协调，即卫星地球站需与在卫星地球站协调区内的其他国家领土上的地面电台协调。

（4）反向工作的卫星地球站间协调（《无线电规则》第 9.17A 款）

在空间业务的两个工作方向（发射和接收）具有同等划分地位的频段上，与待协调卫星地球站协调区内工作的反向应用的其他主管部门的卫星地球站进行协调。

（5）地面业务发射电台、卫星固定业务发射地球站与卫星广播业务典型地球站间协调（《无线电规则》第 9.19 款）

在与 BSS 具有同等主要划分地位的地面业务和卫星固定业务发射频段 1 452～1 492 MHz、2 310～2 360 MHz（地面业务与美国、印度和加拿大的 BSS 划分）、2 520～2 670 MHz、11.7～12.7 GHz（《无线电规则》附录 30 第 6 条）、12.5～12.75 GHz（《无线电规则》第 5.494、5.496 款以及 2 区和 3 区的地面业务，或 1 区 FSS（地对空）的发射地球站与 3 区的 BSS 划分）、17.3～17.8 GHz（FSS 发射地球站与 2 区的 BSS 划分）、17.7～17.8 GHz（地面业务与 2 区的 BSS 划分）、40.5～42.5 GHz、74～76 GHz，若干扰电台的功率通量密度或协调距离超过允许值，则地面业务发射电台或 FSS 发射地球站需要与在 BSS 空间电台服务区内的典型地球站进行协调。

（6）卫星地球站与其他无线电业务电台间的协调（《无线电规则》第 9.21 款）

在《无线电规则》频率划分表，即《无线电规则》第 5 条相关业务频段脚注中列出的使用《无线电规则》第 9.21 款需要寻求与其他主管部门达成协议的无线电台，如《无线电规则》第 5.401 款规定，2 483.5～2 500 MHz 频段在我国被划分为卫星无线电定位业务，应按第 9.21 款与未列入该条款的其他需要协调的国家进行协调。需要注意的是，使用《无线电规则》第 9.21 款开展卫星地球站协调，可以在启动协调前的任何时刻或在协调中通过使用不对按照《国际电信联盟组织法》《国际电信联盟公约》和《无线电规则》规定的电台造成有害干扰亦没有要求其保护（详见《无线电规则》第 4.4 款），则寻求协调的卫星地球站即使未与提出反对意见的主管部门达成协议，卫星地球站也会得到国际电联无线电通信局的合格审查结论，并被登记进入《国际频率登记总表》（详见《无线电规则》第 11.31.1 款）。

5.3.1.2　卫星地球站国际协调程序

卫星地球站国际协调需要遵循的程序主要分为两类：一类是我国主管部门发起卫星地球站国际协调；另一类是我国主管部门接收其他国家主管部门发起的卫星地球站国际协调请求。对于不涉及国际协调，但希望获得国际保护的卫星地球站登记进入《国际频率登记总表》的程序，与完成国际协调的卫星地球站登记进入《国际频率登记总表》的程序相同。

下面主要从主动发起卫星地球站国际协调的主管部门所依据的国际规则、应准备的资料、需要开展的工作以及应注意的问题等方面加以阐述。

（1）启动协调

① 启动协调所依据的规则和所需的资料如图 5-1 所示，具体做法如下。

• 对拟设置使用的卫星地球站对照 5.3.1.1 小节确认其对应的协调类别。

• 将卫星地球站的相关信息和技术参数按照《无线电规则》附录 4 的要求，在国际电联无线电通信局提供的 SpaceCap 软件或我国自主开发的"空间业务行政许可技术分析系统"的"地球站编制"模块中输入（根据《无线电规则》第 9.30 款）。

• 如果涉及《无线电规则》第 9.15 款、9.17 款、9.17A 款和 9.19 款的协调，需利用第 6 章中的技术分析手段得出卫星地球站在最差情况下的协调区，即卫星地球站的最大影响范围和涉及的可能受影响的主管部门列表（根据《无线电规则》第 9.29 款）。

若不涉及国际协调，则直接转入 5.3.2 小节的国内管理模式；若涉及国际协调，则使用国际电联无线电通信局提供的 SpacePub 软件或从我国自主开发的"空间业务行政许可技术分析系统"中下载卫星地球站的相关技术参数列表，以及形成的、验证合格的卫星地球站.mdb 数据库文件，连同协调区图一起通过电子邮件或传真等方式发送至受影响的主管部门，并抄送国际电联无线电通信局。

- 如果涉及《无线电规则》第 9.7A 款和第 9.21 款的协调，可根据《无线电规则》第 9.30 款直接向国际电联无线电通信局报送《无线电规则》附录 4 附件 2 要求的卫星地球站技术参数.mdb 数据库文件。国际电联无线电通信局会判断卫星地球站影响到的主管部门及其具体涉及的卫星网络资料和电台列表，并在相应的《国际频率信息通报》中公布该卫星地球站的协调参数和可能受影响的主管部门及其卫星网络资料和电台列表。

除上述通用方式外，不具备卫星地球站协调技术分析能力的主管部门或发起协调的主管部门无法确认受影响的主管部门时，可根据《无线电规则》第 9.33 款，提出协调的主管部门可将《无线电规则》附录 4 规定的相关特性和技术参数寄送给国际电联无线电通信局。国际电联无线电通信局会帮助该主管部门发送协调请求给那些受到影响的主管部门。

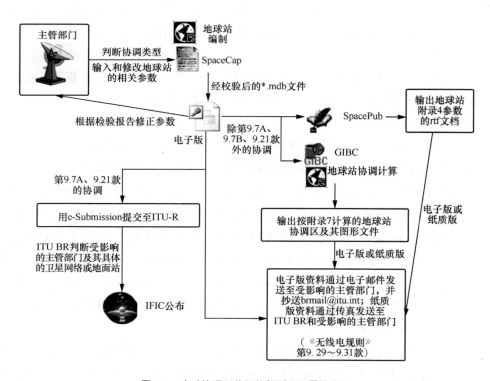

图 5-1　启动协调所依据的规则和所需的资料

② 国际电联无线电通信局的做法

对于协调资料不完整的，国际电联无线电通信局会要求发起协调的主管部门给予澄清，并补充所缺的资料（根据《无线电规则》第 9.40A 款）。但是，如果拟设置的卫星地球站是 GSO FSS 特定地球站，且满足"GSO FSS 特定地球站与 NGSO FSS 卫星系统间协调"的发起条件，而负责的主管部门却认为该卫星地球站不需要进行与 NGSO FSS 卫星系统间的协调时，提出协调的主管部门可将《无线电规则》附录 4 规定的相关特性和技术参数寄送给国际电联无线电通信局，以便国际电联无线电通信局根据《无线电规则》第 9.34 款进行处理，并采取如下行动。

- 审查资料是否与《无线电规则》第 11.31 款相符，即审查卫星地球站使用的频率指配是否符合《无线电规则》第 5 条的频率划分和对应的要求，包括：

    《无线电规则》第 5 条相关脚注以及与脚注有关的决议和建议书；

    应用《无线电规则》第 9.21 款协调，但频率指配没有对寻求其一致意见的反对主管部门的业务产生有害干扰，也没有要求其保护，则此频率指配可认为是符合频率划分的，会得到国际电联无线电通信局的合格审查结论；另外，对于那些未提出反对意见的主管部门的频率指配也可认为是符合频率划分的，会得到国际电联无线电通信局的合格审查结论；

    若卫星地球站涉及空间操作功能（如用于测控的卫星地球站），那么对应的频率指配使用划分给空间操作业务或主要划分给如卫星固定业务、卫星广播业务、卫星移动业务但用于空间站操作的，也被认为符合频率划分；

    卫星地球站频率指配适用的《无线电规则》第 21、22 条要求的功率、功率通量密度、等效功率通量密度、最小仰角等。

- 确定受影响的主管部门（根据《无线电规则》第 9.27 款）。

- 将这些受影响的主管部门以及完整的卫星地球站资料公布在《国际频率信息通报》中。

- 将采取的这些行动告知相关的主管部门，并提醒其注意相关的《国际频率信息通报》。

还需要注意，在收到涉及《无线电规则》第 9.7A 款或第 9.7B 款协调请求的《国际频率信息通报》后，若一主管部门认为，依据《无线电规则》第 9.36.2 款，其有卫星网络应被列入协调请求中，或要求协调的主管部门认为根据《无线电规则》附录 5 表 5-1 中列出的第 9.7A 款或第 9.7B 款的规定，《国际频率信息通报》确定的某主管部门或根据《无线电规则》第 9.36.2 款确定的卫星网络不应被列入协调请求中，则都须在相关的《国际频率信息通报》公布之日起 4 个月内，酌情通知要求协调的主管部门、被确定不应列入协调的主管部门以及国际电联无线电通信局，说明这样做的技术原因。并须酌情要求将主管部门名称以及依据《无线电规则》第 9.36.2 款未被确定的任何卫星网络的名称列入协调列表，或将被确定的主管部门的名称以及依据《无线电规则》第 9.36.2 款被确定的任何卫星网络从中删除（根据《无线电规则》第 9.41 款）。

③ 需要注意的问题

启动协调时，应注意以下事项。

- 选择待协调卫星地球站使用的空间电台时，应最好选用该空间电台已进入通知阶段的卫星网络资料，且选用的卫星网络资料中的波束可涵盖待协调卫星地球站所用频率、业务特性和技术参数等。

- 开展协调的卫星地球站可以是未来启用的，但启用时间不得超过发起协调之日起 3 年。

- 当涉及与多种业务协调时，需要在协调资料中注明每类协调所依据的《无线电规则》相应条款，参见表 5-1。

- 因任何原因发起协调的主管部门不能将《无线电规则》附录 4 要求的、完善的协调所需的全部数据以及验证合格的卫星地球站协调资料（包括卫星地球站协调公函、卫星地球站的.mdb 库文件、.rtf 文件和协调区图）提供给受影响的主管部门时，发起协调的主管部门可以寻求国际电联无线电通信局的帮助。国际电联无线电通信局会将发起协调主管部门的协调请求寄送给相关的主管部门，如有必要，还会采取下列行动。

    受影响的主管部门在收到 NGSO 卫星地球站与地面业务、反向工作的卫星地球站间、FSS 发射地球站与 BSS 典型地球站协调的要求后，应在要求的日期 30 天内，向提出要求的主管部门确认收妥。

    如果在 30 天内没有得到受影响主管部门的收妥确认，提出要求的主管部门应再次通过传真或电子邮件等方式要求确认（根据《无线电规则》第 9.45 款）。

    如果在其按照《无线电规则》第 9.45 款发送第二次收妥确认要求后 15 天内仍未收到确认，提出要求的主管部门可以寻求国际电联无线电通信局的帮助，国际电联无线电通信局应立刻发函给没有答复的主管部门要求其立即确认。

（2）启动协调程序后的处理

协调程序一旦启动，相关主管部门和国际电联无线电通信局须按照《无线电规则》中的协调设定时间节点，及时进行处理。向涉及的主管部门和（或）国际电联无线电通信局发出协调请求后，主要处理步骤和时间节点如图 5-2 所示。

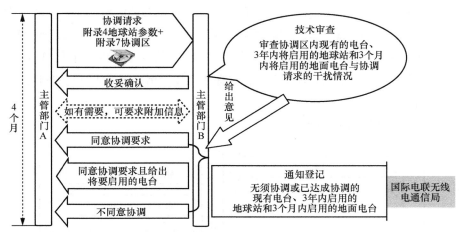

图 5-2　启动协调程序后的主要处理步骤和时间节点

启动协调后，主管部门的具体处理程序可分为多种类型，其中也包括作为被要求协调的主管部门的处理程序，因为我们不仅会主动发起协调，也需要处理和响应其他主管部门发起的协调。

① 积极顺利型

积极顺利型如图 5-3 所示。

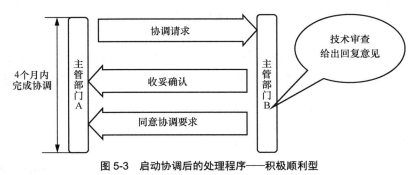

图 5-3　启动协调后的处理程序——积极顺利型

主管部门 A 发起协调请求的日期，记为 D1。

在 D1 后的 30 天内，主管部门 B 应回复收妥协调请求，若在这 30 日内主管部门 A 未收到收妥回复，则主管部门 A 在【D1+30 日】[①]再次发送传真或电子邮件等要求受影

————————————

① 代表日期。

响的主管部门回复收妥确认。

在【D1+30 日】后的 15 日内，主管部门 B 回复收妥协调请求，并在【D1+4 个月】前，主管部门 B 给出同意完成协调的回复意见；或在国际电联无线电通信局公布该协调指配所在的《国际频率信息通报》日期（记为 D3）的 4 个月内，即【D3+4 个月】前（详见下面的"特殊协调处理型"），主管部门 B 给出同意完成协调的回复意见。

② 未收妥确认型

未收妥确认型如图 5-4 所示。

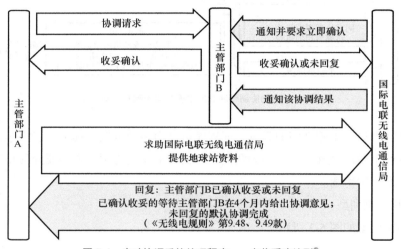

图 5-4　启动协调后的处理程序——未收妥确认型[①]

如果主管部门 A 在【D1+45 日】前，已经两次要求主管部门 B 确认收妥协调请求，但一直未收到主管部门 B 的收妥协调确认函，则主管部门 A 可在【D1+45 日】前向国际电联无线电通信局求助。

国际电联无线电通信局在收到求助后会立刻通知主管部门 B，要求其立即确认，该日期记为 D2。

若国际电联无线电通信局在【D2+45 日】前仍未收到主管部门 B 的确认回复，则认为主管部门 B 同意主管部门 A 提出的协调请求，随后国际电联无线电通信局会将这个结果告知主管部门 A 和 B。

如果主管部门 B 在【D2+ 45】前给出确认回复，则主管部门 B 审查国际电联无线

---

① 有底色的箭头或注释是由国际电联无线电通信局做出的行动，余同。

电通信局转过来的主管部门 A 的协调请求资料，对其要求的相关频率指配进行干扰分析和审查，然后在【D1+4 个月】或【D3+4 个月】前（详见下面的"特殊协调处理型"），给出对该协调请求的回复意见，并通知主管部门 A。

若回复意见是同意完成协调，详见"积极顺利型"；若回复意见是不同意完成协调，详见"不同意协调型""无法完成协调型"和"特殊协调处理型"；若未回复协调意见，详见"未给协调回复意见型"。

③ 未给协调回复意见型

未给协调回复意见型如图 5-5 所示。

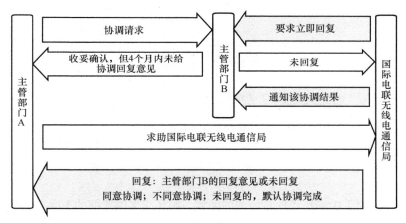

图 5-5　启动协调后的处理程序——未给协调回复意见型

主管部门 A 在规定时间内收到了主管部门 B 的收妥确认，但在【D1+4 个月】或【D3+4 个月】前没有收到主管部门 B 对协调请求的回复意见，则主管部门 A 在【D1+4 个月】或【D3+4 个月】内向 BR 求助。

国际电联无线电通信局在收到求助后，会立刻发函给主管部门 B 要求其回复，该日期记为 D4。当国际电联无线电通信局在【D4+30 日】前仍未收到主管部门 B 对协调要求的回复，则认为主管部门 B 同意主管部门 A 提出的协调请求。随后，国际电联无线电通信局会将这个结果告知主管部门 A 和 B。

如果主管部门 B 在【D4+30 日】前给出对该协调的回复，国际电联无线电通信局会将这个结果告知主管部门 A。

如果回复意见是同意完成协调，详见"积极顺利型"；若回复意见是不同意完成协调，详见"不同意协调型""无法完成协调型"和"特殊协调处理型"。

④ 不同意协调型

不同意协调型如图 5-6 所示。

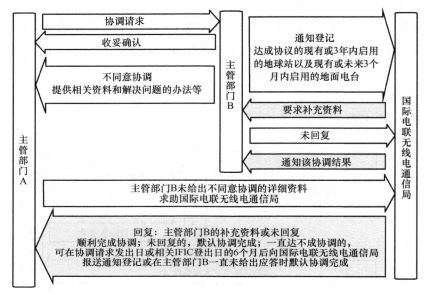

图 5-6　启动协调后的处理程序——不同意协调型

如果主管部门 B 给出不同意协调的回复，则还应提供详细的不同意协调的资料、依据或解决该问题的办法等，并抄送国际电联无线电通信局。

如果收到不同意协调的意见，但主管部门 B 未给出为什么不同意及其相关的频率指配资料，主管部门 A 可寻求国际电联无线电通信局的帮助。

国际电联无线电通信局在收到求助后会立刻发函给主管部门 B 要求其回复，该日期记为 D5。当国际电联无线电通信局在【D5+45 日】前仍未收到主管部门 B 对补充资料的回复，则认为主管部门 B 同意主管部门 A 提出的协调请求。随后，国际电联无线电通信局会将这个结果告知主管部门 A 和 B。

如果主管部门 B 在【D5+45 日】前给出对该协调的补充资料，国际电联无线电通信局会将这些资料转给主管部门 A。如果通过这些资料仍不能使双方达成协议完成协调，则应用"无法完成协调型"的模式。

如果协调涉及的电台是已经达成协调协议的现有或在未来 3 年内启用的卫星地球站，或未来 3 个月内启用的地面电台，主管部门 B 可直接向国际电联无线电通信局发送这些电台的通知登记请求。如果协调涉及未达成协调的电台，则主管部门 B 也可将现有或在未来 3 个月内启用的地面电台，或在相反发射方向操作的 3 年内启用的卫星地球站向国际电联无线电通信局发送通知登记请求。

⑤ 无法完成协调型

无法完成协调型如图 5-7 所示。

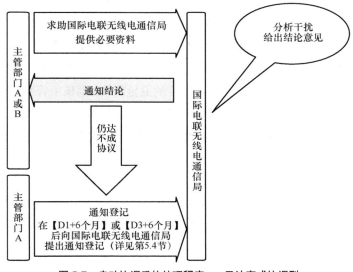

图 5-7 启动协调后的处理程序——无法完成协调型

协调过程中，双方对可接受的干扰电平或其他相关方面不能达成协议的，协调双方都可以寻求国际电联无线电通信局的帮助，但需要向国际电联无线电通信局提供必要的资料，以使其能够尽力帮助双方完成协调。

当国际电联无线电通信局得出结论时，会将结论和意见通知相关的主管部门。

如果收到国际电联无线电通信局的结论后，协调双方仍达不成协议，则可在协调请求提出或刊载协调要求的《国际频率信息通报》公布 6 个月后，向国际电联无线电通信局提出进入《国际频率登记总表》的通知登记，但国际电联无线电通信局会在《国际频率登记总表》中注明完成和未完成协调的主管部门的名称。

⑥ 特殊协调处理型

除了上述涉及《无线电规则》第 9.15 款、9.17 款、9.17A 款和 9.19 款的协调类型，还有一类需要特别注意的处理类型，主要是表 5-1 中涉及的《无线电规则》第 9.7A 款和第 9.7B 款的 GSO FSS 特定地球站与 NGSO FSS 卫星系统的协调，以及《无线电规则》第 5 条频率划分表列出的使用第 9.21 款进行协调的频段。

对于表 5-1 中的涉及第 9.7A 款和第 9.7B 款的协调，如图 5-2 所示。

主管部门 A 提出协调请求连同《无线电规则》附录 4 中要求的相关参数一起提交给国际电联无线电通信局。随后国际电联无线电通信局会判断受影响的主管部门及其具体涉及的卫星网络资料和无线电台列表，并在相应《国际频率信息通报》中公布该卫星地球站的协调参数和可能受影响的主管部门及其具体卫星网络资料和无线电台列表。

受影响的主管部门应在《国际频率信息通报》公布后的 4 个月内，将同意协调的意见或不同意协调的意见提交给主管部门 A 或国际电联无线电通信局。

另外一个不同点是，若还有主管部门在收到该协调请求登载的《国际频率信息通报》后，认为该特定地球站会影响到自己主管的卫星网络，则该主管部门也应在【D3+4 个月】前将其协调原因和技术依据提供给主管部门 A 和国际电联无线电通信局。如果在【D3+4 个月】前，没有收到其他主管部门的回复，则认为这些主管部门无意见，且认为该协调不会对其产生影响。

对于表 5-1 中按照《无线电规则》第 9.21 款，需寻求与其他无线电业务电台间开展协调的卫星地球站，也是主管部门 A 提出协调请求连同《无线电规则》附录 4 中要求的相关参数一起提交给国际电联无线电通信局。随后国际电联无线电通信局在《国际频率信息通报》中公布该卫星地球站的协调参数。

若在【D3+4 个月】前未收到回复意见，则认为同意该协调要求，否则在回复意见截止期满后国际电联无线电通信局会根据其记录公布一个特节，酌情标明在规定的截止日期内提出不同意见的主管部门的名单，以及此不同意见所涉及的系统清单或其他意见。

特殊协调处理型如图 5-8 所示。

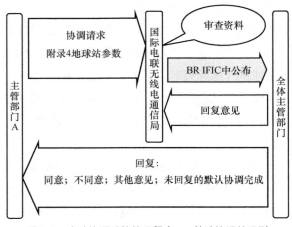

图 5-8　启动协调后的处理程序——特殊协调处理型

⑦ 启动协调程序后的其他问题

• 协调和获取相关信息的手段

所有主管部门可采用通信、任何合适的电信手段，必要时通过会议解决协调中的问题，但协调结果应及时通知国际电联无线电通信局。国际电联无线电通信局会在适宜时将该协调结果公布在《国际频率信息通报》上。

• 尽所有努力完成协调

发起协调的主管部门和被寻求协调的主管部门可以通过修改已公布的卫星网络或卫星地球站特性以尽力达成协调协议，且将修改后的卫星网络或卫星地球站特性告知国际电联无线电通信局。因这些修改可能会涉及与其他主管部门的协调，国际电联无线电通信局会在《国际频率信息通报》中公布该资料，并指出这些修改是有关部门为了达成协调协议而共同努力的结果，为此应给予特别考虑。

• 求助国际电信联盟

任何主管部门都可以向国际电联无线电通信局或无线电规则委员会（RRB）请求适当的帮助，包括协调计算、准备协调区图、对程序规则进行澄清和要求其他相关技术特性等。

如果某主管部门因任何原因不能直接提出协调请求或应用相关规则有困难时，可求助国际电联无线电通信局，国际电联无线电通信局会根据相关条款采取后续行动。如国际电联无线电通信局会帮助鉴别干扰来源，并寻求造成干扰的主管部门的合作以解决干扰问题，最后需准备一份有关的解决建议草案报无线电规则委员会审议。国际电联无线电通信局会对报告中违反或没有遵守《无线电规则》的案例进行研判，并将研判后的建议草案报无线电规则委员会审议。

5.3.2 卫星地球站国际协调的国内管理要求

卫星地球站国际协调分为两类：一类是我国主管部门发起的卫星地球站国际协调，需要与邻国地面业务电台或反向使用频率的卫星地球站之间进行协调；另一类是我国主管部门接收其他国家发起的无线电台国际协调，即邻国卫星地球站与我国地面业务台站或反向使用频率的卫星地球站之间进行的国际协调。绝大多数卫星地球站国际协调是在主管部门间进行的，一般采用信函的方式，即我国无线电主管部门将协调信函连同卫星地球站协调资料一并发送给受影响的国家，并抄送国际电联无线电通信局。此时就意味着卫星地球站国际协调正式启动。来往函件的时间节点由协调函发出之日计算。

5.3.2.1 发起地球站国际协调

根据《中华人民共和国无线电管理条例》第九章附则第八十三条的规定："实施本条例规定的许可需要完成有关国内、国际协调或者履行国际规则规定程序的，进行协调以及履行程序的时间不计算在许可审查期限内。"

《建立卫星通信网和设置使用地球站管理规定》（中华人民共和国工业和信息化部令第 7 号）第二十九条规定："在沿海和与其他国家或者地区相邻的省、自治区、直辖市辖区内设置使用与其他无线电业务共用频段的大中型地球站，并且该地球站的协调区覆盖其他国家或者地区的，受理申请的省、自治区、直辖市无线电管理机构应当在实质审查合格后，将有关情况书面告知申请人，并按照国际电信联盟《无线电规则》的有关规定，向工业和信息化部报送有关资料和审查意见。工业和信息化部应当按照《无线电规则》的有关规定或者双边协议，与相关国家或者地区进行协调，协调时间为4 至 6 个月。在完成有关协调后，工业和信息化部应当作出予以批准或者不予批准的决定，书面通知申请人和受理申请的省、自治区、直辖市无线电管理机构。"

《内地与香港卫星网络申报协调登记办法》（2006 年 7 月 7 日发布）的第 4 部分明确提出了卫星地球站的国际协调和资料处理程序。

《地球站国际协调与登记管理暂行办法》（工信部无〔2015〕33 号）对卫星地球站国际协调的国内管理提出了具体要求。

《地球站国际协调与登记管理暂行办法》要求，一旦用户申请设置使用的卫星地球站满足下述条件之一（详见表 5-1）就需要开展国际协调。

（1）在 10.7～11.7 GHz、12.2～12.75 GHz、17.8～18.6 GHz 或 19.7～20.2 GHz 频段内，设置卫星固定业务对地静止轨道卫星系统的特定地球站，且卫星地球站指标符合下列所有条件的：在 10.7～11.7 GHz 和 12.2～12.75 GHz 频段，卫星地球站天线增益不小于 64 dBi，或在 17.8～18.6 GHz 和 19.7～20.2 GHz 频段，卫星地球站天线增益不小于 68 dBi；卫星地球站的接收品质因子（G/T）不小于 44 dB/K；在 12.75 GHz 以下频段的发射带宽不小于 250 MHz，或在 17.8 GHz 以上频段的发射带宽不小于 800 MHz。

（2）在国际电信联盟《无线电规则》频率划分表以及脚注中，以同等地位划分给地面业务和空间业务，或以同等地位划分给空间业务双向链路的频段内设置卫星地球站，且卫星地球站协调区覆盖到其他国家领土的，或进入其他国家反向操作卫星地球站协调区域内的。

（3）在国际电信联盟《无线电规则》频率划分表以及脚注中，以同等地位划分给卫星固定业务（地对空）和卫星广播业务的频段内设置卫星固定业务发射卫星地球站，且卫星地球站的协调区覆盖到其他国家领土的。

（4）根据国际电信联盟《无线电规则》第 9.21 款规定，在频率划分表脚注中明确要求需征得其他国家同意的频段内设置使用卫星地球站，且卫星地球站协调区覆盖到相关国家的。

《地球站国际协调与登记管理暂行办法》明确了卫星地球站国际协调是卫星地球站行政许可审批工作中的一个环节。如果用户提出卫星地球站行政许可申请，且申请设置使用的卫星地球站需要开展国际协调，直到卫星地球站国际协调完成或卫星地球站国际协调未完成，但设站单位书面承诺承受可能的潜在干扰，并不要求相应的国际保护后，才可继续卫星地球站的国内行政许可工作。

《地球站国际协调与登记管理暂行办法》规定了涉及卫星地球站国际协调相关方及其相互间的工作关系、职责和卫星地球站申请流程，分为准备材料、技术要求、国际协调程序、国际登记程序以及后续维护等 5 部分，具体如下。

（1）准备材料

准备材料阶段主要包括卫星地球站设置使用者依照《建立卫星通信网和设置使用地球站管理规定》和《地球站国际协调与登记管理暂行办法》准备设台（站）申请材料。卫星地球站设置使用者根据"属地化"管理原则，即按照受理设置使用卫星地球站许可的无线电管理机构的许可范围，向国家或省（自治区、直辖市）无线电管理机构提交设台（站）申请等。

如果设置使用的卫星地球站是卫星测控（导航）站、卫星关口站、卫星国际专线地球站或涉及国家主权、安全的其他重要无线电台（站），应将相关卫星地球站的申请材料提交至工业和信息化部实施许可。

如果设置使用的卫星地球站不属于上述所有类型，且所申请设置使用的卫星地球站是有固定台（站）址的卫星地球站，则卫星地球站设置使用者应向台（站）址所在地的省、自治区、直辖市无线电管理机构提交相关申请，并获得行政许可。

如果设置使用的卫星地球站不属于上述所有类型，且所申请设置使用的卫星地球站是无固定台（站）址的卫星地球站，则卫星地球站设置使用者应向申请者住所地的省、自治区、直辖市无线电管理机构提交相关申请，并获得行政许可。

设置使用者应准备的申请材料须包括书面申请函件、申请人基本情况说明及证照材料、所使用卫星无线电频率的批准证件、设置使用地球站的技术可行性研究报告、能够保证无线电台（站）正常使用的电磁环境的相关材料、涉及国际协调的地球站的补充材料和国家规定的开展有关业务所需提供的其他材料等。其中涉及国际协调的地球站的补充材料就是依据《地球站国际协调与登记管理暂行办法》的要求，需要提供的《地球站国际协调与登记管理暂行办法》附件的《地球站国际协调和登记资料表》。

（2）技术要求

对材料的详细技术要求主要包括如下几点。

- 收到受理的无线电管理机构应在 15 个工作日内对收到的设台（站）申请进行初步审查，并确定该设台（站）申请是否涉及国际协调。若相关地球站涉及国际协调，设置使用者或收到受理的无线电管理机构应根据《地球站国际协调与登记管理暂行办法》第六条的规定按照国际电信联盟《无线电规则》附录 4 附件 2 编制地球站协调资料（即卫星地球站的国际协调资料.mdb 数据库文件），确定协调状态，连同用户提交的申请材料一并报送至主管部门。由主管部门根据《地球站国际协调与登记管理暂行办法》要求处理地球站后续国际协调与登记相关工作。

- 地球站的技术特性、台（站）址选择符合国家规定的标准和有关规定，如在城区设置的发射地球站其天线直径不应超过 4.5 m，实际发射功率不应超过 20 W；发射设备通过国家无线电发射设备的型号核准。

- 地球站所属卫星通信网已获得批准。

- 所使用空间电台（站）、频率和极化与卫星通信网获得的批准文件一致。

- 地球站不会对周围已建或已受理申请的同频段其他无线电台（站）产生有害干扰。

- 拟用的国内空间电台（站）已经工业和信息化部批准，取得空间电台（站）执照。

- 或拟用的国外空间电台（站）已完成与我国相关卫星网络空间电台和地面电台（站）的频率协调，其技术特性符合双方主管部门之间达成的协议要求，取得工业和信息化部颁发的卫星无线电频率使用许可。

- 使用的频率符合国家无线电频率划分、规划和有关管理规定。

- 拟用的卫星频率资源由合法经营者提供。

- 符合法律、行政法规规定的开展有关业务应当具备的其他条件。

- 根据《无线电规则》附录 5 或 5.3.1.1 小节确定拟用卫星地球站涉及国际协调。

- 根据《无线电规则》第 21、22 条确定卫星地球站满足其中的规定和限值。

（3）国际协调程序

- 对于国家无线电管理机构确定涉及国际协调的卫星地球站，国家无线电管理机构会按照国际电信联盟有关规定和我国已建立的双边或多边协调机制，会同申请者与有关国家或地区进行国际协调，直到设置使用的卫星地球站完成与所有相关国家的协调后，依据《无线电规则》第 11 条有关条款履行国际登记程序（详见 5.4 节），并由相关省级无线电管理机构为该卫星地球站办理行政许可设台（站）审批。国际协调程序详见 5.3.1 小节，国际登记程序详见 5.4 节。

- 对于国家无线电管理机构判断不需要进行国际协调的卫星地球站，国家无线电管理机构会以书面形式告知相关省（自治区、直辖市）无线电管理机构或申请者，并说明原因。相关省级无线电管理机构按照《建立卫星通信网和设置使用地球站管理规定》进行正常国内行政许可设台审批。

- 启动国际协调后，针对有关国家提出的协调意见，国家无线电管理机构会同受理的省级无线电管理机构以及卫星地球站设置使用人，进行干扰分析，寻求解决干扰的可行方案，涉及卫星地球站特性参数变更的，会书面征得申请者的同意，并得到申请者的书面回复意见。

- 经协调，仍无法与相关国家达成卫星地球站协调协议的，申请者可书面承诺承受可能的潜在干扰，即对于卫星地球站发射频率指配未达成协调一致的，申请者须承诺一旦出现国际干扰问题，将无条件主动采取措施消除干扰，并承担由此可能产生的后果。对于卫星地球站接收频率指配未达成协调一致的，申请者应承诺承受可能的潜在干扰，并承担由此可能产生的损失。收到相关书面承诺后，国家无线电管理机构会通知相关省级无线电管理机构对该卫星地球站进行后续国内行政许可设台（站）审批。

- 一旦拟设置使用卫星地球站涉及国际协调且国家或设台（站）申请者有开展国际协调的需要，国家无线电管理机构会根据 5.3.1 小节，即《无线电规则》第 9.29 款或第 9.30 款的要求，将涉及 NGSO 卫星地球站与地面业务的协调（第 9.15 款）、卫星地球站与地面业务的协调（第 9.17 款）、反向工作的卫星地球站间的协调（第 9.17A 款）和地面业务发射电台、FSS 发射地球站与 BSS 典型地球站间的协调（第 9.19 款），按照《无线电规则》附录 4 附件 2 要求的卫星地球站参数.mdb 数据库文件、卫星地球站协调区图，连同主管部门签发的公函，一起通过电子邮件或传真等方式发送至所有受影响的主管部门，并抄送国际电联无线电通信局。

- 涉及 GSO FSS 特定地球站与 NGSO FSS 卫星系统间的协调（第 9.7A 款）和《无线电规则》第 5 条频率划分脚注列出使用第 9.21 款的频段，按照《无线电规则》附录 4 附件 2 要求的卫星地球站技术参数.mdb 数据库文件报送国际电联无线电通信局。国际电联无线电通信局会判断卫星地球站影响到的主管部门及其具体涉及的卫星网络资料和无线电台列表，并在空间业务《国际频率信息通报》光盘中公布。

- 涉及地球站国际协调的主管部门收到其他主管部门提出的国际协调要求后，应根据《无线电规则》第 9 条的规定进行处理。国际电联无线电通信局收到卫星地球站国际协调要求后，会在空间业务《国际频率信息通报》上公布，并协助相关主管部门开展协调或应答相关主管部门的求助等。发起卫星地球站协调的主管部门在与涉及国际协调的主管部门进行协调时，需要根据协调实际开展情况，处理往来函件以及相关的技术分析工作。

- 如果拟设置使用的卫星地球站的国际协调进展困难，可以根据地球站申请者的意愿决定是否继续运行国际协调。如果申请者希望继续进行国际协调，需要申请者在满足需求的情况下修正或调整卫星地球站参数，以使得国际协调能顺利完成；如果申请者不希望继续进行国际协调，在申请者出具相关书面承诺后，由相关无线电管理机构对卫星地球站进行国内行政许可设台审批。

（4）国际登记程序

- 详见 5.4 节。完成拟设置使用卫星地球站的国际协调后，国家无线电管理机构会通知受理申请的无线电管理机构开展国内行政许可设台审批工作。

  同时，根据地球站申请者的意愿和国家无线电管理机构的意见，决定是否开展卫星地球站国际通知登记工作。如果不需要进行国际通知登记，相关无线电管理机构可对该卫星地球站正常开展国内行政许可设台审批工作。如果需要进行卫星地球站国际通知登记，国家无线电管理机构还需要按照《无线电规则》第 11 条的相关规定准备通知登记资料，并提交国际电联无线电通信局进行审查。

- 国际电联无线电通信局收到我国关于该卫星地球站的通知登记请求后，对相关登记材料进行审查。审查合格后，国际电联无线电通信局将该卫星地球站登记进入《国际频率登记总表》，同时该卫星地球站的频率指配可获得国际规则赋予的受保护地位。

- 将卫星地球站国际通知登记资料提交给国际电联无线电通信局后，主管部门还需跟踪空间业务《国际频率信息通报》光盘中公布的相关信息以及国际电联无线电通信局审查过程中给出的需要处理的函件和技术分析等。

（5）后续维护

- 卫星地球站完成国际协调或登记进入《国际频率登记总表》并不代表所有国际相关事务的结束，而只是开始。要切实维护我国卫星地球站的国际地位，避免其他国家无线电台对我国已登记的卫星地球站产生有害干扰，还需要做好对卫星地球站资料的维护工作。

- 维护工作主要有两个方面：一方面是根据参数变更及时更新在国际电联无线电通信局登记的卫星地球站资料；另一方面是分析其他国家拟指配频率的无线电台是否会对我国已登记的卫星地球站产生有害干扰，并及时提出协调要求。

- 根据《无线电规则》和《程序规则》，登记进入《国际频率登记总表》的卫星地球站资料变更时，国际电联无线电通信局需要重新对其进行审查，当变更的参数对协调状态有影响时，相关主管部门还需重新履行协调和登记程序。

- 变更卫星地球站的参数和所用卫星的参数都需要及时对卫星地球站资料进行更新，根据国际规则相关条款，对登记进入《国际频率登记总表》的卫星地球站资料进行调整和开展相关的国际事务。国际电联无线电通信局根据相关规则条款，对参数变更后的卫星地球站资料进行如下审查。

  如果仅是所使用的卫星被接替，不影响原有的协调状态，则可直接履行登记程序。

  如果变更后的参数对协调状态有影响，就需要重新履行协调和登记程序。

  如果卫星地球站的参数和特性变更后，使得卫星地球站的协调区缩小，则不影响卫星地球站的协调状态，可直接履行登记程序。

  如果卫星地球站的参数和特性变更后，使得卫星地球站的协调区增大，则需与所有相关的主管部门重新开展国际协调。

  遇到卫星寿命到期，且没有后续卫星接替使用时，主管部门应尽快就卫星地球站的后续使用情况进行确认，并致函国际电联无线电通信局办理有关卫星地球站资料的变更或删除手续。

- 如前文所述，完成登记的卫星地球站频率指配享有受保护地位，其他国家在进行无线电频率指配时，尤其是地面业务频率指配登记时，需要避免对我国已登记的卫星地球站产生有害干扰。如存在干扰的可能性，则需与我国开展国际协调。

  实际上，其他国家在进行无线电频率指配时，不论是地面无线电台还是卫星地球站，只要其协调区覆盖我国领土范围就应与我国开展国际协调。其他国家拟对无线电台进行频率指配时，一旦需要与我国卫星地球站协调，应根据国际规则将电台参数致函我国或由国际电联无线电通信局在《国际频率信息通报》中发布。在相关国家启动协调的 4 个月内，我国需要提出回复意见，对于需要与我国协调或我国不同意其进行频率指配的，还应进一步给出相关的计算结果和建议等。

- 如果卫星地球站不涉及国际协调，但卫星地球站申请者在获得设台许可后，希望其得到国际保护，如卫星气象业务的单收站、空间研究相关卫星地球站以及射电天文台（不属于卫星地球站但管理模式与卫星地球站类似）等，由于接收灵敏度较高，容易受到其他无线电台的干扰，需要登记进入《国际频率登记总表》，以便其他国家在部署同频无线电台时，考虑对我国相关台（站）的保护。在此情况下，卫星地球站申请者需按照《地球站国际协调与登记管理暂行办法》的规定，提交《地球站国际协调和登记资料表》。受理申请的省级无线电管理机构应编制满足《无线电规则》附录 4 附件 2 要求的卫星地球站通知资料，连同申请者提交的申请材料一并报送至国家无线电管理机构，开展卫星地球站国际登记相关工作，详见 5.4 节。

5.3.2.2　接收其他主管部门提出的无线电台国际协调要求

接收其他主管部门提出的无线电台国际协调要求主要是指国外地面无线电业务寻求与我国卫星地球站间的协调。对此，应按照下述 4 个步骤开展工作。

（1）收到协调函及其初步处理

收到国外无线电主管部门送交的地面无线电业务频率协调函及相关资料后，首先确认协调函提及的无线电台是否满足以下要求：

① 符合《无线电规则》第 5 条频率划分、脚注和其他有关条款；

② 符合我国与该国签订的双边协议或其他协议性文件；

③ 所引用条款准确无误。

满足上述要求后，我国主管部门会在《无线电规则》第 9 条（详见 5.3.1.2 小节的时间节点）或协议规定的时限内回复外方主管部门收到协调函件，并进入 4 个月的正式审查阶段。

不满足上述要求的，我国主管部门会发函说明情况，并要求外方补正相关资料后复函，从而使得我国主管部门可获得外方提供的完整准确的协调资料。

（2）详细技术分析

获得外方完整准确的协调资料后，进入对该资料的详细技术分析阶段。

根据国际协调涉及的地域、频段、无线电业务种类，主管部门将卫星地球站协调资料和《边境地面业务协调函件处理流程单》发往相关省级无线电管理机构以及单位征询意见，并根据双边协议或国际电信联盟有关程序要求，明确反馈时限和要求。

应询单位收到上述资料后，根据国外卫星地球站资料及协调区域，对本辖区、本单位所涉及的无线电台进行分析，在要求的时限内反馈协调意见至国家无线电管理机构。

如在要求的时限内未收到反馈意见，国家无线电管理机构会提醒应询单位尽快处理，但经提醒 15 天后，仍未收到相关省级无线电管理机构和有关单位反馈意见的，视为同意完成协调。

（3）回复协调意见

国家无线电管理机构根据各方意见，结合对来函提及的无线电台的干扰分析结果，形成本次协调的汇总意见，并由国家无线电管理机构在国际规则规定的时限内发往相关国家无线电主管部门。

（4）维护

完成协调函的处理后，国家无线电管理机构及时将协调资料录入数据库，并将协调结果通知相关省级无线电管理机构和有关单位，由相关省级无线电管理机构及时在数据库中做相应标注。

如遇国外无线电主管部门对本次协调意见有异议的，还需启动新一轮的协调函件处理程序。

5.4　卫星地球站国际登记

5.4.1　需要履行登记程序的频率指配

《无线电规则》第 11.2 款规定了需要向国际电联无线电通信局提交通知资料，并履行登记程序的卫星地球站相关频率指配如下：

一、任一主管部门在对无线电台进行频率指配时，可能会对其他主管部门的无线电业务或台（站）产生有害干扰的频率指配；

二、用于国际间无线电通信的频率指配；

三、全球或区域内无自身通知程序的频率分配或指配规划；

四、须按照《无线电规则》第 9 条规定，履行协调程序的频率指配；

五、拟寻求国际认可的频率指配；

六、不符合《无线电规则》第 5 条的频率划分或与相关条款不一致，但主管部门希望供其他主管部门参考，且承诺在接到其他主管部门获得保护地位的无线电业务或台（站）提出干扰申诉时，会立即消除有害干扰，则该频率指配也可进入通知登记程序；

七、希望得到国际保护地位的特定射电天文台的任何接收频率；

八、与若干台（站）或卫星地球站有关的频率指配可以以某一有代表性的电台或卫星地球站的特性和预定操作地区的方式通知；

九、卫星地球站协调区包括另一主管部门领土，或者卫星地球站位于在相反发射方向操作的卫星地球站协调区内的卫星地球站的频率指配；

十、卫星地球站潜在干扰可能比协调使用的典型卫星地球站大的频率指配。

需要说明的是，卫星业余业务地球站的频率指配无须按照《无线电规则》第 11.2 款进行通知登记。

5.4.2　通知登记程序及其规则

5.4.2.1　通知登记程序

对照上节中需要登记的频率指配要求，确定卫星地球站相关频率指配是否需要通知登记进入《国际频率登记总表》。一旦需要，启动通知登记程序，将经过验证的、正确的卫星地球站通知资料连同主管部门签发的公函一并提交国际电联无线电通信局。

所有提交至国际电联无线电通信局的通知登记资料都需通过审查，经审查合格后，方能公布并登记进入《国际频率登记总表》。通知登记程序如图 5-9 所示。

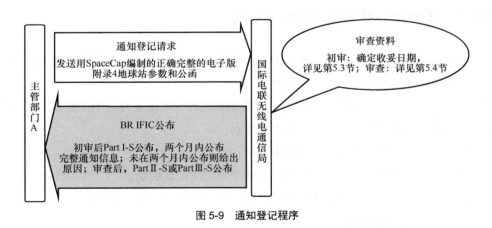

图 5-9　通知登记程序

5.4.2.2　通知资料的审查和公布

国际电联无线电通信局根据《无线电规则》第 11 条第 II 节对卫星地球站资料进行审查。首先对提交的完整通知资料进行初审，确定收妥日期。初审包括对资料完整性和正确性的审查，具体为资料是否满足《无线电规则》附录 4 要求的参数和特性，频率指配是否满足启用时限要求。在早先相关联通知资料没有得出审查结论前，后续通知资料视为未收妥。

一旦资料初审不合格，国际电联无线电通信局会暂停对该通知资料的处理，并告知相关通知主管部门原因，直到通知主管部门对该通知资料补充完整后，再为其履行后续审查。

对初审不合格或被退回的资料，按照下列情形进行处理。

（1）在国际电联无线电通信局给出意见后，通知主管部门可在规定时限内将缺失的资料或需要的澄清提交给国际电联无线电通信局，通知资料保留原来的收妥日期。

（2）若主管部门在规定时限内未将完整资料提交给国际电联无线电通信局，待国际电联无线电通信局收到完整资料后，会为该通知资料建立一个新的收妥日期。

（3）如果通知主管部门在规定时限内未对待补充的资料或要求的澄清完成处理，则该通知资料被退回给提交该通知资料的主管部门。

（4）对于还未经国际电联无线电通信局审查和公布的卫星地球站，若提交通知的主管部门欲删除或更改一个或一组指配、一个波束或其他特性时，该卫星地球站的其余部分仍可以保留最初的正式收妥日期，但新更改的部分需重新完成协调、通知审查和登记，并建立新的接收日期。

（5）对于经国际电联无线电通信局审查和公布的卫星地球站，若提交通知的主管部门欲删除或更改卫星地球站的部分特性时，国际电联无线电通信局会将该主管部门的删除或更改要求在最近的相关特节的修改中公布，同时国际电联无线电通信局会按收到日期的先后对删除或更改部分的技术特性进行审查。

初审完成后，国际电联无线电通信局会注上资料收妥日期（"As Received"）。收妥日期可从《国际频率信息通报》等途径查到。

根据第 11.28 款，在收妥日期后的两个月内，国际电联无线电通信局会通过《国际频率信息通报》Part I-S 特节公布通知资料的内容、相关图表和地图以及收妥日期，并作为对通知主管部门的通知资料的收妥确认。如果国际电联无线电通信局不能在上述时限内完成，须及时通知主管部门并说明原因。

卫星地球站完整通知资料在《国际频率信息通报》Part I-S 中公布后，国际电联无线电通信局将根据相关条款对该通知资料进行详细审查，将审查合格的资料登记进入《国际频率登记总表》，并公布在《国际频率信息通报》Part II-S 中，审查不合格的资料将退回给通知主管部门，并在《国际频率信息通报》Part Ⅲ-S 中公布。

根据第 11.30 款，国际电联无线电通信局对收妥的通知资料进行详细审查，审查内容见表 5-2，每一项审查均依据《无线电规则》相应条款的规定执行。

表 5-2　国际电联无线电通信局对通知资料进行审查的内容

《无线电规则》相关条款		审查内容
第 11.31 款（是否符合划分及其相关要求。与射电天文电台有关的通知仅按照第 11.31 款审查即可）	第 5 条	检查指配频率、必要带宽等是否与《无线电规则》第 5 条的频率划分表及其相应脚注、与脚注相关的决议和建议中划分给卫星地球站所在区域内进行的业务频段范围一致
	第 21.5 款	在 1～10 GHz 频段内，卫星地球站发射机发送到固定或移动业务电台天线的功率，不得超过+13 dBW；在大于 10 GHz 的频段内，卫星地球站发射机发送到固定或移动业务电台天线的功率，不得超过+10 dBW。但工作在 18.6～18.8 GHz 频段内的卫星地球探测（无源）和空间研究（无源）业务除外，详见第 21.5A 款
	第 21.5A 款	工作在 18.6～18.8 GHz 频段内的卫星地球探测（无源）和空间研究（无源）业务发送到同频共用固定业务电台每副天线输入端的每个射频（RF）载波频率的功率不得超过−3 dBW
	第 21 条第Ⅲ节（第 21.8 款到第 21.13A 款）	检查是否满足卫星地球站的功率限值 1. 卫星地球站在水平方向发送的等效全向辐射功率不应超过下列限值（第 21.10 款和第 21.11 款规定除外）（第 21.8 款）：在 1～15 GHz 频段内，水平仰角 $\theta{\leqslant}0°$，EIRP${\leqslant}40$ dB(W/4kHz)；$0°{<}\theta{\leqslant}5°$，EIRP${\leqslant}40+3\theta$ dB(W/4kHz)。在 15 GHz 以上频段，$\theta{\leqslant}0°$，EIRP${\leqslant}64$ dB(W/MHz)；$0°{<}\theta{\leqslant}5°$，EIRP${\leqslant}64+3\theta$ dB(W/MHz)。 2. 任何频段，卫星地球站在 $\theta{>}5°$ 时，原则上 EIRP 不受限制（第 21.9 款）； 3. 空间研究（深空）业务卫星地球站水平方向 EIRP 不受第 21.8 款限制，遵守：在 1～15 GHz 频段内，EIRP${\leqslant}55$ dB(W/4kHz)；在 15 GHz 以上频段，EIRP${\leqslant}79$ dB(W/MHz)（第 21.10 款）。 4. 上述第 21.8 款和第 21.10 款规定卫星地球站水平方向 EIRP 限值欲超出 10 dB 以内，若由此会导致卫星地球站协调区扩大到其他国家领土时，须经受影响主管部门同意才可使用（第 21.11 款）。 5. 1 610～1 626.5 MHz 频段的卫星无线电测定业务卫星地球站的 EIRP${\leqslant}-3$ dB(W/4kHz)（第 21.13 款）。 6. 在 13.75～14 GHz 频段内，天线直径小于 4.5 m 的 GSO FSS 卫星地球站的偏轴等效全向辐射功率不应超出以下限值（第 21.13A 款）：偏轴角 $2°{\leqslant}\varphi{\leqslant}7°$，EIRP${\leqslant}(43-25\lg\varphi)$dB(W/MHz)；$7°{<}\varphi{\leqslant}9.2°$，EIRP${\leqslant}22$ dB(W/MHz)；$9.2°{<}\varphi{\leqslant}48°$，EIRP${\leqslant}(46-25\lg\varphi)$ dB(W/MHz)；$\varphi{>}48°$，EIRP${\leqslant}4$ dB(W/MHz)
	第 21 条第Ⅳ节（第 21.14 款、第 21.15 款）	检查是否符合卫星地球站的最小仰角 除非有关主管部门和业务可能受影响的那些主管部门已商定，否则卫星地球站最低水平工作仰角不应小于 3°（第 21.14 款）；但空间研究业务（近地）地球站，不应使用仰角小于 5° 的天线进行发射；而空间研究业务（深空）地球站，不应使用仰角小于 10° 的天线进行发射（第 21.15 款）。若卫星地球站接收时，水平仰角小于上述对应限值，协调时也只能按照限值去计算

（续表）

《无线电规则》相关条款		审查内容
第 11.31 款（是否符合划分及其相关要求。与射电天文电台有关的通知仅按照第 11.31 款审查即可）	第 22 条第Ⅵ节（第 22.26 款到第 22.39 款）	检查是否满足 GSO FSS 卫星地球站的偏轴功率限值（下述偏轴功率限值不适用于两个以上互为直角平面的卫星地球站天线辐射） 1. 晴朗天气条件下，GSO FSS 卫星地球站的偏轴等效全向辐射功率不应超出以下限值（第 22.26 款）：偏轴角 3°≤φ≤7°，EIRP≤$(42-25\lg\varphi)$ dB(W/40kHz)；7°<φ≤9.2°，EIRP≤21 dB(W/40kHz)；9.2°<φ≤48°，EIRP≤$(45-25\lg\varphi)$ dB(W/40kHz)；48°<φ≤180°，EIRP≤3 dB(W/40kHz)。 2. 晴朗天气条件下，对于具有能量扩散的调频电视，可以超过第 22.26 款中限值最多 3 dB，但调频电视载波发射的总偏轴 EIRP 不得超过下列值（第 22.27 款）：偏轴角 3°≤φ≤7°，EIRP≤$(56-25\lg\varphi)$ dBW；7°<φ≤9.2°，EIRP≤35 dBW；9.2°<φ≤48°，EIRP≤$(59-25\lg\varphi)$ dBW；48°<φ≤180°，EIRP≤17 dBW。 3. 晴朗天气条件下，操作时无能量扩散的调频电视载波，每次都需与节目材料或合适的测试模式进行调制，此时调频电视载波发射的总离轴 EIRP 不得超过下列值（第 22.28 款）：偏轴角 3°≤φ≤7°，EIRP≤$(56-25\lg\varphi)$ dBW；7°<φ≤9.2°，EIRP≤35 dBW；9.2°<φ≤48°，EIRP≤$(59-25\lg\varphi)$ dBW；48°<φ≤180°，EIRP≤17 dBW。 4. 晴朗天气条件下，在 29.5～30 GHz 频段工作的 GSO FSS 卫星地球站的 90%偏轴等效全向辐射功率不应超出以下限值（第 22.32 款和第 22.36 款）：偏轴角 3°≤φ≤7°，EIRP≤$(28-25\lg\varphi)$ dB(W/40kHz)；7°<φ≤9.2°，EIRP≤7 dB(W/40kHz)；9.2°<φ≤48°，EIRP≤$(31-25\lg\varphi)$ dB(W/40kHz)；48°<φ≤180°（限制这类偏轴角对应的最大偏轴 EIRP 是考虑了天线的溢出影响），EIRP≤-1 dB(W/40kHz)。但对于较低仰角工作的卫星地球站，需抵抗较远距离和大气吸收损耗的影响，从而从 GSO 卫星得到与较高仰角终端相同的功率通量密度，因此对于具有低仰角的卫星地球站在上述偏轴 EIRP 上增加下述值：卫星地球站仰角 ε≤5°，最大偏轴 (EIRP+2.5) dB；5°<ε≤30°，最大偏轴 (EIRP+0.1$(25-\varepsilon)$ + 0.5) dB（第 22.38 款）。 5. 以正常模式操作（即卫星地球站向空间电台上接收天线发射指令和测距载波）发射的指令和测距载波在 12.75～13.25 GHz、13.75～14.5 GHz 和 29.5～30 GHz 频段内可以超过上述给定限值，但超出量不大于 16 dB（12.75～13.25 GHz 和 13.75～14.5 GHz）以及 10 dB（29.5～30 GHz）。在其他操作模式中和在不可抗力的情况下，向卫星发射的指令和测距载波不受上述给定限值的限制（第 22.34 款）。 6. 对于使用 CDMA 的 GSO 系统，可能会出现集总发射，因此上述限值应降低 $10\lg(N)$ dB，其中 N 是同时、同频发射地球站的数量（第 22.35 款）。 7. 上述限值在雨衰条件下，地球站使用上行功率控制时可以超过对应限值（第 22.37 款）
	第 9.21 款	需要达成的协调协议已完成或者如果频率指配没有对受影响主管部门的业务产生有害干扰，亦没有要求其保护，则即使未与之达成一致意见，这种指配登记也会得到国际电联无线电通信局合格的审查结论。若根据第 9.21 款，受影响主管部门未提出反对意见，这种频率指配登记亦将得到国际电联无线电通信局合格的审查结论
第 11.32 款（是否完成协调）	第 11.31 款（详见表 5-1）	在满足频率划分和其他相关要求的基础上，检查相应协调条款是否适用及其协调的完成情况。即，检查提交的电子数据库中的 A5/A6 项
		所用空间电台的服务区涵盖地球站

（续表）

《无线电规则》相关条款		审查内容
第11.32A款	第11.36款 第11.37款 第11.38款	按《无线电规则》第11.31款、第11.32款、第11.32A款、第11.33款或第11.34款审查合格的频率指配可登记进入《国际频率登记总表》，并注明已与其完成协调主管部门的名称以及与其还没有完成协调但得出合格结论的主管部门的名称。如有需要，即使按照第11.31款审查合格，还需根据第11.32款至第11.34款开展进一步审查，详见对应条款。否则，对于审查不合格的地球站，国际电联无线电通信局会将通知资料退回给通知方主管部门并注明后续采取的行动（详见下述第11.35款和第11.41款至第11.42款），若该指配不符合《无线电规则》频率划分，但不对《国际电信联盟组织法》《国际电信联盟公约》和《无线电规则》规定的任何电台产生有害干扰也不会提出受保护要求时，可将该频率指配登记进入《国际频率登记总表》，并保证一旦对其他合法台站产生干扰应立即消除
	第9.38款 第9.58款（尽力但未全部完成第9.7A款协调）	FSS GSO 特定地球站新的或修改的频率指配在《国际频率信息通报》公布后，虽然尽力但未全部完成与其他受影响的 FSS NGSO 主管部门的协调时，国际电联无线电通信局或通知方主管部门应分别采取《无线电规则》第11.35款、第11.41款到第11.42款的行动
	第11.41款 第11.41B款 第11.42款（尽力但未全部完成协调）	国际电联无线电通信局可将该指配登记进入《国际频率登记总表》但会注明未完成协调的主管部门。一旦这些协调完成，国际电联无线电通信局会将该备注删除；若收到未完成协调主管部门的受有害干扰申诉，通知方主管部门立即消除该干扰
	第11.41A款	国际电联无线电通信局按《无线电规则》第11.32A款或第11.33款审查后得出不合格结论，但卫星地球站按照第11.41款登记进入《国际频率登记总表》，若卫星地球站使用的空间电台未在规定的期限内启用，则国际电联无线电通信局会对该频率指配进行复审
	第11.35款	国际电联无线电通信局未能按《无线电规则》第11.32A款或第11.33款审查，国际电联无线电通信局会立即通知提出通知的主管部门；若按《无线电规则》第11.32A款或第11.33款审查不合格，则通知方主管部门可按照第11.41款重新提交卫星地球站通知资料
第11.33款	第11.36款 第11.37款 第11.38款	按《无线电规则》第11.36、11.37款和第11.38款审查合格的频率指配登记进入《国际频率登记总表》；否则，将通知资料退回给通知方主管部门并注明后续采取的行动（详见第11.35款、第11.41款到第11.42款），但若该指配不符合《无线电规则》的频率划分表，且不对《国际电信联盟组织法》《国际电信联盟公约》和《无线电规则》规定的任何电台产生有害干扰也不会提出保护要求，如有需要，可将该指配登记进入《国际频率登记总表》，并保证一旦产生干扰立即消除。若与《无线电规则》的频率划分表相符，即使保证了不会对任何电台产生有害干扰也不提出保护要求，且保证一旦产生干扰应立即消除，在没有完成相关协调程序前也不能将该指配登记进入《国际频率登记总表》
	第11.41款 第11.41B款 第11.42款 （尽力，但未全部完成协调）	国际电联无线电通信局可将该指配登记进入《国际频率登记总表》，但会注明未完成协调的主管部门。一旦这些协调完成，国际电联无线电通信局会将该备注删除；在收到未完成协调主管部门的受干扰申诉后，通知方主管部门立即消除该干扰

（续表）

《无线电规则》相关条款		审查内容
第 11.35 款	第 11.32A 款 第 11.33 款 第 11.41 款	国际电联无线电通信局未能按《无线电规则》第 11.32A 款或第 11.33 款审查，国际电联无线电通信局会立即通知提出通知的主管部门；若按《无线电规则》第 11.32A 款或第 11.33 款审查不合格，则通知方主管部门可按照第 11.41 款重新提交通知资料
第 11.36 款	第 4.4 款 第 8.5 款 第 11.31 款 第 11.32 款 第 11.32A 款 第 11.33 款	对于符合频率划分表和其他相关条款的频率指配，且无须或已完成协调，应将该频率指配登记进入《国际频率登记总表》；否则，按照《无线电规则》第 11.32 款至第 11.33 款继续进行相关审查或处理。对于不符合频率划分表和其他相关条款的频率指配应将该频率指配的通知资料退回通知方主管部门，并注明采取的合适行动。但有一个例外：当该频率指配不符合《无线电规则》的频率划分表，且不对《国际电信联盟组织法》《国际电信联盟公约》和《无线电规则》规定的任何电台产生有害干扰也不会对该指配提出保护要求时，如有需要，可将该指配登记进入《国际频率登记总表》，并保证一旦产生干扰应立即消除。若与《无线电规则》的频率划分表相符，即使保证了不会对任何电台产生有害干扰也不提出保护要求，且保证一旦产生干扰应立即消除，在没有完成相关协调程序前也不能将该指配登记进入《国际频率登记总表》
第 11.37 款	第 11.32 款 第 11.32A 款 第 11.33 款	对于已完成协调的频率指配，应将该指配登记进入《国际频率登记总表》，并注明已与其完成协调的主管部门名称；否则，若适用于《无线电规则》第 11.32A 款和第 11.33 款，则继续相关审查或处理；若不适用于《无线电规则》第 11.32A 款和第 11.33 款，则将该频率指配的通知资料退回通知方主管部门，并注明采取的合适行动
第 11.38 款	第 11.32A 款 第 11.33 款	将尽力但未全部完成协调的频率指配登记进入《国际频率登记总表》，须注明已与其完成协调的主管部门名称和还未完成协调但得出有利结论的主管部门的名称；否则，将该频率指配的通知资料退回通知方主管部门，并注明采取的合适行动
第 11.41 款	第 11.38 款 第 11.42 款	按《无线电规则》第 11.38 款审查不合格被退回的通知资料，若提出通知的主管部门再次提交该通知并坚持要求重新考虑时，国际电联无线电通信局须将该指配登记进入《国际频率登记总表》并注明使其指配审查不合格的主管部门名称。在收到这些未完成协调主管部门的受干扰申诉后，通知方主管部门应立即消除该干扰
第 11.41A 款	第 11.32A 款 第 11.33 款 第 11.25 款 第 11.41 款	国际电联无线电通信局按《无线电规则》第 11.32A 款或第 11.33 款审查后得出不合格结论的，但卫星地球站按照第 11.41 款登记进入《国际频率登记总表》，若卫星地球站使用的空间电台未在规定的期限内启用，则国际电联无线电通信局会对该频率指配进行复审
第 11.41B 款	第 11.32 款	在《国际频率登记总表》中存在有未完成协调的主管部门的频率指配，一旦这些协调完成时，国际电联无线电通信局应将该未完成协调的主管部门的备注删除
第 11.42 款	消除干扰	在收到未完成协调主管部门的受干扰申诉后，提出通知的主管部门应立即消除该有害干扰
第 11.43B 款	未引入更多干扰	当对符合第 11.31 款的某一指配的特性进行更改时，如果国际电联无线电通信局按照第 11.32 款至第 11.34 款的合适条款得出合格的审查结论或认为该项更改对已经登记的指配并不增大有害干扰的可能性，被修改的指配在登记总表内应保留原来的登记进入日期。国际电联无线电通信局收到关于该项更改的通知单时的日期应记入《国际频率登记总表》

（续表）

《无线电规则》相关条款		审查内容
第11.43D款	重新提交日期	当提出通知的主管部门重新提交通知单并要求国际电联无线电通信局按照第9.7款至第9.19款进行所需的协调时，国际电联无线电通信局应按照第9条和第11条的有关规定采取必要的行动。但是在随后登记指配时，国际电联无线电通信局收到重新提交的通知单时的日期应记入"附注"栏内
第11.46款	重新提交	通知方主管部门在国际电联无线电通信局将不合格的通知资料退回后的6个月内重新提交的可保留上一次的提交收妥日期；否则国际电联无线电通信局会将该通知资料作为新的通知资料

5.4.2.3　退回通知资料

国际电联无线电通信局退回卫星地球站通知资料时，需要详细列出退回资料所依据的条款，必要时可提供相关的建议。

主管部门在收到被退回的卫星地球站通知资料后，应首先复核国际电联无线电通信局给出的理由和建议，查阅《无线电规则》《程序规则》或本章相关内容，对通知资料进行相应的修订。修订原则可参见表5-2。

需要说明一点，当不合格的结论来自不满足《无线电规则》第11.31款相关限值要求时，如该限值满足主管部门间签署的协调协议，则只需将该协议名称和相关内容告知国际电联无线电通信局。国际电联无线电通信局会在收到协议后将不合格审查结论更改为合格。

5.4.2.4　修改卫星地球站频率指配的审查

主管部门对已完成登记的卫星地球站频率指配进行修改后，将卫星地球站通知资料提交国际电联无线电通信局。国际电联无线电通信局将对修改后的资料重新进行审查。根据修改内容的不同，国际电联无线电通信局审查的方式和处理程序也不同。

卫星地球站资料的修改可分为仅修改卫星地球站所用空间电台的轨道位置、仅修改所用空间电台（也包括旧的空间电台被新的空间电台替换）、修改卫星地球站其他特性等。国际电联无线电通信局具体审查的主要内容和处理方式如下。

（1）检查变更后的卫星网络资料是否登记进入《国际频率登记总表》中，且所用空间电台的服务区是否涵盖该卫星地球站所在区域。

（2）在满足所用卫星网络资料已登记进入《国际频率登记总表》、服务区覆盖卫星地球站所在区域后，查看该卫星地球站的国际协调完成情况。即，建立新的协调区等值线并与更改前的协调区对比，如果协调距离增大，需重新与协调区内的主管部门进行协调；如果协调距离并未增大，且各项特性参数也未超过变更前的卫星地球站参数，则认为该卫星地球站的国际协调已完成。

（3）查看该卫星地球站需满足的限值和要求等。即，审查所有受空间电台轨位变化或替换而更改的以及直接变更的特性和参数是否会引起比更改前更大的干扰。

若更改后卫星地球站的各项频率指配特性导致的干扰并未超过原卫星地球站引起的干扰时，国际电联无线电通信局会认定该指频率指配修改为原卫星地球站通知资料的变更；否则，遵照表 5-2 中的相关项目和条款进行审查，且该频率指配修改会被作为一份新的通知资料进行审查，而不是原通知资料的变更。

根据《无线电规则》第 9.19 款进行协调的，卫星地球站参数修改后的发射卫星地球站的功率通量密度应在卫星广播业务服务区的边缘进行计算，若此 PFD 较原卫星地球站的 PFD 值增大，则均需与受影响主管部门重新开展国际协调。

需要注意的是，原通知资料被国际电联无线电通信局保留，意味着在《国际频率登记总表》中显示的是对原通知资料的修改 M（modification），即通知资料编号（notice ID）不变，只是资料状态中添加 M。如果经过国际电联无线电通信局审查后在《国际频率登记总表》中公布的是一份新的通知资料，即资料编号为一个新的编号时，即使该资料是对原资料的特性和参数进行了一些调整和修改，也只能作为一份新的通知资料。

（4）频率指配被修改的卫星地球站，若在修改前该频率指配已启用，那么修改后的频率指配须在修改通知资料被收妥后 5 年内启用；若在修改前该频率指配还未启用，那么修改频率指配后的卫星地球站仍须在规定期限内启用，即根据《无线电规则》第 11.25 款规定卫星地球站在登记进入《国际频率登记总表》后 3 年内启用。

5.4.2.5　卫星地球站所用空间电台频率指配删除或暂停的处理

当已登记的卫星地球站所使用的卫星网络被删除或暂停使用，国际电联无线电通信局会审查与该卫星网络相关的所有完成登记的卫星地球站资料，并发函建议卫星地球站登记主管部门对卫星地球站资料进行必要的处理，如主动删除资料或修改卫星地球站所使用的卫星网络信息等。

5.4.2.6　反向操作卫星地球站的特殊审查

国际电联无线电通信局在对反向操作卫星地球站的频率指配通知资料审查中，除按照第 5.4.2 小节中的要求进行审查，还将一并考虑其对已登记进入《国际频率登记总表》的卫星地球站的干扰情况。

如果在反向操作卫星地球站通知资料被国际电联无线电通信局收妥之日起的 3 年内，有主管部门认为该卫星地球站的频率指配需要按照《无线电规则》第 9.17A 款进行协调，并且不同意就该卫星地球站的频率指配完成协调，或对该反向操作卫星地球站的技术特性表示了不同意见，国际电联无线电通信局会重新审查反向操作卫星地球站的频率指配情况，并给出相应的处理结果。

需要注意的是，如果在反向操作卫星地球站通知资料被国际电联无线电通信局收妥后的 3 年内，国际电联无线电通信局未能在《无线电规则》第 11.28 款规定的期限内公布卫星地球站通知资料，则国际电联无线电通信局在审查该通知资料时会考虑该资料公布之日起 3 个月以后收到的意见。

第6章

卫星地球站国际协调相关技术分析

按照第 5 章所述，卫星地球站国际协调主要分为两大类：一类是我国主管部门发起的卫星地球站国际协调；另一类是我国主管部门接收其他国家主管部门发起的无线电台国际协调要求。不论是哪一方发起国际协调，地球站国际协调有关的技术分析是相同的，主要包括卫星地球站协调区计算和无线电台之间的干扰分析。计算卫星地球站协调区的目的是确定潜在受影响的区域。在此区域内卫星地球站可能会对同频地面电台、反向工作的卫星地球站产生潜在干扰，因此有必要对协调区内的同频受影响无线电台进行具体分析评价后，再确定设置使用的卫星地球站是否对其他已获得合法地位的无线电台产生有害干扰。若卫星地球站不会对同频其他无线电台产生有害干扰，则不需要进行国际协调。

6.1 卫星地球站协调区计算

6.1.1 概述

针对特定地球站，根据拟分析地球站的参数、频率指配、传输方向（发射或接收）以及是否为双向共用频段，来获取协调距离所需输入参数，然后根据下述大圆传播机制[①]（又称传播模式 1）和水汽散射传播机制[②]（又称传播模式 2），计算出地球站每个方位角的最大协调距离，从而生成协调区，最后结合我国省界线和国界线，获取协调区

[①] 适用频率范围为 100 MHz～105 GHz。在确定传播模式 1 所需距离时，将频率适用范围具体分为 3 部分考虑：100～790 MHz 的 VHF、UHF 频率的传播计算，以预测路径损失曲线为基础，时间百分数 p 为普通年份的 1%～5%；790 MHz～60 GHz 使用对流层散射、波导及层反射、折射方式的传播模式计算，时间百分数 p 为普通年份的 0.001%～50%；60～105 GHz 及更高频率上，仅保守考虑自由空间损耗及气体吸收损耗，时间百分数 p 为普通年份的 0.001%～50%。计算传播模式 1 所需距离时会用到相应无线电气候区参数。

[②] 适用频率范围为 1～40.5 GHz，传播方式 2 使用水汽散射（如雨散射）方式确定其等值线。

内可能受影响的省（自治区、直辖市）、国家和地区列表，计算流程如图 6-1 所示。详细计算方法还可参见《无线电规则》附录 7（AP7）《在 100 MHz 至 105 GHz 间各频段内确定地球站周围协调区的方法》。

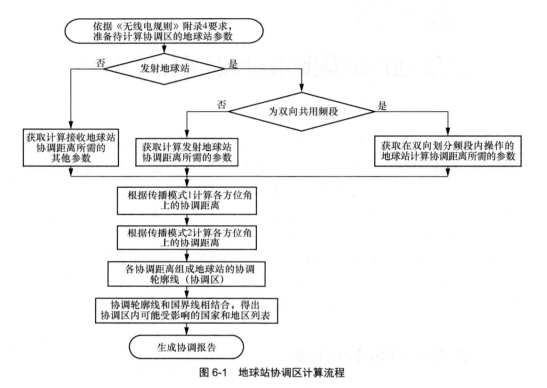

图 6-1　地球站协调区计算流程

不高于 60 GHz 频段中传播模式 1 的最大协调距离见表 6-1。若地球站是发射地球站，除了《无线电规则》附录 4 附件 2 相关的参数，计算地球站的协调区还需获取表 6-2 所示参数；同理，若地球站是接收地球站，计算地球站的协调区还需获取表 6-3 所示参数；若地球站是在双向划分频段操作的地球站，计算地球站的协调区还需获取表 6-4 所示参数。

表 6-1　不高于 60 GHz 频段中传播模式 1 的最大协调距离

无线电气候区	d_{max1}/km
A1	500
A2	375
B	900
C	1 200

表 6-2 计算发射地球站协调距离所需的额外参数

		148~149.9	401~403	433.75~434.25	449.75~450.25	806~840	1427~1429	1610~1626.5	1668.4~1675	1750~1850	1980~2025	2025~2110、2110~2120（深空）
发射的空间无线电通信业务		卫星移动、空间操作	卫星地球探测、卫星气象	空间操作	空间研究、空间操作	卫星移动	空间操作	卫星移动、卫星无线电测定	卫星移动	空间操作、空间研究	卫星移动	空间研究、空间操作、卫星地球探测
频段/MHz		148~149.9	401~403	433.75~434.25	449.75~450.25	806~840	1427~1429	1610~1626.5	1668.4~1675	1750~1850	1980~2025	2025~2110、2110~2120（深空）
接收的地面业务		固定、移动	气象辅助、固定、移动	业余、无线电定位、固定、移动、无线电广播、定位	业余、无线电定位、固定、移动、无线电广播、定位	固定、移动、航空无线电导航	固定、移动	航空、无线电导航	固定、移动	固定、移动	固定、移动	固定、移动
地面电台的调制方式		模拟	模拟/数字	数字	数字	模拟、数字	模拟/数字		模拟/数字	模拟/数字	数字	模拟
地面电台干扰参数和标准	p_0	1.0%	0.01%	0.01%	0.01%	0.01%	0.01%		0.01%	0.01%	0.01%	0.01%
	n	1	2	2	2	2	2		2	2	2	2
	p	1.0%	0.005%	0.005%	0.005%	0.005%	0.005%		0.005%	0.005%	0.005%	0.005
	N_f/dB	—	0	0	0	0	0		0	0	0	0
	M_s/dB	—	20	20	20	20	33		33	33	26	26
	W/dB	—	0	0	0	0	0 / 33		0	0 / 33	0	0
地面电台参数	G_x/dBi	8	16	16	16	16	33		35	35	49	49
	T_e/K	—	750	750	750	750	750		750	750	500	500
基准带宽	B/Hz	4 000	750	750	750	12 500	4 000 / 10^6		4 000 / 10^6	4 000 / 10^6	4 000	4 000
允许的干扰功率	B 内的 $P_r(p)$/dBW	−153	−139	−139	−139	−139	−131 / −107		−131 / −107	−131 / −107	−140	−140

（续表）

	卫星固定、卫星移动	卫星航空移动(R)业务	卫星航空移动(R)业务	卫星固定	卫星固定	卫星固定		卫星地球探测、空间操作、空间研究		卫星固定、卫星移动、卫星气象		卫星固定		卫星固定		卫星固定	卫星固定	卫星固定	卫星固定
频段/GHz	2.655~2.69	5.03~5.091	5.091~5.15	5.091~5.15	5.725~5.85	5.725~7.075		7.1~7.25		7.9~8.4		10.7~11.7		12.5~14.8		13.75~14.3	15.43~15.65	17.7~18.4	19.3~19.7
接收的地面业务类别	固定、移动	航空无线电导航	航空无线电导航	航空无线电导航	无线电定位	固定、移动		固定、移动		固定、移动		固定、移动		固定、移动		无线电定位、航空无线电导航(仅陆地)	航空无线电导航	固定、移动	固定、移动
地面电台的调制	模拟					模拟	数字	模拟	数字	模拟	数字	模拟	数字	模拟	数字	–		数字	数字
p_0	0.01%					0.01%	0.005%	0.01%	0.005%	0.01%	0.005%	0.01%	0.005%	0.01%	0.005%	0.01%		0.005%	0.005%
n	2					2	2	2	2	2	2	2	2	2	2	1		2	2
p	0.005%					0.005%	0.0025%	0.005%	0.0025%	0.005%	0.0025%	0.005%	0.0025%	0.005%	0.0025%	0.01%		0.0025%	0.0025%
N_r/dB	0					0	0	0	0	0	0	0	0	0	0	0		0	0
M_s/dB	26					33	37	33	37	33	37	33	40	33	40	1		25	25
W/dB	0					0	0	0	0	0	0	0	0	0	0	0		0	0
G_x/dBi	49	6	10	6		46	46	46	46	46	46	50	50	52	52	36		48	48
T_e/K	500	15×10⁴	15×10⁴	15×10⁴		750	750	750	750	750	750	1 500	1 100	1 500	1 100	2 636		1 100	1 100
基准带宽 B/Hz	4 000	37 500	37 500	10⁶		4 000	10⁶	4 000	10⁶	4 000	10⁶	4 000	10⁶	4 000	10⁶	10⁷		10⁶	10⁶
允许的干扰功率 $P_r(p)$/dBW	-140	-160	-157	-160	-143	-131	-103	-131	-103	-131	-103	-128	-98	-128	-98	-131		-113	-113

（续表）

发射的空间无线电通信业务 频段/GHz	卫星固定 24.75~25.25, 27.0~29.5	卫星固定 24.65~25.25, 27~27.5	卫星固定 NGSO 28.6~29.1	卫星固定 27.5~28.6, 29.1~29.5	空间研究 34.2~34.7	卫星地球探测、空间研究 40.0~40.5	卫星固定、卫星移动（馈线）、卫星无线电导航 42.5~47, 47.2~50.2, 50.4~51.4	卫星固定 NGSO 47.2~50.2	卫星固定 51.4~52.4
接收地面业务名称	固定（HAPS除外）、移动	固定（HAPS地面台站）	固定、移动	固定、移动	固定、移动、无线电定位	固定、移动	固定、移动、无线电导航	固定、移动	固定、移动
地面电台干扰方式 调制方式	N	N	N	N		N	N	N	N
地面电台干扰参数和标准 p_0	0.005%	0.01%	0.005%	0.005%		0.005%	0.005%	0.001%	0.005%
n	1	1	2	1		1	1	1	1
p	0.005%	0.005%	0.0025%	0.005%		0.005%	0.005%	0.001%	0.005%
N_L/dB	0	0	0	0		0	0	0	0
M_S/dB	25	10	25	25		25	25	25	25
W/dB	0	0	0	0		0	0	0	0
地面电台参数 G_e/dBi	50	0^5	50	50		42	42	46	42
T_e/K	2 000	350	2 000	2 000		2 600	2 600	2 000	2 600
参考带宽 B/Hz	10^6	10^6	10^6	10^6		10^6	10^6	10^6	10^6
允许的干扰功率 B内的 $P_r(p)$/dBW	−111	−134	−111	−111		−110	−110	−111	−110

表 6-3　计算接收地球站协调距离所需的额外参数

接收的空间无线电通信业务	空间操作、空间研究、卫星气象、卫星移动	空间研究	空间研究、空间操作	空间操作	卫星移动	卫星气象	空间研究	空间操作	卫星气象	卫星广播	卫星移动	卫星广播（DAB）	卫星移动、卫星陆地移动、卫星水上移动
频段/MHz	137~138	143.6~143.65	174~184	163~167, 272~273	335.4~399.9	400.15~401	400.15~401	401~402	460~470	620~790	856~890	1452~1492	1518~1530, 1555~1559, 2160~2200
发射地面业务名称	固定、移动	固定、移动、无线电定位	固定、移动、广播	固定、移动	固定、移动	气象辅助	气象辅助	气象辅助、固定、移动	固定、移动	固定、移动、广播		固定、移动、广播	固定、移动
地球站的调制方式	数字	数字		数字		数字	数字	数字	数字			数字	数字
p_0	0.1%	0.1%		1.0%		0.012%	0.1%	0.1%	0.012%				10%
n	2	2		1		1	2	2	1			1	1
p	0.05%	0.05%		1.0%		0.012%	0.05%	0.05%	0.012%				10%
N_L/dB	0	0		0		0	0	0	0				0
M_s/dB	1	1		1		4.3	1	1					1
W/dB	0	0		0		0	0	0	0				0
地面电台参数 B 内的 EIRP/dBW 模拟	—	—		15		—	—	—	5			38	37
B 内的 EIRP/dBW 数字	—	—		15		—	—	—	5			38	37
B 内的 P_t/dBW 模拟	—	—		-1		—	—	—	-11			3	0
B 内的 P_t/dBW 数字	—	—		-1		—	—	—	-11			3	0
G_x/dBi	—	—		16		—	—	—	16			35	37
参考带宽 B/Hz	1	1		10^3		177 500	1	1	85			25×10^3	4×10^3
允许的干扰功率 $P_r(p)$/dBW	-199	-199		-173		-148	-208	-208	-178			-176	-176

（续表）

接收的空间无线电通信业务	空间操作（GSO 和 NGSO）	卫星气象辅（NGSO）	卫星气象辅助（GSO）	近地球空间研究（NGSO 和 GSO）无人	近地球空间研究（NGSO 和 GSO）有人	深空空间研究（NGSO）	空间操作（NGSO 和 GSO）	卫星地球探测（GSO）	卫星广播	卫星移动，卫星无线电测定	卫星固定，卫星广播（模拟）	卫星固定，卫星广播（数字）	卫星固定（模拟）	卫星固定（数字）
频段/GHz	1.525～1.535	1.67～1.71	1.67～1.71	1.7～1.71, 2.2～2.29	1.7～1.71, 2.2～2.29	2.29～2.3	2.2～2.3	2.2～2.29	2.31～2.36	2.4835～2.5	2.5～2.69	2.5～2.69	3.4～4.2	3.4～4.2
发射地面业务名称	固定	固定、移动、气象辅助	固定、移动、气象辅助	固定、移动	固定、移动	固定、移动	固定、移动	固定、移动、无线电定位	固定、移动、无线电定位	固定、移动、无线电定位	固定、移动	固定、移动	固定、移动	固定、移动
地球站的调制方式	数字	数字	数字	数字	数字	数字	数字	数字		数字	模拟	数字	模拟	数字
p_0	1.0%	0.006%	0.011%	0.1%	0.001%	0.001%	1.0%	1.0%		10%	0.03%	0.003%	0.03%	0.005%
n	1	3	2	2	1	1	2	2		1	3	3	3	3
p	1.0%	0.002%	0.005 5%	0.05%	0.001%	0.001%	0.5%	0.5%		10%	0.01%	0.001%	0.01%	0.001 7%
N_l/dB	0	0	0	0	0	0	0			0	1	1	1	1
M_s/dB	1	2.8	0.9	1	1	0.5	1			1	7	2	7	2
W/dB	0	0	0	0	0	0	0			0	4	0	4	0
G_x/dBi														
地面电台参数　B 内的 EIRP/dBW 模拟	50	92	92	-27	-27	-27	72	72		37	72	72	55	55
地面电台参数　B 内的 EIRP/dBW 数字	37	-	-	-27	-27	-27	76	76		37	76	76	42	42
地面电台参数　B 内的 P_l/dBW 模拟	13	40	40	-71	-71	-71	28	28		0	28	28	13	13
地面电台参数　B 内的 P_l/dBW 数字	0	-	-	-71	-71	-71	32	32		0	32	32	0	0
地面电台参数　G_x/dBi	37	52	52	44	44	44	44	44		37	44	44	42	42
参考带宽 B/Hz	10^3	10^6	4×10^3	1	1	1	10^6	10^6		4×10^3	10^6	10^6	10^6	10^6
允许的干扰功率 B 内的 $P_r(p)$/dBW	-184	-142	-177	-216	-216	-222	-154	-154		-176				

（续表）

接收的空间无线电通信业务	频段/GHz	发射地面业务名称	地球站的调制方式	p_0	n	p	N_t/dB	M_s/dB	W/dB	G_r/dBi	B内的 E/dBW（模拟）	B内的 E/dBW（数字）	B内的 P_t/dBW（模拟）	B内的 P_t/dBW（数字）	参考带宽 B/Hz	允许的干扰功率 B内的 $P_r(P_t)$/dBW
卫星固定	4.5~4.8	固定、移动	模拟	0.03%	3	0.01%	1	7	4	92	42	40	0	52	10^6	
卫星固定	4.5~4.8	固定、移动	数字	0.005%	3	0.0017%	1	2	0	92	42	40	0	52	10^6	
卫星固定、卫星无线电测定	5.150~5.216	航空无线电导航														
卫星固定	6.7~7.075	固定、移动	数字	0.005%	3	0.0017%	1	2	0	55	42	13	0	42	10^6	-151.2
卫星固定	7.25~7.75	固定、移动	模拟	0.03%	3	0.01%	1	7	4	55	42	13	0	42	10^6	
卫星固定	7.25~7.75	固定、移动	数字	0.005%	3	0.0017%	1	2	0	55	42	13	0	42	10^6	
卫星气象	7.45~7.55	固定、移动	数字	0.002%	2	0.001%	–	–	–	55	42	13	0	42	10^7	-125
卫星气象	7.75~7.9	固定、移动	数字	0.001%	2	0.0005%	–	–	–	55	42	13	0	42	10^7	-125
卫星地球探测		固定、移动	数字	0.083%	2	0.0415%	1	2	0	55	42	13	0	42	10^6	-154
卫星地球探测	8.025~8.4	固定、移动	数字	0.011%	2	0.0055%	0	4.7	0	55	42	13	0	42	10^6	-142
空间研究（深空）	8.4~8.45	固定、移动	数字	0.001%	1	0.001%	0	0.5	0	25	-18	-17	-60	42	1	-220
空间研究	8.45~8.5	固定、移动	数字	0.1%	2	0.05%	0	1	0	25	-18	-17	-60	42	1	-216
卫星固定	10.7~12.75、13.4~13.65		模拟	0.03%	2	0.015%	7	4	40	43	-5	-2	45	45	10^6	
卫星固定	10.7~12.75、13.4~13.65		数字	0.003%	1	0.0015%	4	0	40	43	-5	-2	45	45	10^6	
卫星广播	12.5~12.75		模拟	0.03%	2	0.015%	7	4	10	55	42	10	-3	45	$27×10^6$	-131
卫星广播	12.5~12.75		数字	0.03%	1	0.015%	4	0	10	55	42	10	-3	45	$27×10^6$	-131
卫星广播	17.7~17.8	固定	数字	0.03%	1	0.03%	1	4	0	47	40	40	-7	47		
卫星固定	17.7~18.8、19.3~19.7	固定、移动	数字	0.003%	2	0.0015%	1	6	0	35	40	-10	-5	45	10^6	

（续表）

接收的空间无线电通信业务		卫星气象	卫星固定	卫星固定(NGSO)(MSS馈线)	卫星广播	卫星地球探测(NGSO)	卫星地球探测(GSO)	空间研究(深空)	空间研究(无人)	空间研究(有人)	卫星固定(NGSO)	卫星固定(GSO)	卫星移动	卫星广播、卫星固定	卫星移动	卫星无线电导航
频段/GHz		18~18.4	17.8~18.6、18.8~19.3	19.3~19.7	21.4~22	25.5~27	25.5~27	31.8~32.3	37~38	37~38	37.5~40.5	37.5~40.5	39.5~40.5	40.5~42.5	43.5~47	43.5~47
发射地面业务类别		固定、移动						固定、无线电导航	固定、移动					广播、固定	移动	
地球站的调制方式		数字	数字	数字		数字	数字	数字	数字	数字	数字	数字	数字	—	数字	
地球站干扰参数和标准	p_0	0.05%	0.003%	0.01%		0.25%	0.25%	0.001%	0.1%	0.001%	0.02%	0.003%				
	n	2	2	1		2	2	1	1	1	—	2				
	p	0.025%	0.001 5%	0.01%		0.125%	0.125%	0.001%	0.1%	0.001%	—	0.001 5%				
	N_r/dB	0	0	0		0	0	1	0	0	1	1				
	M_{sl}/dB	18.8	5	5		11.4	14	1	1	1	6.8	6				
	W/dB	0	0	0		0	0	0			0	0				
地面电台参数	B内EIRP/dBW 模拟															
	数字	40	40	40	40	42	42	-28	-28		35	35	35	44	40	40
	B内P_t/dBW 模拟															
	数字	-7	-7	-7	-7	-3	-3	-81	-73	-73	-10	-10	-10	-1	-7	-7
	G_{st}/dBi	47	47	47	47	45	45	53	45	45	45	45	45	45	47	47
参考带宽 B/Hz		10^7	10^6	10^6		10^7	10^7	1	1	1	10^6	10^6	10^6	10^6		
允许的干扰功率 $P_r(p)$/dBW		-115	-140	-137		-120	-116	-216	-217	-217	-140					

表 6-4　计算在双向划分频段操作的地球站的协调距离所需的额外参数

项目												
发射地球站运营的空间业务名称	卫星移动	卫星地球探测、卫星气象	卫星移动		卫星固定、卫星移动	卫星航空移动(R)业务		卫星固定(NGSO MSS(馈线))	卫星固定	卫星固定、卫星气象	卫星固定	
频段/GHz	0.272~0.273	0.401~0.402	1.670~1.675		2.655~2.69	5.030~5.091		5.15~5.216	6.7~7.075	8.025~8.4		
接收地球站运营的空间业务名称	空间操作	空间操作	卫星气象		卫星固定、卫星广播	卫星航空移动业务		卫星无线电测定	卫星固定	卫星地球探测	卫星地球探测	
轨道	NGSO	NGSO	NGSO	GSO		NGSO	GSO	NGSO	NGSO	NGSO	GSO	
接收地球站的调制方式	数字	数字	数字	数字					数字	数字	数字	
接收地球站的干扰参数和标准　p_0	1.0%	0.1%	0.006%	0.011%					0.005%	0.011%	0.083%	
n	1	2	3	2					3	2	2	
p	1.0%	0.05%	0.002%	0.005 5%					0.001 7%	0.005 5%	0.041 5%	
N_l/dB	0	0	0	0					1	0	1	
M_{sl}/dB	1	1	2.8	0.9	2			2	2	4.7	2	
W/dB	0	0	0	0					0	0	0	
接收地球站的参数　G_m/dBi	20	20	30	45		45	45	48.5	50.7			
G_r/dBi	19	19	19	8		8	8	10	10	10	8	
ε_{min}/°	10	10	5	3	3	10	10	3	3	5	3	
T_e/K	500	500	370	118	75	340	340	75	75	10^6		
基准带宽　B /Hz	10^3	1	10^6	4 000		37 500		75	10^6	10^6	10^6	
允许的干扰功率　B 内 $P_r(p)$/dBW	−177	−208	−145	−178		−163.5	−163.5		−151	−142	−154	

（续表）

项目	卫星固定			卫星固定			卫星固定	卫星固定	卫星固定（NGSO MSS 馈线）	卫星固定（GSO）	地球探测卫星，空间研究	
发信地球站运营的空间业务的名称	卫星固定			卫星固定			卫星固定	卫星固定	卫星固定（NGSO MSS 馈线）	卫星固定（GSO）	地球探测卫星，空间研究	
频段/GHz	10.7~11.7			12.5~12.75			17.3~17.8	17.7~18.4	19.3~19.6	19.3~19.6	40~40.5	
收信地球站运营的空间业务名称	卫星固定			卫星固定			卫星广播	卫星固定、卫星气象	卫星固定（NGSO MSS 馈线）	卫星固定（GSO）	卫星固定、卫星移动	
轨道	GSO		NGSO	GSO		NGSO		GSO	NGSO	GSO	GSO	NGSO
收信地球站的调制方式	模拟	数字	数字	模拟	数字	数字		数字	数字			
p_0	0.03%	0.003%	0.003%	0.03%	0.003%	0.003%		0.003%	0.01%	0.03%	0.003%	0.003%
n	2	2	2	2	2	2		2	1	2	2	2
p	0.015%	0.001 5%	0.001 5%	0.015%	0.001 5%	0.001 5%		0.001 5%	0.01%	0.001 5%	0.001 5%	0.001 5%
N_l/dB	1	1	1	1	1	1		1	0	1	1	1
M_s/dB	7	4	4	7	4	4		6	5	6	6	6
W/dB	4	0	0	4	0	0		0	0	0	0	0
G_m/dBi			51.9			31.2		58.6	53.2	49.5	50.8	54.4
G_r/dBi	9	9	10	9	9	11		9	10	10	9	7
ε_{min}/°	5	5	6	5	5	10		5	5	10	10	10
T_e/K	150	150	150	150	150	150		300	300	300	300	300
B/Hz	10^6	10^6	10^6	10^6	10^6	10^6		10^6	10^6			
允许的干扰功率 B 内 $P_r(P)$/dBW	-144	-144	-144	-144	-144	-144		-138	-141			

6.1.2　工作在 100～790 MHz 频段的地球站协调距离计算

传播模式 1 下，地球站的协调距离计算流程如图 6-2 所示。

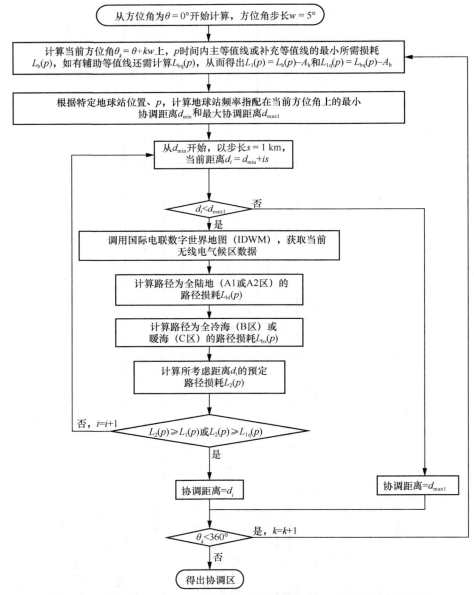

图 6-2　工作在 100～790 MHz 频段的地球站在传播模式 1 下的协调距离计算流程

需要注意的是，在传播模式 2 条件下，协调距离计算流程见图 6-4 和相关内容。$p\%$ 时间内主等值线和补充等值线的最小所需损耗 $L_b(p)$ 见式（6-3），其他计算公式如下。

（1）计算 $p\%$ 时间内辅助等值线最小所需损耗

$$L_{bq}(p) = L_b(p) + Q \tag{6-1}$$

其中，Q 为辅助等值线值，单位为 dB，且假定辅助等值线值为负值，如 -5 dB、-10 dB、-15 dB、-20 dB 等。那么主或补充等值线的 $L_1(p) = L_b(p) - A_h$，辅助等值线的 $L_{1q}(p) = L_{bq}(p) - A_h$。

（2）计算所考虑距离的路径损耗 $L_2(p)$

沿某路径的区域最终混合是未知的，所有的路径都被作为可能的陆地或海洋路径对待，同时进行平行计算。首先假定该路径为全陆地，其次假定该路径为全海洋，然后进行非线性内插，其结果取决于 d_i 中当前的陆地与海洋的混合损耗。当该混合路径既包括暖海又包括冷海时，则假定该路径经过的所有海洋都为暖海。

所考虑距离的路径损耗为

$$L_2(p) = L_{bs}(p) + \left(1 - \exp\left(-5.5\left(d_{tm} / d_i\right)^{1.1}\right)\right)\left(L_{bl}(p) - L_{bs}(p)\right) \tag{6-2}$$

其中，

$L_{bl}(p)$：假定考虑距离为全陆地（A1 区或 A2 区）时的损耗，计算公式为

$$L_{bl}(p) = 142.8 + 20(\lg f) + 20(\lg p) + 0.1d_i + C_{2i}$$

$L_{bs}(p)$：假定考虑距离为全冷海（B 区）或暖海（C 区）时的损耗，计算公式为

$$L_{bs}(p_1) = \begin{cases} 49.911\left(\lg(d_i + 184\,0f^{1.76})\right) + 1.195 f^{0.393}(\lg p)^{1.38} d_i^{0.597} \\ + (0.01d_i - 70)(f - 0.158\,1) + (0.02 - 2 \times 10^{-5} p^2)d_i \\ + 9.72 \times 10^{-9} d_i^2 p^2 + 20.2 \end{cases} \text{B区} \\ \begin{cases} 49.343\left(\lg(d_i + 1\,840 f^{1.58})\right) + 1.266(\lg p)^{(0.468 + 2.598 f)} d_i^{0.453} \\ + (0.037d_i - 70)(f - 0.158\,1) + 1.95 \times 10^{-10} d_i^2 p^3 + 20.2 \end{cases} \text{C区}$$

只有在陆地路径上时才能使用校正因子 C_{2i} 的最大值。全海路径的校正因子为 0 dB。校正因子不适用于双向的情况，因此，在确定双向协调等值线时 $Z(f) = 0$ dB/km。混合路径使用部分校正因子，详见前述公式。

6.1.3 工作在 790 MHz～60 GHz 频段的地球站协调距离计算

6.1.3.1 传播模式 1 条件下的地球站协调距离计算

在传播模式 1 下，地球站的协调距离计算流程如图 6-3 所示。

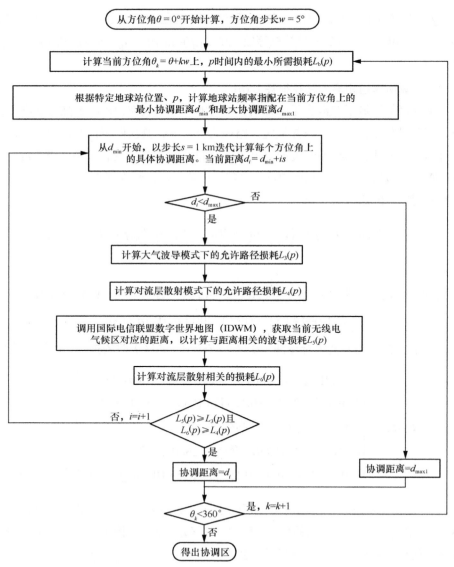

图 6-3 工作在 790 MHz～60 GHz 频段的地球站在传播模式 1 下的协调距离计算流程

（1）计算 p 时间内的所需最小损耗

$$L_b(p) = P_t + G_t + G_r - P_r(p) \tag{6-3}$$

其中，

p：干扰容许功率可被超出的最大时间百分数，详见表 6-2；

$L_b(p)$（dB）：在 p 的时间内传播模式 1 所需最小损耗，在 p 时间之外的其他所有时间内，该值小于传播模式 1 的路径损耗；

P_t（dBW）：发射地面电台或地球站天线，在基准带宽下的可用发射功率电平最大值；

$P_r(p)$（dBW）：在基准带宽内，干扰发射来源于单一干扰源（干扰源可能是接收地面电台或地球站）时，在 p 时间内可超出的干扰容许功率，详见表 6-2～表 6-4；

G_t（dB）：地面电台或地球站天线的发射增益。对于发射地球站而言，应使用既定方位上物理水平方向的天线增益，即根据地球站的天线类型和相应偏轴角获取，而发射地面电台则应采用主波束轴最大天线增益；

G_r（dB）：可能会受到干扰的地面电台或地球站的接收天线增益，对于接收地球站而言，应使用既定方位上物理水平方向的增益，即根据地球站的天线类型和相应偏轴角获取，而接收地面电台则应采用主波束轴最大天线增益，详见表 6-3 和表 6-4。

（2）最小协调距离 d_{min} 和最大协调距离 d_{max}

评价地面业务系统或空间业务系统的干扰通常需考虑长期及短期干扰标准。这些标准通常由在一个具体时间百分数以上的时间内不得被超出的干扰允许功率所代表，如式（6-3）中的 $P_r(p)$。

长期干扰标准（一般与大于 20% 的时间百分数相关）是允许实现误码性能指标（指数字系统）或噪声性能指标（指模拟系统）的最低标准。这个标准一般用最低干扰电平代表，由此可以推出协调地球站与地面电台之间，或与在双向划分频段内操作的其他接收地球站之间需要遵守的隔离距离。

短期干扰标准是比长期干扰标准更高的允许电平，一般与 0.001% 至 1% 之间的时间百分数相关。一般来说，短期干扰标准是使受干扰的系统不可用或超出其具体短期干扰指标（误码或噪声）的电平值。

因此，在最不利情况下，一旦达到了短期干扰标准，任何相关的长期干扰标准也将被超出。这种情况在短距离中可能无效，因为需要对在短距离传播中占主导的附加传播效应，如衍射、建筑物和（或）地形散射等进行更加详细的分析才可得出。为了避免这种短距离传播效应，需要设置一个最小协调距离 $d_{\min}$，大于或等于最小协调距离就可以避免分析复杂的短距离传播效应。

最小协调距离随纬度 ζ、晴空反常传播时间百分数 β_e 及频段 f 的变化而变化，详见式（6-4）

$$d_{\min} = \begin{cases} 100 + \dfrac{\beta_e - f}{2}, & f < 40\,\text{GHz} \\[2mm] \dfrac{(54-f)d_x + 10(f-40)}{2}, & 40\,\text{GHz} \leqslant f < 54\,\text{GHz} \\[2mm] 10, & 54\,\text{GHz} \leqslant f < 66\,\text{GHz} \\[2mm] \dfrac{10(75-f) + 45(f-66)}{9}, & 66\,\text{GHz} \leqslant f < 75\,\text{GHz} \\[2mm] 45, & 75\,\text{GHz} \leqslant f < 90\,\text{GHz} \\[2mm] 45 - \dfrac{(f-90)}{1.5}, & 90\,\text{GHz} \leqslant f < 105\,\text{GHz} \end{cases} \qquad (6\text{-}4)$$

其中，

β_e：晴空反常传播时间百分数，计算公式为

$$\beta_e = \begin{cases} 10^{1.67 - 0.015\,\zeta_r}, & \zeta_r \leqslant 70° \\[1mm] 4.17, & \zeta_r > 70° \end{cases}$$

ζ_r：纬度相关中间参数，单位为°，计算公式为

$$\zeta_r = \begin{cases} |\zeta| - 1.8, & |\zeta| > 1.8° \\[1mm] 0, & |\zeta| \leqslant 1.8° \end{cases}$$

d_x：距离相关中间参数，单位为 km，计算公式为

$$d_x = 100 + \dfrac{(\beta_e - 40)}{2}$$

ζ：地球站所在位置的纬度。

除最小协调距离外，还应确定协调距离计算的上限。任何方位上的协调距离必须介于最小协调距离与最大协调距离之间。即协调距离的迭代计算始于该最小协调距离，

又不能超过最大协调距离 $d_{\max}$。传播模式 1 的最大协调距离 $d_{\max 1}$ 取决于传播路径中经过的无线电气候区，详见表 6-1 和式（6-5）。

对于不高于 60 GHz 的频段，且传播路径经过多个气候区的混合路径，所需最大协调距离为 A1、A2、B 及 C 区构成的一个或多个组合，但构成的总组合距离不能超出组成的无线电气候区中的最大协调距离。如传播路径组合既包括 A1 区又包括 A2 区的路径，那么其对应的最大协调距离不得超过 A1 无线电气候区对应的最大协调距离，即 500 km。对于高于 60 GHz 的频率，最大协调距离 $d_{\max 1}$ 如式（6-5）所示。

$$d_{\max 1} = 80 - 10\left(\lg\left(\frac{p}{50}\right)\right),\ f > 60\ \text{GHz} \qquad (6\text{-}5)$$

需要注意的是，传播模式 2 的最大协调距离 $d_{\max 2}$ 取决于纬度，并由式（6-6）给出

$$d_{\max 2} = \sqrt{17\,000(h_R + 3)} \qquad (6\text{-}6)$$

其中，对于东经 60°以西的北美及欧洲而言，地面雨高 h_R（单位为 km）为

$h_R = 3.2 - 0.075(\zeta - 35)$，$35 \leqslant \zeta$（协调地球站的高度）$\leqslant 70$

对于世界其他地区，

$$h_R = \begin{cases} 5 - 0.075(\zeta - 23),\ \zeta > 23\,(\text{北半球}) \\ 5,\ 0 \leqslant \zeta \leqslant 23\,(\text{北半球}) \\ 5,\ -21 \leqslant \zeta < 0\,(\text{南半球}) \\ 5 + 0.1(\zeta + 21),\ -71 \leqslant \zeta < -21\,(\text{南半球}) \\ 0,\ \zeta < -71\,(\text{南半球}) \end{cases}$$

计算发射地球站协调距离所需额外参数见表 6-2，计算接收地球站协调距离所需额外参数见表 6-3，计算在双向划分频段操作的地球站的协调距离所需的额外参数见表 6-4。

（3）计算大气波导模式下的允许路径损耗 $L_3(p)$

$$L_3(p) = L_b(p) - A_1 \qquad (6\text{-}7)$$

其中，

$A_1 = 12\,243 + 16.5(\lg f) + A_h + A_c$，单位为 dB。

A_c：由直接耦合到水上波导而造成的衰减的缩减，单位为 dB，计算公式为 $A_c = -6/(1+d_c)$。

d_c：从基于陆地的地球站到所考虑方向的海岸间的距离，单位为 km。

A_h：场地屏蔽衰减，单位为 dB，且需满足 $-10 \leqslant A_h \leqslant (30+\varepsilon_h)$，计算公式为

$$A_h = \begin{cases} 20\left(\lg(1+4.5\varepsilon_h f^{0.5})\right) + \varepsilon_h f^{1/3} + A_d, & \varepsilon_h \geqslant 0° \\ 3\left((f+1)^{0.5} - 0.0001f - 1.0487\right)\varepsilon_h, & -0.5° \leqslant \varepsilon_h < 0° \\ -1.5\left((f+1)^{0.5} - 0.0001f - 1.0487\right), & \varepsilon_h < -0.5° \end{cases}$$

$A_d = 15(1 - \exp(0.1 - d_h/5))(1 - \exp(-\varepsilon_h f^{1/3}))$，单位为 dB。

ε_h：地球站水平仰角，单位为°，实际的水平线在水平面之上时，此值为正；实际的水平线在水平面之下时，此值为负。

d_h：天际线距离，单位为 km，计算公式为

$$d_h = \begin{cases} 0.5, & \text{若没有关于水平距离的信息或水平距离小于0.5 km} \\ \text{水平距离}, & \text{若水平距离位于0.5 km（含）到5 km（含）的范围内} \\ 5, & \text{若水平距离大于5 km} \end{cases}$$

① 计算对流层散射模式下允许的路径损耗 $L_4(p)$

$$L_4(p) = L_b(p) - A_2 \tag{6-8}$$

其中，

A_2：与距离无关的损耗部分，单位为 dB，计算公式为

$$A_2 = 187.36 + 10\varepsilon_h + L_f - 0.15N_0 - 10.1(-\lg(p/50))^{0.7}$$

L_f：与频率相关的损耗部分，单位为 dB，计算公式为 $L_f = 25(\lg(f)) - 2.5(\lg(f/2)^2)$。

N_0：路径中心海平面折射率，计算公式为

$$N_0 = 330 + 62.6\, e^{-\left(\frac{\zeta-2}{32.7}\right)^2}$$

② 计算与距离相关的波导损耗 $L_5(p)$

$$L_5(p) = (\gamma_d + \gamma_g)d_i + (1.2 + 3.7 \times 10^{-3} d_i)\left(\lg\left(\frac{p}{\beta}\right)\right) + 12\left(\frac{p}{\beta}\right)^{\Gamma_i} + C_{2i} \tag{6-9}$$

其中，

γ_d：与频率相关的波导衰减，单位为 dB/km，计算公式为 $\gamma_d = 0.05f^{1/3}$。

d_i：第 i 次迭代时所考虑的距离，单位为 km，计算公式为 $d_i = d_{min} + is$。

s：步长，$s = 1$ km。

i：迭代次数，$i = 1, 2, 3, \cdots\cdots$。

γ_g：气体吸收引起的具体衰减，单位为 dB/km，计算公式为

$$\gamma_g = \gamma_o + \chi_{wdl}\left(\frac{d_t}{d_i}\right) + \chi_{wds}\left(1 - \frac{d_t}{d_i}\right)$$

d_t：沿当前路径在 A_1 区和 A_2 区的集总陆地距离，单位为 km。

γ_o：干燥空气所引起的具体衰减，单位为 dB/km，计算公式为

$$\gamma_o = \begin{cases} \left(7.19 \times 10^{-3} + \dfrac{6.09}{f^2 + 0.227} + \dfrac{4.81}{(f-57)^2 + 1.50}\right) f^2 \times 10^{-3}, & f \leqslant 56.77\ \text{GHz} \\ 10, & f > 56.77\ \text{GHz} \end{cases}$$

γ_w：水蒸气所引起的具体衰减，其为水蒸气密度（单位 g/m³）ρ 的函数，单位为 dB/km，计算公式为

$$\gamma_w(\rho) = \left(0.050 + 0.0021\rho + \dfrac{3.6}{(f-22.2)^2 + 8.5}\right) f^2 \rho \times 10^{-4}$$

γ_{wt}：水蒸气为 ρ 时，计算出的对流层散射传播方式的具体衰减，单位为 dB/km，计算公式为 $\gamma_{wt} = \gamma_w(3.0)$，其中水蒸气密度 $\rho = 3.0$ g/m³。

γ_{wdl}：水蒸气为 ρ 时，计算出的陆地路径（A1 区和 A2 区）的波导传播具体衰减，单位为 dB/km，计算公式为 $\gamma_{wdl} = \gamma_w(7.5)$，其中 $\rho = 7.5$ g/m³ 为陆地路径（A1 区和 A2 区）下的水蒸气密度。

γ_{wds}：水蒸气为 ρ 时，计算出的海洋路径（B 区和 C 区）的波导传播具体衰减，单位为 dB/km，计算公式为 $\gamma_{wds} = \gamma_w(10.0)$，其中 $\rho = 10.0$ g/m³ 为海洋路径（B 区和 C 区）下的水蒸气密度。由于缺少全球水蒸气密度变化尤其是最小值的数据，$\rho = 10$ g/m³ 既可用于 B 区也可用于 C 区。

C_{2i}：校正因子，单位为 dB，若 $d_i > 375$ km，则 $C_{2i} = C_{2i}(d_i = 375)$，校正因子的具体计算公式为

$$C_{2i} = \begin{cases} Z(f)(d_i - d_{min})\tau, & \text{主等值线或补充等值线} \\ 0, & \text{辅助等值线} \end{cases}$$

$Z(f)$：标称校正因子，单位为 dB，计算公式为 $Z(f)=X(f)/(375-d_{min})$。其中，为发射地球站时 $X=15$ dB，为接收地球站时 $X=25$ dB，且

$$X(f)=\begin{cases} 0, & f \leqslant 0.4\ \text{GHz} \\ 3.383\ 3X(\lg(f)+0.397\ 9), & 0.4\ \text{GHz} < f \leqslant 0.79\ \text{GHz} \\ X, & 0.79\ \text{GHz} < f \leqslant 4.2\ \text{GHz} \\ -0.865\ 9X(\lg(f)-1.778\ 1), & 4.2\ \text{GHz} < f \leqslant 60\ \text{GHz} \\ 0, & f > 60\ \text{GHz} \end{cases}$$

β：波导路径关联，计算公式为 $\beta=\beta_e \mu_1 \mu_2 \mu_4$，其中，

$$\mu_1 = \left(10^{\frac{-d_{tm}}{16 - 6.6\tau}} + \left(10^{-(0.496 + 0.354\tau)}\right)^5\right)^{0.2}, \quad 且\ \mu_1 \leqslant 1。$$

d_{tm} 为沿着所考虑路径在 A_1 区和 A_2 区的最长连续陆地距离，即内陆和海岸距离之和，单位为 km。

$$\tau = 1 - \exp\left(-\left(4.12 \times 10^{-4} d_{lm}^{2.41}\right)\right)$$

d_{lm} 为 A_2 区所考虑路径的最长连续内陆距离，单位为 km。

$$\Gamma_1 = \frac{1.076}{(2.005\ 8 - \lg\beta)^{1.012}} \exp\left(-\left(9.51 - 4.8(\lg\beta) + 0.198(\lg\beta)^2\right) \times 10^{-6} d_i^{1.13}\right)$$

$$\mu_4 = \begin{cases} 10^{(0.935 + 0.017\ 6\zeta_r)(\lg\mu_1)}, & \zeta_r \leqslant 70° \\ 10^{0.3(\lg\mu_1)}, & \zeta_r > 70° \end{cases}$$

$\sigma = -0.6 - 8.5 \times 10^{-9} d_i^{3.1}\tau$，且 $\sigma \geqslant -3.4$。

$\mu_2 = (2.48 \times 10^{-4} d_i^2)^\sigma$，且 $\mu_2 \leqslant 1$。

③ 对流层散射损耗 $L_6(p)$

$$L_6(p) = 20(\lg(d_i)) + 5.73 \times 10^{-4} (112 - 15\cos(2\zeta))d_i + (\gamma_o + \gamma_{wt})d_i + C_{2i} \tag{6-10}$$

其中，

d_i：为本次迭代的计算距离，单位为 km。

C_{2i}、ζ、γ_o、γ_{wt} 分别为校正因子、地球站所在位置的纬度、干燥空气所引起的具体衰减、水蒸气密度为 3 g/m³ 时的对流层散射传播方式的具体衰减。

6.1.3.2 传播模式 2 条件下的地球站协调距离计算

传播模式 2 涉及体积散射，当协调地球站天线波束与雨区相交时，会与地面

电台波束或反向应用地球站波束形成一个公共体积。对于地面电台，假定其波束宽度相较于协调地球站更大，且该地面电台与公共体积之间有一定的距离，就可假定地面电台波束能照亮整个雨区（用一个充满水汽且形成各向同性散射信号的垂直柱体代表）。此散射过程可造成协调地球站与地面电台或反向应用地球站通过公共体积形成无用耦合。地球站的天线增益及其波束宽度是相关的，公共体积的大小以及该体积内形成的散射信号的多少是随着发射或接收这些信号的地球站天线增益的降低而增加的，也即用一种效应补偿另一种效应。因此对传播模式 2 机理可能的干扰进行评估时，可以做一个简化的假定：即假定路径损耗与地球站天线增益无关。

水汽散射所需协调距离是找出在 p 时间内，传播模式 2 在 d_{min} 和 d_{max2} 间迭代求出所需最小损耗

$$L_x(p)=P_t+G_x-P_r(p) \tag{6-11}$$

其中，G_x 为地面电台的假定最大天线增益，单位为 dBi，详见表 6-3 和表 6-4 中不同频段的 G_x 值。

为了更方便地计算和确定传播模式 2 的辅助等值线，将地面电台的假定最大天线增益 G_x 也一并放入下述迭代计算中，因此可将最小所需损耗 $L_x(p)=P_t+G_x-P_r(p)$ 进一步简化为 $L(p)=P_t-P_r(p)$。利用此式预测路径损耗距离或达到依赖于纬度的传播模式 2 的最大计算距离 d_{max2} 为止。

传播模式 2 等值线不是以地球站物理位置为中心，而是以公共体积中心正下方的地球表面上的点为中心，沿着从雨散射公共体积中心所发出的径向测量得出的。公共体积可以在地球站所在位置与波束到达雨区高度之间、沿地球站波束任意一点以相同的概率存在，但为了给地面电台提供适当的保护，或从其他地面电台获得适当的保护，公共体积的中心被假定位于地球站、地球站波束和雨区高度相交点的正中央。只需在 1～40.5 GHz 频率范围内计算传播模式 2 的协调距离，其他频率范围的雨散射干扰可以忽略不计。

地球站在传播模式 2 下的协调距离计算流程如图 6-4 所示。

传播模式 2 路径损耗 $L_r(p)$ 通过降雨率 $R(p)$ 的单调函数和水汽散射距离参数 r_i 得到，具体过程如图 6-4 所示。

（1）确定哪个雨气候区适用于地球站所处的位置

对于 0.001%<p<0.3% 和适用的雨气候区，由式（6-12）～式（6-17）确定 $R(p)$，即对于雨气候区 A 和 B，降雨率 $R(p)$ 为

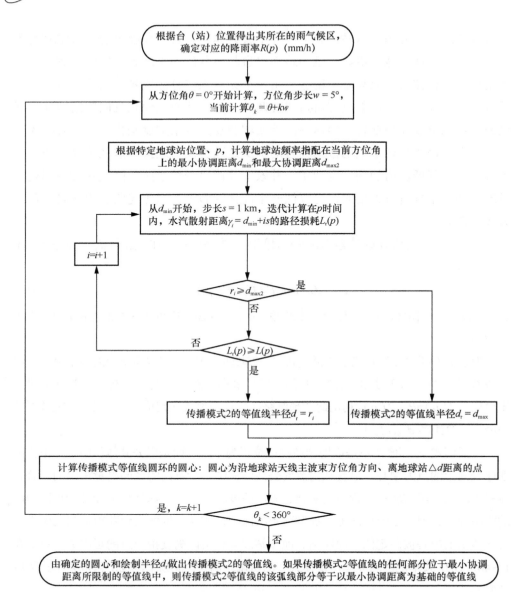

图 6-4　地球站在传播模式 2 下的协调距离计算流程

$$R(p) = 1.1p^{-0.465} + 0.25\left(\left(\lg(p/0.001)\right)\left(\lg(0.3/p)\right)^3\right) - \left(\left|\lg(p/0.1)\right| + 1.1\right)^{-2} \quad （6\text{-}12）$$

对于雨气候区 C、D 和 E，降雨率 $R(p)$ 为

$$R(p) = 2p^{-0.466} + 0.5\left(\left(\lg(p/0.001)\right)\left(\lg(0.3/p)\right)^3\right) \qquad （6\text{-}13）$$

对于雨气候区 F、G、H、J 和 K，降雨率 $R(p)$ 为

$$R(p) = 4.17p^{-0.418} + 1.6\left(\left(\lg(p/0.001)\right)\left(\lg(0.3/p)\right)^3\right) \quad (6\text{-}14)$$

对于雨气候区 L 和 M，降雨率 $R(p)$ 为

$$R(p) = 4.9p^{-0.48} + 6.5\left(\left(\lg(p/0.001)\right)\left(\lg(0.3/p)\right)^2\right) \quad (6\text{-}15)$$

对于雨气候区 N、P 和 Q，降雨率 $R(p)$ 为

$$R(p) = 15.6p^{-0.383} + \left(\left(\lg(p/0.001)\right)\left(\lg(0.3/p)\right)^{1.5}\right) \quad (6\text{-}16)$$

对于 $p \geq 0.3\%$，由式（6-15）和表 6-5 中的 $R(0.3\%)$ 和 p_c 值确定 $R(p)$

$$R(p) = R(0.3\%)\left(\lg\left(p_c/p\right)/\ \lg\left(p_c/0.3\right)\right)^2 \quad (6\text{-}17)$$

其中，不同雨气候区的 $R(0.3\%)$ 和 p_c 的值见表 6-5。

表 6-5 不同雨气候区的 $R(0.3\%)$ 和 p_c 值

雨气候区	$R(0.3\%)$/（mm·h^{-1}）	p_c
A、B	1.5	2%
C、D、E	3.5	3%
F、G、H、J、K	7.0	5%
L、M	9.0	7.5%
N、P、Q	25.0	10%

p_c 为参考时间百分数，在此参考时间百分数之上的降雨率 $R(p)$ 假设为 0。

得到了降雨率，那么可得出降雨造成的具体衰减 $\gamma_R = k_R(p)^\alpha$ dB/km，其中的 k 和 α 的值由表 6-6 确定。表 6-6 中没有的频率，通过使用内插频率对数标度、k 对数标度和 α 线性标度得到对应频率的 k 和 α 值。

表 6-6 垂直极化作为频率函数的 k 值与 α 值

频率/GHz	k	α
1	0.000 035 2	0.880
4	0.000 591	1.075
6	0.001 55	1.265

（续表）

频率/GHz	k	α
8	0.003 95	1.31
10	0.008 87	1.264
12	0.016 8	1.20
14	0.029	1.15
18	0.055	1.09
20	0.069 1	1.065
22.4	0.090	1.05
25	0.113	1.03
28	0.150	1.01
30	0.167	1.00
35	0.233	0.963
40	0.310	0.929
40.5	0.318	0.926

（2）计算传播模式 2 路径损耗 $L_r(p)$

$$L_r(p)=168+20(\lg r_i)-20(\lg f)-13.2(\lg R(p))-G_x+A_b-10(\lg R_{cv})+G_2+L_{ar}+g_o d_o+g_{wr}d_v$$

（6-18）

其中，G_x 见表 6-3 和表 6-4；偏离瑞利散射的附加衰减 A_b（单位为 dB）为

$$A_b=\begin{cases}0.005(f-10)^{1.7}R(p)^{0.4}, & 10\ \text{GHz}<f<40.5\ \text{GHz} \\ 0, & f\leqslant 10\ \text{GHz或}L_{ar}\neq 0\end{cases}$$

R_{cv}：有效散射的传递函数，计算公式为

$$R_{cv}=2.17(1-10^{-g\,R^{d_s/5}})/(g_R d_s)$$

d_s：雨区的有效直径，单位为 km，计算公式为

$$d_s=3.5R(p)^{-0.08}$$

Γ_2：公共体积以外的附加衰减，计算公式为

$$\Gamma_2=631kR(p)^{(a-0.5)}\times 10^{-(R(p)+1)^{0.19}}$$

h_R：地面雨高，单位为 km。

L_{ar}：地面雨高 h_R 以上的散射耦合损耗，计算公式为

$$L_{ar} = \begin{cases} 6.5\left(6(r_i - 50)^2 \times 10^{-5} - h_R\right), & 6(r_i - 50)^2 \times 10^{-5} > h_R \\ 0, & 6(r_i - 50)^2 \times 10^{-5} \leqslant h_R \end{cases}$$

d_o：氧吸收的有效路径长度，单位为 km。r_i 小于 340 km 时，$d_o = 0.7r_i + 32$；r_i 不小于 340 km 时，$d_o = 270$ km。

g_{wr}：水蒸气吸收（水蒸气密度为 7.5 g/m³）所引起的衰减，计算公式为

$$g_{wr} = \left(0.065\,75 + 3.6/\left((f - 22.2)^2 + 8.5\right)\right)f^2\,7.5 \times 10^{-4}$$

d_v：水蒸气吸收的有效路径长度，单位为 km。r_i 小于 240 km 时，$d_v = 0.7r_i + 32$；r_i 不小于 240 km 时，$d_v = 200$ km。

（3）计算环形传播模式 2 等值线的圆心

为了确定传播模式 2 等值线的圆心，需要计算沿着地球站天线主波束轴的方位角从地球站到该点的水平距离 Δd

$$\Delta d = h_R / (2\tan\varepsilon_s) \tag{6-19}$$

其中，ε_s 为地球站天线主波束轴仰角，单位为°；Δd 应被限制在 $(d_r - 50)$ 距离内，单位为 km。

（4）得出传播模式 2 协调区

根据所确定的中心绘制半径 d_r 和圆心距地球站主波束轴的水平距离 Δd，就可以绘制传播模式 2 等值线轨迹。注意，如果传播模式 2 等值线的任何部分位于最小协调距离 d_{min} 内，也就是在区间 $[d_{min}, +\infty)$ 内不存在 $L_r(p) \geqslant L(p)$ 的值，则传播模式 2 等值线的该弧线部分的半径为最小协调距离，而且传播模式 2 等值线也不再是圆形。

6.1.4 工作在 60～105 GHz 频段的地球站协调距离计算

传播模式 1 下，工作在 60～105 GHz 频段的地球站的协调距离计算流程如图 6-5 所示。传播模式 2 可忽略。p 时间内，辅助等值线的最小所需损耗 $L_{bq}(p)$ 详见式（6-1），主等值线和补充等值线最小所需损耗为 $L_b(p)$，详见式（6-3），其他计算公式如下。

（1）计算 p 时间内所达到的最小损耗，单位为 dB，计算公式为

$$L_7(p) = 92.5 + 20(\lg(f)) + A_h \tag{6-20}$$

那么主等值线或补充等值线的 $L_8(p) = L_b(p) - L_7(p)$；辅助等值线的 $L_{8q}(p) = L_{bq}(p) - L_7(p)$。

（2）计算所考虑距离的路径损耗 $L_9(p)$

所考虑距离的路径损耗为

$$L_9(p) = g_{gm}d_i + 20(\lg(d_i)) + 2.6(1 - \exp(\lg(d_i/10)))(p/50) \tag{6-21}$$

其中，

γ_{gm} 为气体吸收衰减的保守估计值，单位为 dB/km，计算公式为 $\gamma_{gm} = \gamma_{om} + \gamma_{wm}$。

γ_{wm} 是水蒸气密度为 3 g/m³ 时的具体衰减，单位为 dB/km，计算公式为

$$\gamma_{wm} = 2.369 \times 10^{-4}(0.039 + 7.7 \times 10^{-4} f^{0.5})f^2$$

60～105 GHz 频率范围内干燥空气的衰减 γ_{om}(dB/km)为

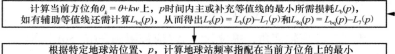

$$\gamma_{om} = \begin{cases} \left(2 \times 10^{-4}(1 - 1.2 \times 10^{-5} f^{1.5}) + \dfrac{4}{(f-63)^2 + 0.936} + \dfrac{0.28}{(f-118.75)^2 + 1.771}\right)f^2 \times 6.24 \times 10^{-4}, & f > 63.26\ \text{GHz} \\ 10, & f \leqslant 63.26\ \text{GHz} \end{cases} \tag{6-22}$$

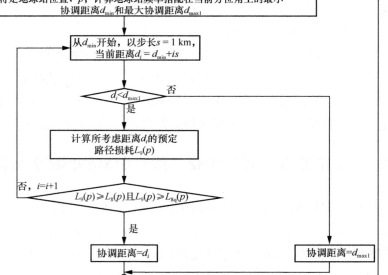

图 6-5　工作在 60～105 GHz 频段的地球站在传播模式 1 下的协调距离计算流程

6.1.5　我国自主开发的相关软件简介

根据上述技术分析原理，我国自主开发的"空间业务行政许可技术分析系统"中带有卫星地球站协调区计算模块，并已获得相关软件著作权，在我国地球站国际协调、登记工作中发挥了重要作用。

与国际电信联盟协调区计算软件 GIBC 中的 AP7 模块相比，我国自主开发的软件具有以下优点。

（1）界面清晰明了，易学易用。国际电信联盟的地球站协调资料中的参数字段不仅包括卫星地球站也包括卫星网络等所有字段信息，对用户填报和使用不够友好。我国自主开发的软件摒弃了与卫星地球站无关的参数字段，仅保留《无线电规则》附录 4 附件 2 要求的必填字段，极大地减轻了卫星地球站申请使用者和无线电管理机构相关人员的负担，易于快速学习和掌握。

（2）支持文件自动导入，进一步提高操作效率。国际电信联盟提供的 AP7 模块仅支持单地球站 mdb 文件导入和计算。我国自主开发的软件不仅可自动导入和生成国际电信联盟要求的卫星地球站 mdb 文件，还可以自动导入地面电台 txt 文件以及支持多文件导入和集总计算，更可以自动导入计算参数，方便进行详细干扰分析。另外，也方便对无线电台（站）进行汇总管理和数据分析统计等。

（3）系统兼容性更好。相较于国际电信联盟软件安装和使用中需要安装多项插件，资源占用多，且经常出错的弊端，我国自主开发软件无须安装其他插件，可兼容目前主流操作系统。

（4）软件自主可控，算法可根据研究进展不断更新升级。国际电信联盟提供的 AP7 模块是按照《无线电规则》附录 7 算法开发的，但《无线电规则》附录 7 相关算法修订历程长，软件更新升级速度慢。我国自主开发的软件可根据空间业务发展和卫星地球站协调区计算算法（如 ITU-R S.1448 建议书）的更新情况及时升级，并且在使用中可不断优化算法。经优化后的算法可以提交至国际电信联盟，对相关建议书进行修订。

6.1.6　协调区计算示例

下面给出一个地球站协调区的计算示例。

设地球站站址处的经纬度为（76°12′10″E，39°42′15″N），使用轨位为 100.5° 的 GSO

卫星，对应的无线电气候区为 A2 区，雨气候区为 A 区，卫星地球站工作频段为上行 14.486 8~14.487 8 GHz、下行 12.726~12.727 GHz，计算出的卫星地球站天线方位角为 144.75°、天线仰角为 37.66°，卫星地球站天线发射增益为 47.5 dBi、天线接收增益为 49 dBi，卫星地球站天线辐射方向图使用国际电信联盟 ITU-R S.580 建议书模型，卫星地球站功率谱密度为–60 dBW/Hz，同频工作地面业务台（站）为固定业务和移动业务台（站）。根据表 6-2 可知 p=0.005%，计算出的地球站发射频段的协调区如图 6-6（a）所示，接收频段协调区如图 6-6（b）所示。

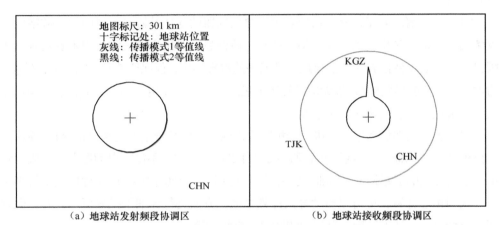

（a）地球站发射频段协调区　　　　　　　　　　（b）地球站接收频段协调区

注：CHN代表中国；KGZ代表吉尔吉斯斯坦；TJK代表塔吉克斯坦

图 6-6　地球站协调区

6.2　卫星地球站干扰分析

卫星地球站国际协调主要是与邻国地面业务台（站）和反向工作地球站的协调。在地球站协调区内的台（站），不论是反向工作的地球站还是地面站，都需要经过具体计算，以决定其是否会产生有害干扰。

6.2.1　干扰分析方法

根据 ITU-R SF.1006 建议书，受干扰台（站）最大允许干扰电平的长期干扰标准

$$P_r(p_1) = 10\left(\lg(kTB)\right) + J - W \tag{6-23}$$

其中，

$P_r(p_1)$：长期干扰标准下，参考带宽 B 的最大允许干扰电平，单位为 dBW/B（见表 6-7 和表 6-8，表中的值为单干扰源站点在接收天线处的最大可允许干扰电平）。

p_1：长期干扰标准对应的时间百分比，$p_1 \geq 1\%$。

k：玻尔兹曼常数 1.38×10^{-23} J/K。

T：接收系统接收天线的热噪声温度，对于地球站接收而言是晴空条件下的噪声温度，单位为 K。

B：参考带宽，即受干扰站的工作带宽，且在此带宽上的干扰发射功率达到平均值，单位为 Hz。

J：长期干扰下，干扰功率与接收系统热噪声的比值，单位为 dB。

W：参考带宽下，干扰的等效热噪声系数，当干扰发射比热噪声导致更大性能降低时该值为正，单位为 dB。

受干扰台（站）最大允许干扰电平的短期干扰标准

$$P_r(p_2/n_2)=10(\lg(kTB))+10(\lg(10^{M_s/10}-1))+N_L-W \qquad (6\text{-}24)$$

其中，

$P_r(p_2/n_2)$：短期干扰标准下，参考带宽 B 的最大允许干扰电平，单位为 dBW/B（见表 6-7 和表 6-8，表中的值为单干扰源站点在接收天线处的最大可允许干扰电平）。

p_2：短期干扰标准对应的时间百分比，$p_2 \leq 1\%$，单位为%。

n_2：非同时等电平、等时间百分比干扰的有效干扰链路数量，单位为个。

M_s：链路性能余量（见表 6-7），单位为 dB；N_L 为链路噪声，单位为 dB。

表 6-7　固定业务台（站）干扰地球站计算所需特性参数和干扰标准

参数			值			
频段/GHz			地面业务干扰地球站			
			1～10	10～15		15～40
干扰系统业务类型			地面固定业务			
受干扰系统	业务		FSS	FSS		FSS
	台站类型		ES	ES		ES
	调制		模拟	数字	模拟	数字	数字
长期干扰概率 p_1			20%	20%	20%	20%	20%
短期干扰概率 p_2			0.03%	0.005%	0.03%	0.005%	0.003%

（续表）

参数	值				
频段/GHz	地面业务干扰地球站				
	1～10		10～15		15～40
非同时等电平、等时间百分比干扰的有效干扰链路数量 n_2/个	3	3	2	2	2
参考带宽 B/Hz	10^6	10^6	10^6	10^6	10^6
长期干扰下的干扰功率与接收系统热噪声的比值 J/dB	−10	−10	−8.5	−8.5	−7
干扰的等效热噪声系数 W/dB	4	0	4	0	0
接收系统噪声温度 T/K	100	100	200	200	300
链路余量 M_s/dB	2	2	4	4	6
链路噪声 N_L/dB	1	1	1	1	1
玻尔兹曼常数 k/(dB J·K^{-1})	−228.6				
长期干扰功率(P_r/p_1)/(dBW·B^{-1})	−162.6	−158.6	−158.1	−154.1	−150.8
短期干扰功率 $P_r(p_2/n_2)$/(dBW·B^{-1})	−153.9	−149.9	−146.8	−142.8	−138.1

表6-8　地球站干扰地面业务台（站）计算所需特性参数和干扰标准

参数			值					
频段/GHz			地球站干扰地面业务台（站）					
			1～10			10～15		15～40
干扰系统业务类型			FSS ES					
受干扰系统		业务	固定业务			固定业务		固定业务
		台站类型	中继站		超视距	中继站		中继站
		调制	模拟	数字	模拟	模拟	数字	数字
长期干扰概率 p_1			20%	20%	20%	20%	20%	20%
短期干扰概率 p_2			0.01	0.005%	0.01	0.01%	0.005%	0.005%
非同时等电平、等时间百分比干扰的有效干扰链路数量 n_2/个			2	3	1	2	3	1
参考带宽 B/Hz			4 000	10^6	4 000	4 000	10^6	10^6
长期干扰下的干扰功率与接收系统热噪声的比值 J/dB			9	−6	0（假设仅存在单跳）	13	−2	0
干扰的等效热噪声系数 W/dB			0	0	0	0	0	0
接收系统噪声温度 T/K			750	750	500	1 500	1 500	3 200
链路余量 M_s/dB			33	37	26	33	37	25
链路噪声 N_L/dB			0	0	0	0	0	0

（续表）

参数	值					
	地球站干扰地面业务台（站）					
频段/GHz	1～10		10～15		15～40	
玻尔兹曼常数 k/(dB J·K^{-1})	−228.6					
长期干扰功率 $P_r(p_1)$/(dBW·B^{-1})	−154.8	−185.6	−165.6	−147.8	−178.6	−173.3
短期干扰功率 $P_r(p_2/n_2)$/(dBW·B^{-1})	−130.8	−142.6	−139.6	−127.8	−139.6	−148.3

同样根据 ITU-R SF.1006 建议书，受干扰台（站）最小允许干扰电平为

$$L_b(p_2/n_2)=P_t'+G_t'+G_r-P_r(p) \tag{6-25}$$

其中，

$L_b(p_2/n_2)$ 为 $p=p_2/n_2$ 时间百分比内，最小允许基本传输损耗，单位为 dBW/B。

P_t' 和 G_t' 分别为干扰站在最小传输损耗路径上的发射功率和发射增益。

G_r 和 $P_r(p)$ 分别为受干扰系统在最小传输损耗路径上的接收增益和允许干扰功率。

如果使用干噪比 I/N 作为标准进行具体计算，$I/N=I-10(\lg(kBT))$。一般对于同频、不同业务间的干扰采用 $I/N \leqslant -10$ dB，同频、同业务间干扰采用 $I/N \leqslant -6$ dB，而其他不同频业务采用 $I/N \leqslant -20$ dB。

对于 M-PSK 调制，误码率 P_e 为

$$P_e=\mathrm{erfc}(x)/\log_2 M \tag{6-26}$$

其中，

$$x = \sin\left(\frac{\pi}{M}\right)\sqrt{\log_2(M)\left(\frac{E_b}{N_0}\right)} = \sin\left(\frac{\pi}{M}\right)\sqrt{\frac{C}{N}}$$

$\mathrm{erfc}(x)$：余误差函数，$\mathrm{erfc}(x) = \dfrac{2}{\sqrt{\pi}}\displaystyle\int_x^{+\infty} e^{-t^2}\,dt$。

$\dfrac{E_b}{N_0}$：信号单位比特能量与噪声功率密度比。

C/N：载噪比。

M：调相数，M=4，6，8，……。

当 M=2 时，P_e=0.5exp$(-E_b/N_0)$=0.5exp$(-C/N)$。对于 M-QAM 调制，误码率 P_e 为

$$P_e = \frac{\sqrt{M-1}}{2\sqrt{M}}\mathrm{erfc}(x) \tag{6-27}$$

其中，

$$x = \frac{\sqrt{\log_2 M}}{\sqrt{M}-1}\sqrt{\frac{E_b}{2N_0}} = \frac{1}{\sqrt{2}(\sqrt{M}-1)}\sqrt{\frac{C}{N}}。$$

M 为调制电平数。

6.2.2　干扰计算示例

假设干扰站为 X 频段微波站，干扰同频地球站，具体分析如下。

（1）设置地球站参数

根据地球站的经纬度信息、工作频率、带宽、天线类型、天线尺寸、天线架高、方位角、仰角、天线增益、噪声温度以及馈线系统损耗等设置地球站。地球站接收天线方向图使用国际电信联盟 ITU-R S.465 建议书模型，如图 6-7 所示，接收天线的最大天线增益为 57.2 dBi，极化方式为右旋圆极化，天线高度为 17.5 m。

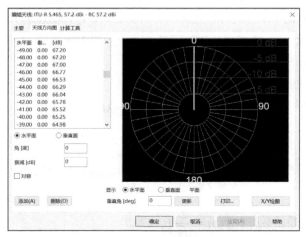

图 6-7　X 频段地球站天线方向图

在接收频段 7 750～7 790 MHz，地球站接收机必要带宽和中频带宽设为 37.4 MHz。在接收频段 8 025～8 400 MHz，地球站接收机带宽设为 100 MHz，接收机灵敏度设为 −83 dBm，噪声系数设为 4.2 dB，带内带外特性选择带内衰减为 3 dB，带外直接衰减为 150 dB，噪声温度为 100 K。用最差几何情况进行仿真。即微波站直接指向地球站接收天线，即接收天线方向角为 21°、仰角为 5°，经仿真后，可知地球站与微波站相距约 269 km，微波站在地球站的协调区内。

（2）设置微波站参数

输入微波站相关参数，见表 6-9。

表 6-9　微波站特性参数

微波站	特性参数	值
发射站	位置（经度，纬度）	（131°40′46″，49°0′15″）
	海拔	331 m
	带宽	28 MHz
	天线发射增益	42.1 dBi
	发射功率	35.1 dBW
	波束宽度	1.2°
	天线极化方式	垂直
接收站	位置（经度，纬度）	（132°27′51″，49°0′45″）

（3）干扰分析

为了分析微波站对地球站的干扰，采用表 6-8 中的限值，即最大长期干扰标准不超过 −158.6 dBW/MHz，短期干扰标准不超过−149.9 dBW/MHz，那么对于 7 750～7 900 MHz 频段内接收地球站所受到的干扰功率不超过−112.9 dBm（长期干扰标准）和−104.2（短期干扰标准）。对于 8 025～8 400 MHz 频段内卫星地球探测固定业务的接收站所受到的干扰功率不超过−108.6 dBm（长期干扰标准）和−119.9 dBm（短期干扰标准）。对于地表上 0.1 GHz 以上的各类无线电台（站）间的干扰分析，宜采用 ITU-R P.452 建议书中的传播模型，并分为晴空和水汽散射两种预测模型进行计算。

工作在 7 750～7 900 MHz 频段时，地球站接收到微波站信号的最大值为−252.4 dBm，远远低于干扰标准，因此微波站不会对地球站的 7 750～7 900 MHz 频段产生有害干扰。地球站工作在 8 075 MHz 附近时，微波站到达地球站的信号约−113 dBm，超过短期干扰容限值−119.9 dBm 约 6.9 dB，因此可能会影响地球站的工作。

第7章
卫星频率协调方法和共用研究技术标准

7.1 概述

国际电信联盟无线电通信部门的建议书（以下简称 ITU-R 建议书）是国际电信联盟无线电通信部门制定的一套国际性的技术标准，同时也是国际电信联盟无线电通信部门各研究组的研究成果。ITU-R 建议书所涉及的领域包括：无线电业务的广泛使用；无线电频谱和卫星轨道的资源管理；无线电通信业务对频谱的有效利用；地面和卫星的无线电通信广播；无线电波传播；卫星固定业务、固定业务和移动业务的系统与网络；空间操作、卫星地球探测、气象卫星和射电天文业务。

ITU-R 建议书的生效由国际电信联盟各成员国批准。除《无线电规则》中引证归并的建议书外，国际电信联盟并不要求各国强制执行其他的建议书。但是，由于 ITU-R 建议书是由来自各国无线电主管部门、无线电通信运营商、设备制造商和其他有关组织的专家共同制定的，因此这些建议书在世界上享有极高的遵行效力，广泛地被世界各国所接受并执行。

由于涉及的领域不同，ITU-R 建议书分为 16 个系列：

（1）SM 系列——频谱管理；

（2）P 系列——无线电波传播；

（3）S 系列——卫星固定业务；

（4）SNG 系列——卫星新闻采集；

（5）SF 系列——卫星固定业务和固定业务之间的频率共用与协调；

（6）SA 系列——空间应用和气象学；

（7）RA 系列——射电天文业务；

（8）M 系列——移动、无线电测定、业余无线电业务和卫星移动、卫星无线电测定、卫星业余无线电业务；

（9）F 系列——固定业务；

（10）BS 系列——广播业务（声音）；

（11）BT 系列——广播业务（电视）；

（12）BO 系列——卫星传送；

（13）BR 系列——为制作、存档和播出进行录制，电视用影片；

（14）RS 系列——遥感系统；

（15）TF 系列——时间信号和频率标准发射；

（16）V 系列——词汇和相关议题。

7.2 与卫星固定业务频率共用、协调方法有关的 S 系列建议书

卫星固定业务是应用最为广泛的一种空间业务。因此，在 ITU-R 建议书中，S 系列建议书不仅数量庞大，而且内容繁杂，涵盖了卫星固定业务中的系统、网络及卫星固定业务中的星间链路，与卫星固定业务有关的频率共用、频率协调等也包括在其中。了解 S 系列建议书，理解并掌握与协调方法和计算相关的建议书，并能够在实际工作中准确加以应用，对卫星网络协调人员来说是至关重要的。为了便于研究和使用这类建议书，我们对其进行了梳理和分类，供专业人员参考。需要指出的是，本节内容所涉及的 ITU-R 建议书以国际电信联盟发布的最新版本为准。

表 7-1 S 系列建议书梳理和分类

第一类 术语和定义	
ITU-R S.673-2 建议	有关空间无线电通信的术语和定义
第二类 系统特性、性能和可用度	
（1）系统方面	
ITU-R S.725 建议	甚小口径天线地球站的技术特性
ITU-R S.726 建议	甚小口径天线地球站杂散辐射的最大允许电平

（续表）

ITU-R S.728 建议	甚小口径天线地球站的偏轴 EIRP 密度的最大允许电平
ITU-R S.729 建议	甚小口径天线地球站的监控功能
ITU-R S.1001 建议	在发生自然灾害和类似紧急事件时用于报警和救援行动的卫星固定业务中系统的使用
ITU-R S.1061 建议	卫星固定业务中抗衰落策略和技术的利用
ITU-R S.1149 建议	卫星固定业务中，构成同步数字系统传送网络部分的数字卫星系统，其网络结构和设备功能特性
ITU-R S.1250 建议	卫星固定业务中，构成 SDH 传送网络部分的数字卫星系统的网络管理结构
ITU-R S.1251 建议	网络管理——卫星固定业务中构成 SDH 传送网络一部分的卫星系统网元的性能管理对象类的定义
ITU-R S.1252 建议	网络管理——卫星固定业务中构成 SDH 传送网络一部分的卫星系统网元的有效载荷构造对象类的定义
ITU-R S.1557 建议	50/40 GHz 频带用于卫星固定业务与固定业务间共用研究的卫星固定业务系统的操作要求和特性
ITU-R S.1590 建议	工作在 20～375 THz 频段的卫星的技术和操作特性
ITU-R S.1709 建议	全球宽带卫星系统空中接口的技术特性
ITU-R S.1758 建议	卫星固定业务中高地球轨道类系统的特征
ITU-R S.1779 建议	使用宽带扩展信号的卫星固定业务系统的特性
ITU-R S.1782 建议	通过卫星固定业务进行全球宽带国际互联网接入的可能性
ITU-R S.1783 建议	卫星固定业务中高密度应用的技术和操作特性
ITU-R S.1878 建议	基于卫星系统传输技术的多载波

（2）性能和可用度

ITU-R S.354 建议	卫星固定业务假设参考电路中视频带宽和允许的噪声电平
ITU-R S.521 建议	卫星固定业务中数字传输系统用的假设参考数字通路
ITU-R S.522 建议	卫星固定业务脉码调制电话系统假设参考通路输出端允许的误比特率
ITU-R S.579 建议	低于 15 GHz 的卫星固定业务中用于脉码调制电话或作为综合业务数字网假设参考连接一部分的假设参考电路和假设参考数字通路的可用度指标
ITU-R S.614 建议	低于 15 GHz 的卫星固定业务假设参考数字通路成为综合业务数字网国际连接的一部分时允许的差错性能
ITU-R S.730 建议	卫星固定业务中语音频带数据交换中断效应和多普勒频移效应的补偿
ITU-R S.1062 建议	工作在高于或等于主速率上的假设参考数字通路的允许差错性能

（续表）

ITU-R S.1420 建议	经由卫星的宽带综合业务数字网异步转移模式的性能
ITU-R S.1424 建议	使用低于 15 GHz 频率的对地静止轨道卫星系统卫星固定业务中用于 B-ISDN 异步转移模式传输时的假设参考数字通路的可用度指标
ITU-R S.1429 建议	用于工作在等于或高于主速率上的由使用 15 GHz 以下频率的系统所承载的假设参考数字通路的 GSO 和 NGSO FSS 系统之间的网间干扰所引起的差错性能指标
ITU-R S.1432 建议	对于工作在低于 30 GHz 的频段系统把由时不变干扰产生的容许的差错性能恶化分配给卫星固定业务假设参考数字通路
ITU-R S.1521 建议	基于同步数字体系的假设参考数字通路允许的差错性能
ITU-R S.1522 建议	假设参考数字通路中同步丢失恢复时间对可用度的影响
ITU-R S.1711 建议	卫星网络上传输控制协议的性能增强
ITU-R S.1716 建议	卫星固定业务遥测、跟踪和指令系统的性能和可用度指标
ITU-R S.1806 建议	工作在 15 GHz 以下的卫星固定业务假设参考数字路径的可用度目标
ITU-R S.1897 建议	基于 IP 的卫星–地面混合网络中交叉层的 QoS 保证
ITU-R S.2099 建议	可允许的卫星假定参考数字路径的短期误码性能目标
ITU-R S.2131 建议	使用自适应编码和调制确定卫星假设参考数字路径性能目标的测定方法
第三类　地球站和基带特性、地球站天线、地球站的维护	
ITU-R S.446 建议	卫星固定业务中采用模拟信号角调制或数字调制的系统的载波能量扩散
ITU-R S.465 建议	用于 2 GHz 到约 30 GHz 频率范围内频率协调和干扰估算的参考地球站辐射方向图
ITU-R S.580 建议	用作对地静止轨道卫星地球站天线设计指标的辐射方向图
ITU-R S.731 建议	用于 2 GHz 到约 30 GHz 频率范围内频率协调和干扰估算的参考地球站交叉极化辐射方向图
ITU-R S.732 建议	地球站天线旁瓣峰的统计处理方法
ITU-R S.733 建议	卫星固定业务中的地球站 G/T 值的确定
ITU-R S.734 建议	干扰抵消器在卫星固定业务中的应用
ITU-R S.1425 建议	卫星电路上使用较高阶调制的数字载波的传输考虑
ITU-R S.1428 建议	用于在 10.7 GHz 和 30 GHz 之间的频带中涉及 NGSO 卫星的干扰评估的参考 FSS 地球站的辐射方向图
ITU-R S.1587 建议	工作在划分给卫星固定业务的 5 925～6 425 MHz 和 14～14.5 GHz 频段的船载地球站的暂行技术特性
ITU-R S.1588 建议	由多个非对地静止轨道卫星固定业务系统对某对地静止轨道卫星固定业务网络产生的集总下行链路等效功率通量密度的计算方法

（续表）

ITU-R S.1594 建议	在 30 GHz 向对地静止轨道卫星固定业务空间电台发射的高密度卫星固定业务的地球站的最大发射电平和相关要求
ITU-R S.1712 建议	确定一个给定位置上的 FSS 地球站是否能够在频段 13.75～14 GHz 中发射而不超过《无线电规则》第 5.502 款规定的 PFD 限值的方法以及减轻这种超限的指导方针
ITU-R S.1717 建议	地球站天线方向图的电子数据文件格式
ITU-R S.1844 建议	2～30 GHz 频率范围内线极化甚小口径天线地球站的交叉极化参考增益图
ITU-R S.2062 建议	4/6 GHz 和 11～12/13/14 GHz FSS 频段中使用对地静止轨道卫星网络的卫星固定服务临时使用载波地球站传输数字调制的载波标识系统

第四类　卫星固定业务网络之间的频率共用、频谱和对地静止卫星轨道的有效利用

（1）允许的干扰电平

ITU-R S.466 建议	在采用频分多路复用的卫星固定业务对地静止轨道卫星网络的一个电话信道中由该业务的其他网络所引起的最大允许电平
ITU-R S.483 建议	采用调频的卫星固定业务对地静止轨道卫星网络的一个电视信道中由该业务的其他网络所引起的最大允许电平
ITU-R S.523 建议	采用 8 bit PCM 编码电话的卫星固定业务对地静止轨道卫星网络中由该业务的其他网络所引起干扰的最大允许电平
ITU-R S.524 建议	卫星固定业务中以 6 GHz、13 GHz、14 GHz 和 30 GHz 频带发射的对地静止轨道卫星网络中的地球站偏轴等效全向辐射功率密度的最大允许电平
ITU-R S.671 建议	受到模拟电视载波干扰的窄带每载波单路传输的必要保护比
ITU-R S.735 建议	当卫星固定业务的对地静止轨道卫星网络中 HRDP 成为 ISDN 一部分时，在此网络中由 15 GHz 以下该业务的其他网络引起干扰的最大允许电平
ITU-R S.736 建议	在卫星固定业务对地静止轨道卫星网络之间的干扰计算中极化鉴别的估算
ITU-R S.1063 建议	BSS 馈电链路与 FSS 中其他的地对空或空对地链路之间的共用准则
ITU-R S.1150 建议	按照《无线电规则》第 S11.32A 条的要求在与卫星固定业务中频率指配之间的有害干扰的概率有关检查中所用的技术准则
ITU-R S.1323 建议	卫星固定业务的卫星网络（GSO/FSS、NGSO/FSS、NGSO/MSS 馈电链路）中由其他低于 30 GHz 的同方向 FSS 网络产生的干扰的最大允许电平
ITU-R S.1324 建议	评估同频率和同方向操作的非对地静止轨道卫星移动馈电链路与对地静止轨道卫星固定网络之间干扰的分析方法
ITU-R S.1325 建议	确定同频率、同方向的圆轨道非对地静止轨道卫星固定业务系统与其他圆轨道非对地静止轨道卫星固定业务系统或对地静止轨道卫星固定业务网络之间短期干扰统计特性的仿真方法
ITU-R S.1328 建议	在卫星固定业务中进行频率共用分析时需要考虑的卫星系统特性
ITU-R S.1426 建议	在 5 150～5 250 MHz 频带且与 FSS 共用频率（RR 第 S4.447A 条）的无线局域网（RLAN）发射机在 FSS 卫星轨道上的集总功率通量密度限值

（续表）

ITU-R S.1433 建议	NGSO FSS 系统辐射的上行链路和星际等效功率通量密度
ITU-R S.1512 建议	确定非对地静止轨道卫星等效全向辐射功率和天线鉴别力的测量过程
ITU-R S.1523 建议	对 10 GHz 以上频带共用频谱的对地静止轨道卫星固定业务系统进行干扰灵敏度参数评估研究的方法
ITU-R S.1525 建议	从太阳进入对地静止轨道卫星固定业务链路的干扰的影响
ITU-R S.1554 建议	确定等效功率通量密度(下行链路)的测量精度的方法
ITU-R S.1555 建议	卫星固定业务在 6/4 GHz 频带内密集的双圆和双线性极化对地静止轨道卫星网络间的集总干扰电平
ITU-R S.1556 建议	确定由非对地静止轨道卫星系统对对地静止轨道卫星固定业务网络干扰造成的同步衰减等所对应的等效功率通量密度(下行链路)的方法
ITU-R S.1558 建议	用于测量由非对地静止轨道空间电台造成的等效功率通量密度(下行链路)以检验符合等效功率通量密度(下行链路)操作限值的方法
ITU-R S.1559 建议	由圆轨道非对地静止轨道卫星固定业务系统产生的最大下行链路等效功率通量密度电平的地理分布的计算方法
ITU-R S.1560 建议	由 4/6 GHz 频带特殊类型的高椭圆轨道非对地静止轨道卫星固定业务系统进入对地静止轨道卫星固定业务卫星网络的最差情况的干扰电平的计算方法
ITU-R S.1589 建议	用来表示符合天线直径限值但天线直径未在《无线电规则》第 22 条中列出的系统，所提的保护的下行链路 EPFD，与对地静止轨道卫星固定业务地球站天线直径的连续关系曲线，和上行链路 EPFD 与对地静止轨道卫星固定业务空间电台天线波束宽度的连续关系曲线
ITU-R S.1591 建议	在 23 GHz、32.5 GHz 和 64.5 GHz 频带非对地静止/对地静止轨道卫星间链路之间和对地静止/对地静止轨道卫星间链路的卫星间链路频带共用
ITU-R S.1592 建议	评估圆轨道非对地静止轨道卫星固定业务的卫星系统符合《无线电规则》第 22 条中关于下行链路 EPFD 附加操作限值的方法
ITU-R S.1593 建议	4/6 GHz 和 11/14 GHz 频带某些类型的相似的高椭圆轨道非静止轨道卫星固定业务系统间频率共用的方法
ITU-R S.1672 建议	用于不符合《无线电规则》第 22 条第 Ⅱ 部分中单项操作或/和附加操作限值情况的指导方针
ITU-R S.1673 建议	10～30 GHz 频带从高椭圆轨道非对地静止轨道卫星固定业务系统进入对地静止轨道卫星固定业务卫星网络的最差情况干扰电平的计算方法
ITU-R S.1715 建议	响应第 140 号决议（WRC-03）中所要求的研究而制定的指导方针
ITU-R S.1718 建议	当超过《无线电规则》附录 30 的附件 1 中规定的功率通量密度值时，频带 11.7～12.7 GHz 中的功率通量密度值及可能使用的相应计算方法
ITU-R S.1857 建议	在 14 GHz 频段由车载地球站指向误差造成的偏轴 EIRP 的评估方法和朝向邻星的干扰的评估方法
ITU-R S.2029 建议	评估对地静止卫星固定业务网络按多频时分多址（MF-TDMA）方案操作的地球站给对地静止卫星固定网络造成的时变干扰的统计方法
（2）协调方法	
ITU-R S.737 建议	卫星固定业务中各种技术协调方法的关系

（续表）

ITU-R S.738 建议	用于确定在共用相同频带的对地静止轨道卫星网络之间是否需要协调的程序
ITU-R S.739 建议	用于确定在共用相同频带的卫星固定业务对地静止轨道卫星网络之间是否需要详细协调的另外一些方法
ITU-R S.740 建议	卫星固定网络的技术协调方法
ITU-R S.741 建议	卫星固定业务中网络之间的载波干扰比的计算
ITU-R S.742 建议	频谱利用方法
ITU-R S.743 建议	使用微倾斜对地静止轨道卫星网络之间的协调及这类网络与使用非倾斜对地静止轨道卫星网络之间的协调
ITU-R S.744 建议	在一个或多个频带中有一种以上业务的卫星网络的轨道/频谱改善的措施
ITU-R S.1002 建议	用于卫星固定业务的轨道管理技术
ITU-R S.1003 建议	对地静止轨道的环境保护
ITU-R S.1253 建议	在某些轨道弧段和频带中便于卫星固定业务网络的协调的技术选项
ITU-R S.1254 建议	便于卫星固定业务卫星网络的协调过程的最佳实践
ITU-R S.1255 建议	使用自适应上行链路功率控制来减轻对地静止轨道卫星固定业务网络与非对地静止轨道卫星移动业务网络的馈电链路之间及 GSO/FSS 网络与 NGSO/FSS 网络之间的同方向干扰
ITU-R S.1256 建议	确定卫星移动业务中非对地静止轨道卫星系统的馈电链路在空对地方向上对 $6\,700 \sim 7\,075$ MHz 频带对地静止道产生的最大集总功率通量密度的方法
ITU-R S.1257 建议	计算从地球表面一点观察到的非对地静止轨道卫星短期可视性和干扰统计特性的分析方法
ITU-R S.1418 建议	用于计算使用对地静止轨道的卫星间业务链路的单项载波干扰比的方法
ITU-R S.1419 建议	便于对地静止轨道卫星移动业务馈电链路和对地静止轨道卫星固定业务网络之间在 $19.3 \sim 19.7$ GHz 和 $29.1 \sim 29.5$ GHz 频带中协调的干扰缓解技术
ITU-R S.1427 建议	评估 $5\,150 \sim 5\,250$ MHz 频带内地面无线接入系统/无线局域网发射机对对地非静止卫星轨道卫星移动业务馈电链路干扰的方法和准则
ITU-R S.1430 建议	确定在双向分配给卫星固定业务的频带中以 NGSO 空间站来操作的地球站与工作在相反方向上的其他地球站之间的协调区
ITU-R S.1431 建议	增强 NGSO FSS 系统（除 MSS 馈电连路外）之间在 $10 \sim 30$ GHz 频带中共用的方法
ITU-R S.1524 建议	对地静止轨道卫星固定业务网络之间协调的确定
ITU-R S.1526 建议	在涉及非对地静止轨道卫星固定业务系统时评估与《无线电规则》第 9.12、9.12A 款和第 9.13 款相关的干扰环境的方法

（续表）

ITU-R S.1527 建议	确定对正在运行的对地静止轨道地球站造成干扰的非对地静止轨道卫星的过程
ITU-R S.1529 建议	确定对地静止轨道卫星固定业务系统与其他非对地静止轨道卫星固定业务系统或对地静止轨道卫星固定业务网络之间干扰统计的分析方法
ITU-R S.1595 建议	便于高椭圆轨道的非对地静止轨道卫星固定业务系统与低中轨非对地静止轨道卫星固定业务系统间协调的干扰缓解技术
ITU-R S.1647 建议	某些类型的 NGSO FSS 系统之间在无内部干扰情况下的最差情况的干扰确定方法
ITU-R S.1655 建议	37.5～42.5 GHz 和 47.2～50.2 GHz 对地静止轨道卫星固定业务网络和非对地静止轨道固定卫星系统间的干扰缓解技术和频率共用
ITU-R S.1656 建议	卫星网络资料与《无线电规则》第 5 条一致性的自动化检查软件技术规范概要
ITU-R S.1714 建议	用于计算 EPFD 以便于按照《无线电规则》第 9.7A 款和第 9.7B 款来协调非常大的天线的静态方法
ITU-R S.1713 建议	处于激活弧内的非对地静止 HEO 型 FSS 卫星与对地静止轨道卫星之间在地球表面的最小分离角的计算方法
ITU-R S.1759 建议	FSS 频带中 HEO 系统空间操作传输对 GSO 网络的干扰的分析及将会用于设计和操作 HEO 类 FSS 系统的 TT&C 的相应指导方针
ITU-R S.1780 建议	17.3～17.8 GHz 频带对地静止轨道卫星固定业务网络与卫星广播业务网络之间的协调
ITU-R S.1781 建议	由广泛分布的地球站所构成的双向对地静止轨道卫星固定业务网络之间频率共用的可能的方法
ITU-R S.1856 建议	确定工作在 3 400～3 600 MHz 频段指定位置的 IMT 台站的发射是否不超过《无线电规则》第 5.430A、5.432A、5.432B 款和第 5.433A 款功率密度限值的方法
ITU-R S.2112 建议	在 1 区和 2 区国家的 14.5～14.75 GHz 频段或 3 区国家的 14.5～14.8 GHz 频段，在不是用于卫星广播业务馈线链路的卫星固定业务（地对空）中，开展达成明确协议的双边协调、以保护参与此类协议的这些主管部门境内 14.5～14.8 GHz 频段已划分业务现有和规划中系统的导则

（3）航天器位置保持、卫星天线辐射方向图、指向精度

ITU-R S.484 建议	卫星固定业务中对地静止轨道卫星的经度位置保持
ITU-R S.670 建议	作为设计指标的卫星定位中的灵活性
ITU-R S.672 建议	在使用对地静止轨道卫星的卫星固定业务中用作设计指标的卫星天线辐射方向图
ITU-R S.1064 建议	卫星固定业务中作为对地静止轨道卫星星载指向地球的天线的设计指标的指向精度
ITU-R S.1528 建议	30 GHz 以下卫星固定业务的非对地静止轨道卫星天线的方向图
ITU-R S.1553 建议	阐明环境和其他因素对卫星天线方向图的影响的一种适当的方法
第五类	**卫星固定业务网络与其他空间无线电通信系统网络之间的频率共用**
ITU-R S.1068 建议	在 13.75～14 GHz 频带内共用的卫星固定业务和无线电定位/无线电导航业务

（续表）

ITU-R S.1069 建议	13.75～14 GHz 频带卫星固定业务和空间科学业务之间的兼容性
ITU-R S.1151 建议	卫星固定业务中涉及对地静止轨道卫星的卫星间业务和无线电导航业务之间在 33 GHz 的共享
ITU-R S.1326 建议	卫星间业务与卫星固定业务之间在 50.4～51.4 GHz 频带共用的可行性
ITU-R S.1327 建议	在 50.2～71 GHz 范围内卫星间业务的操作要求和适合的频带
ITU-R S.1329 建议	卫星移动业务中的系统与卫星固定业务中的系统之间在 19.7～20.2 GHz 和 29.5～30.0 GHz 频带的频率共用
ITU-R S.1339 建议	卫星地球探测业务的星载无源传感器与对地静止轨道卫星网络的星际链路之间在 54.25～59.3 GHz 范围内的共用
ITU-R S.1340 建议	卫星移动业务馈电链路与航空无线电导航业务之间在 15.4～15.7 GHz 频带地对空方向上的共用
ITU-R S.1341 建议	卫星移动业务馈电链路与航空导航业务之间在 15.4～15.7 GHz 频带空对地方向上的共用及对 15.35～15.4 GHz 频带射电天文业务的保护
ITU-R S.1342 建议	确定工作在航空无线电导航业务中的国际标准微波着陆控制系统的电台与提供上行馈电链路业务的非对地静止卫星移动业务的电台之间在 5 GHz 频带协调距离的方法
ITU-R S.1586 建议	在射电天文台址由非对地静止轨道卫星固定业务系统产生的无用发射电平的计算
ITU-R S.1899 建议	23.183～23.377 GHz 频段空间研究业务 NGSO 星间链路的保护标准和干扰评估方法
ITU-R S.1503 建议	开发用于确定非对地静止轨道卫星固定业务系统或网络是否符合《无线电规则》第 22 条所含的限值的软件工具时采用的功能描述
ITU-R S.2049 建议	4/6 GHz 和 11～12/13/14 GHz 卫星固定业务频段内卫星固定业务偶尔使用向对地静止轨道空间站方向发射的接入程序

7.3　卫星固定业务与其他无线电业务频率共用研究的相关建议书

频率共用是实现频谱有效利用的可靠途径，也是卫星网络协调的基本考量。7.2 节介绍了国际电信联盟 S 系列建议书中为卫星固定业务网络之间的频率共用制定的标准与方法，本节将对工作于 3.4～14.75 GHz 的卫星固定业务系统与其他无线电业务系统的频率共用研究方面的建议书进行梳理和归纳，供专业人员参考。这些 ITU-R 建议书涉及 M、F、S、RS、RA 等系列，而且某一建议书极有可能提及其他相关的建议书。因此，在使用这些建议书时，请考虑这一关联性，并请注意使用 ITU-R 建议书的最新版本。

表 7-2 空间业务与其他无线电业务频率共用研究的相关建议书

1区	2区	3区	基本描述
3 400~3 600 MHz 固定 卫星固定（空对地） 移动（航空移动除外）5.430A 无线电定位 5.431	**3 400~3 500 MHz** 固定 卫星固定（空对地） 移动（航空移动除外）5.431A 5.431B 业余 无线电定位 5.433 5.282	**3 400~3 500 MHz** 固定 卫星固定（空对地） 业余 移动 5.432 5.432B 5.433 无线电定位 5.433 5.282 5.432A	• 固定业务的特性见建议书 ITU-R F.758。 • 工作于 3 100~3 700 MHz 频段无线电定位业务的雷达特性和保护标准，见建议书 ITU-R M.1465。 • 用于共用研究的业余业务和卫星业余系统特性，见建议书 ITU-R M.1732。 • 用于共用研究的电视用业务系统特性（除移动业务的广播、电子新闻采集和电场生成外），见建议书 ITU-R M.1824。 • 固定业务协调研究，共用研究和干扰评估的参考天线方向图，见建议书 ITU-R F.1245-1 和 ITU-R F.1336。某些特殊的模型，见建议书 ITU-R F.699。某些特
	3 500~3 600 MHz 固定 卫星固定（空对地） 移动（航空移动除外）5.431B 无线电定位 5.433	**3 500~3 600 MHz** 固定 卫星固定（空对地） 移动（航空移动除外）5.433A 无线电定位 5.433	• FWS 的特性，见建议书 ITU-R F.1101。 • 3.4~3.6 GHz 和 5.85~8.5 GHz 频段固定业务共用研究的 BAS 特性。 • 工作在共用频段的 nGSO 空间电台发射对固定业务保护标准的确定，见建议书 ITU-R F.1108。 • 对各种空间业务的空间电台共用固定频段的固定业务系统保护的国际电联建议书中的 PFD 标准，见建议书 ITU-R F.1403。 • 用于协调研究、共用研究以及干扰评估的地球站天线交叉极化参考方向，见建议书 ITU-R S.672；空间电台天线特性，见建议书 ITU-R S.731；空间电台天线特性，见建议书 ITU-R S.1101。
3 600~4 200 MHz 固定 卫星固定（空对地） 移动	**3 600~3 700 MHz** 固定 卫星固定（空对地） 移动（航空移动除外）5.434 无线电定位 5.435	**3 600~3 700 MHz** 固定 卫星固定（空对地） 移动（航空移动除外）5.435 无线电定位 5.435	• 甚小口径天线地球站特性见建议书 ITU-R S.725。 • 卫星固定业务 HEO 的特性，见建议书 ITU-R S.1758。 • 用于对不同接受干扰频段的识别，卫星固定业务临时使用载波地球站识别系统的特性，见建议书 ITU-R S.2062。 • 卫星固定业务临时使用向对地静止卫星固定业务频段内卫星固定业务频段内发射的接入程序，见建议书 ITU-R S.2049。
	3 700~4 200 MHz 固定 卫星固定（空对地） 移动（航空移动除外）		

（续表）

1 区	2 区	3 区	基本描述
4 200~4 400 MHz	航空移动（R）5.436 航空无线电导航 5.438 5.437 5.439 5.440		• 卫星无源遥感业务的干扰标准，见建议书 ITU-R S.1029。
4 400~4 500 MHz	固定 移动 5.440A		• 固定业务特性见建议书 ITU-R F.758。 • 用于协调研究、功用研究以及干扰评估对固定业务参考天线方向图，见建议书 ITU-R F.699。某些特性模型，见建议书 ITU-R F.1245 和 ITU-R F.1336。 • FWS特性见建议书 ITU-R F.1101。 • 工作在共用频段的 NGSO 空间电台发射对固定业务接收机保护标准的确定，见建议书 ITU-R F.1108
4 500~4 800 MHz	固定 卫星固定（空对地）5.441 移动 5.440A		• 固定业务的特性见建议书 ITU-R F.758。 • 对与各种空间业务的空间电台共用频段的固定业务系统保护的国际电联建议书中的 PFD 标准，见建议书 ITU-R F.1403。 • 用于协调研究、共用研究以及干扰评估的地球站参考天线方向图，见建议书 ITU-R S.465; 交叉极化方向图，见建议书 ITU-R S.731；空间电台天线特性，见建议书 ITU-R S.672。 • 卫星固定业务的 HEO 特性，见建议书 ITU-R S.1758。 • 研究一个 FSS 的卫星网络受到其他 FSS 卫星网络干扰时可以使用的最大允许干扰电平，见建议书 ITU-R S.1323。 • 用于不可接受干扰源的识别，卫星固定业务临时使用向载波识别系统的特性，见建议书 ITU-R S.2062。 • 卫星固定业务频段内用卫星固定业务临时使用对地静止卫星轨道空间站方向发射的载波标识的接入程序，见建议书 ITU-R S.2049。
4 800~4 990 MHz 固定	固定 移动 5.440A　5.441A　5.441B　5.442 射电天文 5.149　5.339　5.443		• 固定业务的特性，见建议书 ITU-R F.758。 • 射电天文（RAS）与其他业务共用的门限电平和保护标准，见建议书 ITU-RRA.769 的附件 1。 • 射电天文参考天线方向图，见建议书 ITU-R RA.1631。 • 固定业务协调研究、共用研究和干扰评估对共用天线方向图，见建议书 ITU-R SA.509 和 ITU-R RA.1631。 • 固定业务协调研究、共用研究和干扰评估和其他参考天线方向图，见建议书 ITU-R F.699。某些特殊的模型，见建议书 ITU-R F.1245 和 ITU-R F.1336。 • 固定无线系统（FWS）的特性，见建议书 ITU-R F.1101。 • 在共用频段的 NGSO 空间电台发射对固定业务保护标准的确定，见建议书 ITU-R F.1108

（续表）

1 区	2 区	3 区	基本描述
4 990~5 000 MHz	固定 移动（航空移动除外） 射电天文 空间研究（无源） 5.149		• 固定业务的特性，见建议书 ITU-R F.758。 • 卫星无源遥感业务的干扰标准，见建议书 ITU-R S.1029。 • 射电天文参考天线方向图，见建议书 ITU-R SA.509 和 ITU-R RA.1631。 • 空间研究业务地球站的保护标准，见建议书 ITU-R SA.609。 • RAS 与其他业务共用的干扰门限电平和保护标准，见建议书 ITU-R RA.769 的附件 1。 • 射电天文参考天线方向图，见建议书 ITU-R SA.509 和 ITU-R RA.1631。 • 固定业务协调研究、共用研究和干扰评估的参考天线方向图，见建议书 ITU-R F.699。某些特殊的模型，见建议书 ITU-R F.1245 和 ITU-R F.1336。 • FWS 的特性，见建议书 ITU-R F.1101。 • 工作在共用频段的 NGSO 空间电台发射对固定业务保护标准的确定，见建议书 ITU-R F.1108
5 000~5 010 MHz	卫星航空移动（R）　5.443AA 航空无线电导航 卫星无线电导航（地对空）		
5 010~5 030 MHz	卫星航空移动（R）　5.443AA 航空无线电导航 卫星无线电导航（空对地）（空对空） 5.328B　5.443B		
5 030~5 091 MHz	航空移动（R）　5.443C 卫星航空移动（R）　5.443D 航空无线电导航 5.444		
5 091~5 150 MHz	卫星固定（地对空）5.444A 航空移动　5.444B 卫星航空移动（R）5.443AA 航空无线电导航 5.444		

（续表）

1区	2区	3区	基本描述
5 150～5 250 MHz	卫星固定（地对空） 移动（航空移动除外） 5.446A 航空无线电导航 5.446 5.446C 5.446D 5.447	5.447A 5.446B 5.447B 5.447C	• 5.2 GHz以及5.7～5.8 GHz频段无线局域网特性，见建议书 ITU-R F.1244。 • 用于协调研究，共用评估以及干扰评估的地球站参考天线方向图，见建议书 ITU-R S.465；交叉极化方向图，见建议书 ITU-R S.731；空间电台天线特性，见建议书 ITU-R S.672。 • 卫星固定业务的HEO特性，见建议书 ITU-R S.1758。 • 研究一个卫星固定业务网络受到其他卫星固定业务网络干扰时的最大允许干扰电平，见建议书 ITU-R S.1323。 • 宽带无线局域网特性见建议书 ITU-R M.1450。 • 用于不可接受干扰的识别，卫星固定业务临时使用向对地静止卫星轨道空间站方向发射的接入程序，见建议书 ITU-R S.2062。 • 卫星固定业务频段内卫星固定业务临时使用时使用向对地静止卫星轨道空间站方向发射的接入程序，见建议书 ITU-R S.2049。
5 250～5 255 MHz	卫星地球探测（有源） 移动（航空移动除外） 5.446A 无线电定位 空间研究 5.447D 5.447E 5.448 5.448A	5.447F	• 无线电定位、航空无线电导航业务（有源）与WAS的共用，见建议书 ITU-R RS.1632。 • 卫星地球探测业务（有源）的性能和干扰，见建议书 ITU-R RS.1166。 • 有源航天传感器参考天线方向图，见建议书 ITU-R SA.509-2 和 ITU-R RA.1631。 • 卫星地球探测和卫星气象业务控制和数据传输系统的干扰标准，见建议书 ITU-R SA.514。 • 空间研究业务地球站的保护标准，见建议书 ITU-R SA.609。
5 255～5 350 MHz	卫星地球探测（有源） 移动（航空移动除外） 5.446A 无线电定位 空间研究（有源） 5.447E 5.448 5.448A	5.447F	• 卫星地球探测业务数据采集局域网特性，见建议书 ITU-R M.1450。 • 卫星地球探测和卫星气象业务气象雷达的共用和协调标准，见建议书 ITU-R SA.1164。 • 5.2 GHz以及5.7～5.8 GHz频段无线局域网特性，见建议书 ITU-R F.1244。 • 宽带无线局域网特性，见建议书 ITU-R M.1450
5 350～5 460 MHz	卫星地球探测（有源） 5.448D 无线电定位 航空无线电导航 5.449 空间研究（有源） 5.448C	5.448B	• 无线电定位、航空无线电导航和气象雷达的特性及保护标准，见建议书 ITU-R M.1638。 • 有源航天传感器参考天线方向图，见建议书 ITU-R RS.1166。 • 射电天文参考天线方向图，见建议书 ITU-R RA.1631。 • 卫星地球探测、卫星气象业务控制和数据传输系统的干扰标准，见建议书 ITU-R SA.509 和 ITU-R RA.1631。 • 空间研究业务地球站的保护标准，见建议书 ITU-R SA.609。 • 卫星地球探测和卫星气象业务数据采集业务链路的共用和协调标准，见建议书 ITU-R SA.1164。

（续表）

1 区	2 区	3 区	基本描述
5 460~5 470 MHz	卫星地球探测（有源）5.448D 无线电定位 无线电导航 5.449 空间研究（有源）5.448B		• 无线电定位、航空无线电导航和气象雷达的特性及保护标准，见建议书 ITU-R M.1638。 • 有源航天传感器的性能和干扰标准，见建议书 ITU-R RS.1166。 • 射电天文参考天线方向图，见建议书 ITU-R SA.509 和 ITU-R RA.1631。 • 卫星地球探测、卫星气象业务控制和数据传输系统的干扰标准，见建议书ITU-R SA.514。 • 空间研究业务地球站的保护标准，见建议书 ITU-R SA.609。 • 卫星地球探测和卫星气象业务数据集采业务链路的共用和协调标准，见建议书 ITU-R SA.1164
5 470~5 570 MHz	卫星地球探测（有源） 移动（航空移动除外）5.450B 无线电定位 水上无线电导航 空间研究（有源） 5.448B　5.450　5.451	5.446A　5.450A	• 无线电定位、航空无线电导航和气象雷达的特性及保护标准，见建议书 ITU-R M.1638。 • 有源航天传感器的性能和干扰标准，见建议书 ITU-R RS.1166。 • 射电天文参考天线方向图，见建议书 ITU-R SA.509 和 ITU-R RA.1631。 • 卫星地球探测和卫星气象业务控制和数据传输系统的干扰标准，见建议书 ITU-R SA.514。 • 空间研究业务地球站的保护标准，见建议书 ITU-R SA.609。 • 卫星地球探测、卫星气象业务系统数据集采业务链路的共用和协调标准，见建议书 ITU-R SA.1164。 • 宽带无线局域网特性，见建议书 ITU-R M.1450
5 570~5 650 MHz	移动（航空移动除外）5.450B 无线电定位 水上无线电导航 5.450　5.451　5.452	5.446A　5.450A	• 无线电定位、航空无线电导航和气象雷达的特性的标准，见建议书 ITU-R M.1638。 • 宽带无线局域网特性，见建议书 ITU-R M.1450
5 650~5 725 MHz	移动（航空移动除外） 无线电定位 业余 空间研究（深空） 5.282　5.451　5.453　5.454　5.455	5.446A　5.450A	• 无线电定位、航空无线电导航和气象雷达的特性的标准，见建议书 ITU-R M.1638。 • 射电天文参考天线方向图，见建议书 ITU-R SA.509 和 ITU-R RA.1631。 • 深空研究空间网特性，见建议书 ITU-R SA.1014+1；保护标准见建议书 ITU-R F.1244。 • 5.2 GHz 以及 5.7~5.8 GHz 频段无线电台和地球站域网特性，见建议书 ITU-R M.1450。 • 宽带无线局域网特性，见建议书 ITU-R M.1450。 • 用于共用研究的业余业务和卫星业余业务系统的特性，见建议书 ITU-R M.1732

（续表）

1 区	2 区	3 区	基本描述
5 725~5 830 MHz 卫星固定（地对空） 无线电定位 业余 5.150 5.451 5.453 5.455 5.455	**5 725~5 830 MHz** 无线电定位 业余 5.150 5.453 5.455		• 无线电定位、航空无线电导航和气象雷达的特性及保护标准，见建议书 ITU-R M.1638。 • 卫星固定业务地球站的偏轴 EIRP 值，见建议书 ITU-R S.524。 • 卫星固定业务的共用研究可使用建议书 ITU-R S.1328 中的卫星固定业务特性。 • 可使用建议书 ITU-R S.524 审查 MES 的 EIRP。 • 5.2 GHz 以及 5.7~5.8 GHz 频段无线电局域网特性，见建议书 ITU-R F.1244。 • 用于协调研究、共用研究以及干扰评估的地球站参考天线方向图，见建议书 ITU-R S.465；交叉极化方向图，见建议书 ITU-R S.731；空间电台天线特性，见建议书 ITU-R S.672。 • 卫星固定业务的 HEO 特性，见建议书 ITU-R S.1758。 • 研究一个卫星固定业务网络受到其他卫星固定业务网络干扰时的最大允许干扰电平，见建议书 ITU-R S.1323。 • 宽带无线电局域网特性，见建议书 ITU-R M.1450。 • 用于共用研究的业余和卫星业余业务系统的特性，见建议书 ITU-R M.1732
5 830~5 850 MHz 卫星固定（地对空） 无线电定位 业余 卫星业余（空对地） 5.150 5.451 5.453 5.455 5.455	**5 830~5 850 MHz** 无线电定位 业余 卫星业余（空对地） 5.150 5.453 5.455		• 无线电定位、航空无线电导航和气象雷达的特性及保护标准，见建议书 ITU-R M.1638。 • 卫星固定业务地球站的偏轴 EIRP 值，见建议书 ITU-R S.524。 • 卫星固定业务的共用研究可使用建议书 ITU-R S.1328 中 FSS 的特性。 • 可使用建议书 ITU-R S.524 审查 MES 的 EIRP。 • 用于协调研究、共用研究以及干扰评估的地球站参考天线方向图，见建议书 ITU-R S.731；空间电台天线参考方向图见建议书 ITU-R S.1428。 • 交叉极化方向图，见建议书 ITU-R S.731；空间电台天线参考方向图见建议书 ITU-R S.1428。NGSO 地球站参考方向图，必要时，见建议书 ITU-R S.672。 • 卫星固定业务的 HEO 特性，见建议书 ITU-R S.1758。 • 研究一个卫星固定业务网络受到其他卫星固定业务网络干扰时的最大允许干扰电平，见建议书 ITU-R S.1323。 • 用于共用研究的业余业务和卫星业余业务系统的特性，见建议书 ITU-R M.1732。 • 用于对不可接受干扰源的识别，卫星固定业务临时使用地球站站传输的载波标识系统的特性，见建议书 ITU-R S.2062。 • 卫星固定业务频段内卫星固定业务临时使用时禁止向对地静止卫星轨道空间方向发射的接入程序，见建议书 ITU-R S.2049

（续表）

1 区	2 区	3 区	基本描述
5 850～5 925 MHz 固定 卫星固定（地对空） 移动 无线电定位 5.150	**5 850～5 925 MHz** 固定 卫星固定（地对空） 移动 业余 无线电定位 5.150	**5 850～5 925 MHz** 固定 卫星固定（地对空） 移动 无线电定位 5.150	• 卫星固定业务地球站的偏轴 EIRP 值，见建议书 ITU-RS.524。 • 固定业务的特性，见建议书 ITU-R F.758。 • 卫星固定业务的共用研究可使用建议书 ITU-R S.1328 中的卫星固定业务特性。 • 可使用建议书 ITU-R S.524 审查 MES 的 EIRP。 • 卫星无源遥感业务的干扰标准，见建议书 ITU-R RS.1029。 • 固定业务协调研究、共用研究和干扰评估的参考天线方向图，见建议书 ITU-R F.699。某些特殊的模型，见建议书 ITU-R F.1245 和 F.1336。 • FWS 的特性，见建议书 ITU-R F.1101。 • 在 3.4～3.6 GHz 和 5.85～8.5 GHz 频段用于共用研究的固定业务中 BAS 特性，见建议书 ITU-R F.1777。 • 工作在共用频段的 NGSO 空间电台发射对固定业务系统保护标准的确定，见建议书 ITU-R F.1108。 • 对与各种空间业务空间电台共用频段的固定业务系统保护的国际电联建议书中的 PFD 标准，见建议书 ITU-R F.1403。 • 用于协调研究、共用研究以及干扰评估的地球站的参考天线方向图，见建议书 ITU-R S.731；空间电台天线特性，见建议书 ITU-R S.672。 • 甚小口径天线地球站特性，见建议书 ITU-R S.725。 • 卫星固定业务的 HEO 特性，见建议书 ITU-R S.1758。 • 在 5 925～6 425 MHz 和 14～14.5 GHz 频段与卫星固定业务的卫星通信的船载地球站技术特性，见建议书 ITU-R S.1587。 • 研究一个 FSS 的卫星固定业务网络受到其他卫星固定业务网络干扰时的最大允许干扰电平，见建议书 ITU-R S.1323。 • 用于共用研究的电视分配系统特性（除移动业务的广播、电子新闻采集和电场生成以外），见建议书 ITU-R M.1824。 • 用于对不可接受干扰源的识别，见建议书 ITU-R S.2062。 • 卫星固定业务频段内卫星固定业务临时使用向对地静止卫星轨道空间站方向发射的接入程序，见建议书 ITU-R S.2049。

（续表）

1区	2区	3区	基本描述
5 925-6 700 MHz 固定 5.457 卫星固定（地对空）5.457C 移动 5.149 5.440 5.458	5.457A	5.457B	• 卫星固定业务地球站的偏轴 EIRP 值，见建议书 ITU-R S.524。 • 固定业务的特性，见建议书 ITU-R F.758。 • 卫星固定业务的共用研究可使用建议书 ITU-R S.1328 中的卫星固定业务特性。 • 可使用建议书 ITU-R S.524 审查 MES 的 EIRP。 • 卫星无源遥感业务的干扰标准，见建议书 ITU-R RS.1029。 • 固定业务协调研究、共用研究和干扰评估的地球站的参考天线方向图，见建议书 ITU-R F.699。某些特殊的模型，见建议书 ITU-R F.1245 和 ITU-R F.1336。 • FWS 的特性，见建议书 ITU-R F.1101。 • 在 3.4～3.6 GHz 和 5.85～8.5 GHz 频段用于共用研究的固定业务系统保护特性，见建议书 ITU-R F.1777。 • 工作在共用频段的 NGSO 空间电台发射对固定业务保护标准的确定，见建议书 ITU-R F.1108。 • 对与各种固定业务空间电台共用频段的固定业务的国际电联建议书中的 PFD 标准，见建议书 ITU-R F.1403。 • 用于协调研究、共用研究以及干扰研究的地球站参考天线方向图，见建议书 ITU-R S.731；空间电台天线特性，见建议书 ITU-R S.672。 • 甚小口径天线地球站特性，见建议书 ITU-R S.725。 • 卫星固定业务的 HEO 特性，见建议书 ITU-R S.1758。 • 在 5 925～6 425 MHz 和 14～14.5 GHz 频段与卫星固定业务通信的船载地球站技术特性，见建议书 ITU-R S.1587。 • 研究一个 FSS 的卫星固定业务网络受到其他卫星固定业务网络受干扰时的最大允许的电平，见建议书 ITU-R S.1323。 • 用于共用研究的电视系统特性（除移动业务以外），电子新闻采集和地球站传输的载波生成标识系统的特性，见建议书 ITU-R M.1824。 • 用于对不可接受干扰源的识别，卫星固定业务临时使用的载波生成标识系统的特性，见建议书 ITU-R S.2062。 • 卫星固定业务频段内卫星固定业务临时使用的向对地静止卫星轨道空间方向发射的接入程序，见建议书 ITU-R S.2049

（续表）

1 区	2 区	3 区	基本描述
6 700~7 075 MHz			• 卫星固定业务地球站的偏轴 EIRP 值，见建议书 ITU-R S.524。
固定			• 固定业务的特性，见建议书 ITU-R F.758。
卫星固定（地对空）（空对地） 5.441			• 卫星无源遥感业务的干扰标准，见建议书 RS.1029。
移动 5.458　5.458A　5.458B			• 固定业务协调研究、共用研究和干扰评估的参考天线方向图，见建议书 ITU-R F.1245 和 ITU-R F.1336。
			• FWS 的特性，见建议书 ITU-R F.1101。
			• 在 3.4~3.6 GHz 和 5.85~8.5 GHz 频段用于共用研究的固定业务中 BAS 的特性，见建议书 ITU-R F.1777。
			• 工作在共用频段的 NGSO 空间电台发射对固定业务保护标准的确定，见建议书 ITU-R F.1108。
			• 对与高空遥感业务空间电台共用频段的固定业务系统护的国际联盟建议书中的 PFD 标准，见建议书 ITU-R F.1403。
			• 用于协调研究、共用研究以及干扰评估的地球站参考天线方向图，见建议书 ITU-R S.731；空间电台天线特性，见建议书 ITU-R F.1336。
			• 卫星固定业务的 HEO 特性，见建议书 ITU-R S.1758。
			• 研究一个卫星固定业务网络受到其他卫星固定业务网络干扰时所许可的最大干扰电平，见建议书 ITU-R S.1323。
			• 用于共用研究的电视业务剖其他系统特性（除移动业务以外），电子新闻采集和传输的广播、电子新闻采集和载波标识系统的特性，见建议书 ITU-R M.1824。
			• 用于对不可接受干扰源的识别，卫星固定业务临时使用向载波标识系统的特性，见建议书 ITU-R S.2062。
			• 卫星固定业务频段内卫星固定业务临时使用向对地静止卫星轨道空间方向发射的接入程序，见建议书 ITU-R S.2049
7 075~7 145 MHz			• 固定业务的特性，见建议书 ITU-R F.758。
固定			• 卫星无源遥感业务的干扰标准，见建议书 ITU-R S.1029。
移动 5.458　5.459			• 固定业务协调研究、共用研究和干扰评估的参考天线方向图，见建议书 ITU-R F.1245 和 ITU-R F.1336。
			• FWS 的特性，见建议书 ITU-R F.1101。
			• 在 3.4~3.6 GHz 和 5.85~8.5 GHz 频段用于共用研究的固定业务中 BAS 的特性，见建议书 ITU-R F.1777。
			• 工作在共用频段的 NGSO 空间电台发射对固定业务保护标准的确定，见建议书 ITU-R F.1108。
			• 用于共用研究的电视系统特性（除移动业务的广播、电子新闻采集和场生成以外），见建议书 ITU-R M.1824

（续表）

1区	2区	3区	基本描述
7 145~7 190 MHz	固定 移动 空间研究（深空）（地对空）5.458　5.459		● 固定业务的特性，见建议书 ITU-R F.758。 ● 卫星无源遥感业务的干扰标准，见建议书 RS.1029。 ● 射电天文业务参考天线方向图，见建议书 ITU-R SA.509 和 ITU-R RA.1631。 ● 空间研究业务地球站的保护标准，见建议书 ITU-R SA.609。
7 190~7 235 MHz	卫星地球探测（地对空）5.460A 固定 移动 空间研究（地对空）5.460 5.458　5.459	5.460B	● 固定业务协调研究，共用研究中评估的参考天线方向图，见建议书 ITU-R F.699。某些特殊的模型，见建议书 ITU-R F.1245 和 ITU-R F.1336。 ● FWS 的特性，见建议书 ITU-R F.1101。 ● 在 3.4~3.6 GHz 和 5.85~8.5 GHz 频段用于共用研究的 FS 中 BAS 的特性，见建议书 ITU-R F.1777。 ● 工作在共用频段的 NGSO 空间电台发射对固定业务保护标准的确定，见建议书 ITU-R F.1108。
7 235~7 250 MHz	卫星地球探测（地对空）5.460A 固定 移动 5.458		● 固定业务的特性，见建议书 ITU-R F.758。 ● 卫星无源遥感业务的干扰标准，见建议书 RS.1029。 ● 固定业务协调研究，共用研究和干扰评估的参考天线方向图，见建议书 ITU-R F.699。某些特殊的模型，见建议书 ITU-R F.1245 和 ITU-R F.1336。 ● FWS 的特性，见建议书 ITU-R F.1101。 ● 在 3.4~3.6 GHz 和 5.85~8.5 GHz 频段用于共用研究的 FS 中 BAS 的特性，见建议书 ITU-R F.1777。 ● 工作在共用频段的 NGSO 空间电台发射对固定业务保护标准的确定，见建议书 ITU-R F.1108。
7 250~7 300 MHz	固定 卫星固定（空对地） 移动 5.461		● 固定业务的特性，见建议书 ITU-R F.758。 ● 划分给卫星固定业务，通过脚注 NO.5.461，卫星移动业务也可使用 7 250~7 375 MHz 频段，建议书 ITU-R S.1328 可作为共用研究的基础，必要时，也可使用建议书 ITU-R S.1324。 ● 固定业务协调研究，共用研究和干扰评估的参考天线方向图，见建议书 ITU-R F.699。某些特殊的模型，见建议书 ITU-R F.1245 和 ITU-R F.1336。 ● FWS 的特性，见建议书 ITU-R F.1101。 ● 在 3.4~3.6 GHz 和 5.85~8.5 GHz 频段用于共用研究的 FS 中 BAS 的特性，见建议书 ITU-R F.1777。 ● 工作在共用频段的 NGSO 空间电台发射对固定业务保护标准的确定，见建议书 ITU-R F.1108。 ● 对与各种空间电台共用频段的固定业务系统保护的国际电联建议书中的 PFD 标准。 ● 用于协调研究，共用研究以及干扰评估的地球站参考天线方向图，见建议书 ITU-R S.465；交叉极化方向图，见建议书 ITU-R S.731。空间电台天线特性，见建议书 ITU-R S.672。 ● 卫星固定业务的 HEO 特性，见建议书 ITU-R S.1758。 ● 研究一个卫星固定业务网络受到其他卫星固定业务网络干扰时的最大允许干扰电平，见建议书 ITU-R S.1323

（续表）

1 区	2 区	3 区	基本描述
7 300~7 375 MHz	固定 <u>卫星固定</u>（空对地） 移动（航空移动除外） 5.461		• 固定业务的特性，见建议书 ITU-R F.758。 • 划分给卫星固定业务，通过脚注 No.5.461，卫星移动业务也可使用 7 250~7 375 MHz 频段。 • 卫星固定业务的共用研究，可使用建议书 ITU-R S.1328 中的卫星固定业务特性。 • 固定业务协调研究，共用研究中评估的参考天线方向图，见建议书 ITU-R F.1245 和 ITU-R F.1336。某些特殊的模型，见建议书 ITU-R F.1101。
7 375~7 450 MHz	固定 <u>卫星固定</u>（空对地） 移动（航空移动除外） <u>卫星水上移动</u>（空对地）5.461AA　5.461AB		• FWS 的特性，见建议书 ITU-R F.1777。 • 在 3.4~3.6 GHz 和 5.85~8.5 GHz 频段用于共用研究的固定业务中 BAS 的特性，见建议书 ITU-R F.1108。 • 工作在共用频段的 NGSO 卫星固定业务空间电台发射对固定业务标准确定的，对与各种空间业务共用频段的固定业务系统保护的国际电联建议书中的 PFD 标准，见建议书 ITU-R F.1403。 • 用于协调研究，共用研究以及干扰评估的地球站参考天线方向图，见建议书 ITU-R S.465；交叉极化方向图，见建议书 ITU-R S.731；空间电台天线特性，见建议书 ITU-R S.672。 • 卫星固定业务的 HEO 特性，见建议书 ITU-R S.1758。 • 研究一个卫星固定业务网络受到其他卫星固定业务网络干扰时的最大允许干扰电平，见建议书 ITU-R S.1323
7 450~7 550 MHz	固定 <u>卫星固定</u>（空对地） <u>卫星气象</u>（空对地） 移动（航空移动除外） <u>卫星水上移动</u>（空对地）5.461AA　5.461AB 5.461A		• 固定业务的特性，见建议书 ITU-R F.758。 • FSS 的共用研究可使用建议书 ITU-R S.1328 中的卫星固定业务特性。必要时，可使用建议书 ITU-R S.1324。 • 卫星地球探测和卫星气象业务控制数据传输系统的共用标准，见建议书 ITU-R SA.514。 • 卫星地球探测和卫星气象业务数据采集系统和数据链路系统的共用和协调标准，见建议书 ITU-R SA.1164。 • 固定业务协调研究，共用研究和干扰评估的参考天线方向图，见建议书 ITU-R F.1245 和 ITU-R F.1336。某些特殊的模型，见建议书 ITU-R F.1101。 • FWS 特性见建议书 ITU-R F.1777。 • 工作在共用频段的 NGSO 卫星固定业务空间电台发射对固定业务标准确定的，对与各种空间业务共用频段的固定业务系统保护的国际电联建议书中的 PFD 标准，见建议书 ITU-R F.1108。 • 在 3.4~3.6 GHz 和 5.85~8.5 GHz 频段用于共用研究的固定业务中 BAS 的特性，见建议书 ITU-R F.1108。 • 用于协调研究，共用研究以及干扰评估的地球站参考天线方向图，见建议书 ITU-R S.465；交叉极化方向图，见建议书 ITU-R S.731；空间电台天线特性，见建议书 ITU-R S.672。 • 卫星固定业务的 HEO 特性，见建议书 ITU-R S.1758。 • 研究一个卫星固定业务网络受到其他卫星固定业务网络干扰时的最大允许干扰电平，见建议书 ITU-R S.1323

（续表）

1 区	2 区	3 区	基本描述
7 550~7 750 MHz			
固定			• 固定业务的特性，见建议书 ITU-R F.758。
卫星固定（空对地）			• 卫星固定业务的共用研究可使用建议书 ITU-R S.1328 中的卫星固定业务特性。必要时，可使用建议书中的共用频段，见建议书 ITU-R S.1324。
移动（航空移动除外）			• 固定业务协调研究，共用研究和干扰评估的参考天线方向图，见建议书 ITU-R F.699。某些特殊的模型，见建议书 ITU-R F.1245 和 ITU-R F.1336。
卫星水上移动（空对地）5.461AA		5.461AA 5.461AB	• FWS 的特性，见建议书 ITU-R F.1101。
			• 工作在共用频段的 NGSO 空间对固定业务业务保护标准的确定，见建议书 ITU-R F.1108。
			• 对与各种空间业务空间电台共用频段的固定业务系统保护的国际电联建议书中的 PFD 标准，见建议书 ITU-R F.1403。
			• 在 3.4~3.6 GHz 和 5.85~8.5 GHz 频段用于共用研究的固定业务中 BAS 的特性，见建议书 ITU-R F.1777。
			• 用于协调研究，共用研究以及干扰评估的地球站参考天线方向图，见建议书 ITU-R S.465；交叉极化方向图，见建议书 ITU-R S.731；空间电台天线特性，见建议书 ITU-R S.672。
			• 卫星固定业务的 HEO 特性，见建议书 ITU-R S.1758。
			• 研究一个卫星固定业务网络受到其他卫星固定业务网络干扰时的最大允许干扰电平，见建议书 ITU-R S.1323。
7 750~7 900 MHz			
固定			• 固定业务的特性，见建议书 ITU-R F.758。
卫星气象（空对地）5.461B	5.461B		• 卫星地球探测和卫星气象控制和数据传输系统的干扰标准见建议书 ITU-R SA.514。
移动（航空移动除外）			• 使用低轨卫星的卫星地球探测和卫星气象业务，空对地数据传输系统的共用和协调标准，见建议书 ITU-R SA.1027。
			• 卫星地球探测和卫星气象数据采集系统业务链路的共用和协调标准，见建议书 ITU-R SA.1164。
			• 固定业务协调研究，共用研究和干扰评估的参考天线方向图，见建议书 ITU-R F.699。某些特殊的模型，见建议书 ITU-R F.1245 和 ITU-R F.1336。
			• FWS 的特性见建议书 ITU-R F.1101。
			• 工作在共用频段的 NGSO 空间电台发射对固定业务保护标准的确定，见建议书 ITU-R F.1108。
			• 对与各种空间业务空间电台共用频段的固定业务系统保护的国际电联建议书中的 PFD 标准，见建议书 ITU-R F.1403。
			• 在 3.4~3.6 GHz 和 5.85~8.5 GHz 频段用于共用研究的固定业务中 BAS 的特性，见建议书 ITU-R F.1777。

（续表）

	1 区	2 区	3 区	基本描述
7 750~7 900 MHz		固定 卫星气象（空对地）　5.461B 移动（航空移动除外）		• 固定业务的特性，见建议书 ITU-R F.758。 • 固定业务协调研究、共用研究和干扰评估的参考天线方向图，见建议书 ITU-R F.699。某些特殊的模型，见建议书 ITU-R F.1245 和 ITU-R F.1336。 • FWS 的特性，见建议书 ITU-R F.1101。 • 工作在共用频段的 NGSO 空间电台发射对固定业务保护标准的确定，见建议书 ITU-R F.1108。 • 在 3.4~3.6 GHz 和 5.85~8.5 GHz 频段用于共用研究的固定业务中 BAS 的特性，见建议书 ITU-R F.1777
7 900~8 025 MHz		固定 卫星固定（地对空） 移动　5.461		• 固定业务的特性，见建议书 ITU-R F.758。 • 可将建议书 ITU-R S.1328 作为卫星固定业务共用研究的基础。必要时，可使用建议书 ITU-R S.1324。 • 固定业务协调研究、共用研究和干扰评估的参考天线方向图，见建议书 ITU-R F.699。某些特殊的模型，见建议书 ITU-R F.1245 和 ITU-R F.1336。 • FWS 的特性，见建议书 ITU-R F.1101。 • 工作在共用频段的 NGSO 空间业务空间电台对固定业务保护标准的确定，见建议书 ITU-R F.1108。 • 对与各种空间业务空间电台共用频段的固定业务的国际电联保护建议建议书中的 PFD 标准的特性，见建议书 ITU-R F.1403。 • 在 3.4~3.6 GHz 和 5.85~8.5 GHz 频段用于共用研究的固定业务中 BAS 的特性，见建议书 ITU-R F.1777。 • 用于协调研究、共用研究以及干扰评估所需的地球站参考天线方向图，见建议书 ITU-R S.465；交叉极化方向图，见建议书 ITU-R S.731；空间电台天线特性，见建议书 ITU-R S.672。 • 卫星固定业务的 HEO 特性，见建议书 ITU-R S.1758。 • 研究一个卫星固定业务网络受到其他卫星固定业务网络干扰时的最大允许干扰电平，见建议书 ITU-R S.1323
8 025~8 175 MHz		卫星地球探测（空对地） 固定 卫星固定（地对空）　5.463 移动　5.462A 5.462A		• 卫星地球探测业务与其他业务的共用研究，见建议书 ITU-R SA.1277。 • 卫星地球探测业务的设计指南，见建议书 ITU-R SA.1810。 • 可将建议书 ITU-R S.1328 作为卫星固定业务共用研究的基础。必要时，可使用建议书 ITU-R SA.1277。 • 8 025~8 400 MHz 频段也划分给卫星地球探测业务的下行链路。进行与卫星地球探测业务的共用研究。 • 卫星地球探测和卫星气象业务空间控制和数据传输系统的共用研究，见建议书 ITU-R SA.514。 • 使用低轨卫星进行的卫星地球探测和卫星气象探测业务、空间数据传输系统的共用和协调标准，见建议书 ITU-R SA.1027。

（续表）

1区	2区	3区	基本描述
8 025-8 175 MHz	卫星地球探测（空对地） 固定 卫星固定（地对空） 移动 5.463 5.462A		• 卫星地球探测和卫星气象业务数据采集系统链路的共用和协调标准，见建议书 ITU-R SA.1164。 • 固定业务的特性，见建议书 ITU-R F.758-4。 • 固定业务协调研究、共用研究和干扰评估的参考天线方向图，见建议书 ITU-R F.699。某些特殊的模型，见建议书 ITU-R F.1245 和 F.1336。 • FWS 的特性，见建议书 ITU-R F.1101。 • 工作共用频段的 NGSO 空间电台发射对固定业务标准的确定，见建议书 ITU-R F.1108。 • 对各种空间业务空间电台用频段的固定业务系统保护的国际电联建议书中的 PFD 标准，见建议书 ITU-R F.1403。 • 在 3.4~3.6 GHz 和 5.85~8.5 GHz 频段用于共用研究的 FS 中 BAS 特性，见建议书 ITU-R F.1777。 • 用于协调研究、共用研究以及干扰评估的地球站参考天线方向图，见建议书 ITU-R S.731；空间电台天线特性，见建议书 ITU-R S.672。 • FSS 的 HEO 特性，见建议书 ITU-R S.1758。 • 研究一个对与各种空间业务空间电台共用频段的固定业务系统保护的国际建议书中的 PFD 标准，见建议书 ITU-R F.1403。 • 在 3.4~3.6 GHz 和 5.85~8.5 GHz 频段用于共用研究的固定业务参考天线方向图，见建议书 ITU-R S.731；空间电台天线特性，见建议书 ITU-R S.672。 • 卫星固定业务的 HEO 特性，见建议书 ITU-R S.1758。 • 研究一个卫星固定业务网络受到到其他卫星固定业务网络干扰时的最大允许干扰电平，见建议书 ITU-R S.1323。
8 175-8 215 MHz	卫星地球探测（空对地） 固定 卫星固定（地对空） 卫星气象（地对空） 移动 5.463 5.462A		• 卫星地球探测业务与其他业务的共用研究，见建议书 ITU-R SA.1277。 • 卫星地球探测业务的特性，见建议书 ITU-R SA.1810。 • 固定业务的设计指南，见建议书 ITU-R F.758。 • 可将建议书 ITU-R S.1328 作为卫星固定业务共用研究的基础。必要时，可使用建议书 ITU-R S.1324。 • 8 025~8 400 MHz 频段也划分给了卫星地球探测业务下行链路。可使用建议书 ITU-R SA.1277 进行与卫星地球探测业务的共用研究。

（续表）

1 区	2 区	3 区	基本描述
8 175~8 215 MHz	卫星地球探测（空对地） 固定 卫星固定（地对空） 卫星气象（地对空） 移动　5.463 5.462A		• 卫星地球探测、卫星气象业务控制和数据传输系统的干扰标准，见建议书 ITU-R SA.514。 • 使用低轨卫星的卫星地球探测和卫星气象业务、空对地数据传输系统的共用和协调标准，见建议书 ITU-R SA.1027。 • 卫星地球探测和卫星气象业务数据采集系统的共用和协调标准，见建议书 ITU-R SA.1164。 • 固定业务协调研究，共用研究和干扰评估的参考天线方向图，见建议书 ITU-R F.1245 和 ITU-R F.1336。 • FWS 的特性，见建议书 ITU-R F.1101。 • 工作在共用频段的 NGSO 空间电台发射对固定业务保护标准的确定，见建议书 ITU-R F.1108。 • 对与各种空间电台空间共用频段的固定业务系统保护的国际电联建议书中的 PFD 标准，见建议书 ITU-R F.1403。 • 在 3.4~3.6 GHz 和 5.85~8.5 GHz 频段用于共用研究的固定业务中 BAS 的特性，见建议书 ITU-R F.1777。 • 用于协调研究，共用研究以及干扰评估的地球站参考天线方向图，见建议书 ITU-R S.465；交叉极化方向图，空间电台天线特性，见建议书 ITU-R S.672。 • FSS 的 HEO 特性，见建议书 ITU-R S.1758。 • 研究一个卫星固定业务网络受到其他卫星固定业务网络干扰时的最大允许干扰电平，见建议书 ITU-R S.1323。
8 215~8 400 MHz	卫星地球探测（空对地） 固定 卫星固定（地对空） 移动　5.463 5.462A		• 卫星地球探测业务与其他业务的共用研究，见建议书 ITU-R SA.1277。 • EESS 的设计指南，见建议书 ITU-R SA.1810。 • 固定业务的特性，见建议书 ITU-R F.758。 • 可将建议书 ITU-R S.1328 作为卫星固定业务共用研究的基础。必要时，可使用建议书 ITU-R SA.1277 进行与卫星气象业务控制和数据采集系统的干扰研究。 • 8 025~8 400 MHz 频段也划分给卫星地球探测业务下行链路。可使用建议书 ITU-R SA.1277 进行与卫星气象业务共用的研究。 • 卫星地球探测、卫星气象业务控制和数据采集系统的干扰标准，见建议书 ITU-R SA.514。 • 卫星地球探测和卫星气象业务数据采集系统的共用链路的共用和协调标准，见建议书 ITU-R SA.1164。

（续表）

1区	2区	3区	基本描述
8 215~8 400 MHz			
卫星地球探测（空对地） 固定 卫星固定（地对空） 移动 5.463 5.462A			• 固定业务协调研究，共用研究和干扰评估的参考天线方向图，见建议书ITU-R F.699。某些特殊的模型，见建议书ITU-R F.1245和ITU-R F.1336。 • FWS的特性，见建议书ITU-R F.1101。 • 工作在共用频段的NGSO空间电台发射对固定业务保护标准的确定，见建议书ITU-R F.1108。 • 对与各种空间和空间用频电台共用频段的固定业务系统保护的国际标准中的PFD标准，见建议书ITU-R F.1403。 • 在3.4~3.6 GHz和5.85~8.5 GHz频段用于共用研究的固定业务中BAS的特性，见建议书ITU-R F.1777。 • 用于协调研究，共用研究以及干扰评估的地球站参考天线方向图，见建议书ITU-R S.731；空间电台天线方向图，见建议书ITU-R S.672。 • 交叉极化方向图，见建议书ITU-R S.1758。 • 卫星固定业务的HEO特性，见建议书ITU-R S.1323。 • 研究一个卫星固定业务网络受到其他卫星固定业务网络干扰时的最大允许干扰电平，见建议书ITU-R S.1323
8 400~8 500 MHz			
固定 移动（航空移动除外）5.465 5.466 空间研究（空对地）5.465			• 与空间研究相关的共用分析，见建议书ITU-R SA.1016。 • 固定业务的特性，见建议书ITU-R F.758。 • 射电天文参考天线方向图，见建议书ITU-R SA.509和ITU-R RA.1631。 • 空间研究业务地球站的保护标准，见建议书ITU-R SA.609。 • 固定业务协调研究，共用研究和干扰评估的参考天线方向图，见建议书ITU-R F.1245和ITU-R F.1336。 • FWS的特性，见建议书ITU-R F.1101。 • 工作在共用频段的NGSO空间电台发射对固定业务保护标准的确定，见建议书ITU-R F.1108。 • 对与各种空间和空间用频电台共用频段的固定业务系统保护的国际标准中的PFD标准，见建议书ITU-R F.1403。 • 在3.4~3.6 GHz和5.85~8.5 GHz频段用于共用研究的固定业务中BAS的特性，见建议书ITU-R F.1777
8 500~8 550 MHz			
无线电定位 5.468 5.469			• 地面雷达的特性和保护标准，见建议书ITU-R M.1796。

（续表）

	1 区	2 区	3 区	基本描述
8 550～8 650 MHz	卫星地球探测（有源） 无线电定位 空间研究（有源） 5.468　5.469　5.469A			• 地面雷达探测的特性和保护标准，见建议书 ITU-R M.1796
8 650～8 750 MHz	无线电定位 5.468　5.469			
8 750～8 850 MHz	无线电定位 航空无线电导航　5.470 5.471			
8 850～9 000 MHz	无线电定位 水上无线电导航　5.472 5.473			• 地面雷达的特性和保护标准，见建议书 ITU-R M.1796。 • 水上无线电导航雷达特性见建议书 ITU-R M.1313
9 000～9 200 MHz	无线电定位 航空无线电导航　5.337 5.471　5.473A			• 地面雷达的特性和保护标准，见建议书 ITU-R M.1796
9 200～9 300 MHz	卫星地球探测（有源）5.474A　5.474B　5.474C 无线电定位 水上无线电导航　5.472　5.474D 5.473　5.474			• 地面雷达的特性和保护标准，见建议书 ITU-R M.1796。 • 搜救雷达的技术特性，见建议书 ITU-R M.628
9 300～9 500 MHz	卫星地球探测（有源）5.475B　5.476A 无线电定位 无线电导航　5.475　5.475A 空间研究（有源） 5.427　5.474　5.475A			• 地面雷达的特性和保护标准，见建议书 ITU-R M.1796。 • 搜救雷达的技术特性，见建议书 ITU-R M.628

（续表）

1区	2区	3区	基本描述
9 500~9 800 MHz 卫星地球探测（有源） 无线电定位 无线电导航 空间研究（有源） 5.476A	卫星地球探测（有源） 无线电定位 固定 空间研究（有源） 5.477　5.478　5.478A　5.478B		• 地面雷达的技术特性和保护标准，见建议书 ITU-R M.17968。 • 有源航天传感器的性能和干扰标准，见建议书 ITU-R RS.1166。 • 射电天文参考天线方向图，见建议书 ITU-R RA.1631。 • 卫星地球探测和卫星数据控制和数据传输系统的干扰标准，见建议书 ITU-R SA.509 和 ITU-R RA.1631。 • 空间研究业务控制的保护标准，见建议书 ITU-R SA.609。 • 卫星地球探测业务数据采集系统气象业务链路的共用和协调标准，见建议书 ITU-R SA.1164。
9 800~9 900 MHz	无线电定位 卫星地球探测（有源） 固定 空间研究（有源） 5.477　5.478　5.478A　5.478B		• 地面雷达的特性和保护标准，见建议书 ITU-R M.1796
9 900~10 000 MHz	卫星地球探测（有源）5.474A　5.474B　5.474C 无线电定位 固定 5.474D　5.477　5.478　5.479	5.474A　5.474B　5.474C	• 地面雷达的特性和保护标准，见建议书 ITU-R M.1796。 • 固定业务协调研究、共用研究和干扰评估的参考天线方向图，见建议书 ITU-R F.699。某些特殊的模型，见建议书 ITU-R F.1245 和 ITU-R F.1336。 • FWS 的特性，见建议书 ITU-R F.1101。 • 工作在共用频段的 NGSO 空间研究业务保护标准的确定，见建议书 ITU-R F.1108
10~10.4 GHz 卫星地球探测（有源） 5.474A　5.474B 5.474C 固定 移动 无线电定位 业余 5.474D　5.479	**10~10.4 GHz** 卫星地球探测（有源） 5.474A　5.474B　5.474C 无线电定位 业余 5.474D　5.479　5.480	**10~10.4 GHz** 卫星地球探测（有源） 5.474A　5.474B 5.474C 固定 移动 无线电定位 业余 5.474D　5.479	• 地面雷达的特性和保护标准，见建议书 ITU-R M.1796。 • 固定业务的特性，见建议书 ITU-R F.758。 • 固定业务协调研究、共用研究和干扰评估的参考天线方向图，见建议书 ITU-R F.699。某些特殊的模型，见建议书 ITU-R F.1245 和 ITU-R F.1336。 • FWS 的特性，见建议书 ITU-R F.1101。 • 工作在共用频段的 NGSO 空间研究和卫星业余业务系统的特性，见建议书 ITU-R F.1108。 • 用于共用研究的业余业务对固定业务保护标准的确定，见建议书 ITU-R M.1732。 • 电子新闻采集和电视业务的广播（除移动业务生成以外），见建议书 ITU-R M.1824

（续表）

1 区	2 区	3 区	基本描述
10.4~10.45 GHz 固定 移动 无线电定位 业余	**10.4~10.45 GHz** 无线电定位 业余 5.480	**10.4~10.45 GHz** 固定 移动 无线电定位 业余	
10.45~10.5 GHz 无线电定位 业余	卫星业余 5.481		• 地面雷达的特性和保护标准，见建议书 ITU-R M.1796。 • 用于共用研究的业余业务和卫星业余业务系统的特性，见建议书 ITU-R M.1732
10.5~10.55 GHz 固定 移动 无线电定位	**10.5~10.55 GHz** 固定 移动 无线电定位		• 固定业务的特性，见建议书 ITU-R F.758。 • 固定业务协调研究、共用研究和干扰评估的参考天线方向图，见建议书 ITU-R F.699。某些特殊的模型，见建议书 ITU-R F.1245 和 ITU-R F.1336。 • FWS 的特性，见建议书 ITU-R F.1101。 • 工作在共用频段的 NGSO 空间电台发射对固定业务保护标准的确定，见建议书 ITU-R F.1108
10.55~10.6 GHz 固定 移动 无线电定位	**10.55~10.6 GHz** 固定 移动（航空移动除外） 无线电定位		• 固定业务的特性，见建议书 ITU-R F.758。 • 固定业务协调研究、共用研究和干扰评估的参考天线方向图，见建议书 ITU-R F.699。某些特殊的模型，见建议书 ITU-R F.1245 和 ITU-R F.1336。 • FWS 的特性，见建议书 ITU-R F.1101。 • 工作在共用频段的 NGSO 空间电台发射对固定业务保护标准的确定，见建议书 ITU-R F.1108。 • 用于共用研究的电视系统特性（除移动业务的广播、电子新闻采集和电场生成以外），见建议书 ITU-R M.1824

（续表）

1 区	2 区	3 区	基本描述
10.6~10.68 GHz	卫星地球探测（无源） 固定 移动（航空移动除外） 射电天文 空间研究（无源） 无线电定位 5.149 5.482 5.482A		• 固定业务的特性，见建议书 ITU-R F.758。 • 卫星无源遥感业务的干扰标准，见建议书 ITU-R S.1029。 • 射电天文参考天线方向图，见建议书 ITU-R SA.509 和 ITU-R RA.1631。 • 卫星地球探测和卫星气象业务控制和数据传输系统的干扰标准，见建议书 ITU-R SA.514。 • 空间研究业务地球站的保护标准，见建议书 ITU-R SA.609。 • 卫星地球探测和卫星气象业务数据采集系统链路的共用和协调标准，见建议书 ITU-R SA.1164。 • RAS 与其他业务共用的干扰门限电平和保护标准，见建议书 ITU-R RA.769 的附件 1。 • 射电天文参考天线方向图，见建议书 ITU-R SA.509 和 ITU-R RA.1631。 • 固定业务协调研究、共用研究和干扰评估的参考天线方向图，见建议书 ITU-R F.1245 和 ITU-R F.1336。 • FWS 的特性，见建议书 ITU-R F.1101。 • 工作在用频段的 NGSO 空间电台发射对固定业务保护标准的确定，见建议书 ITU-R F.1108。 • 用于共用研究的电视业务系统特性（除移动业务生成以外），电子新闻采集和电场生成业务的广播，见建议书 ITU-R M.1824
10.68~10.7 GHz	卫星地球探测（无源） 射电天文 空间研究（无源） 5.340 5.483		• 卫星无源遥感业务的干扰标准，见建议书 ITU-R RS.1029。 • 射电天文参考天线方向图，见建议书 ITU-R SA.509 和 ITU-R RA.1631。 • 卫星地球探测和卫星气象业务控制和数据传输系统的干扰标准，见建议书 ITU-R SA.514。 • 空间研究业务地球站的保护标准，见建议书 ITU-R SA.609。 • 卫星地球探测和卫星气象业务数据采集系统链路的共用和协调标准，见建议书 ITU-R SA.1164。 • RAS 与其他业务共用的干扰门限电平和保护标准，见建议书 ITU-R RA.769 的附件 1

（续表）

1区	2区	3区	基本描述
10.7~10.95 GHz 固定 卫星固定（空对地）5.441 5.484A 5.484B（地对空）5.484 移动（航空移动除外）	**10.7~10.95 GHz** 固定 卫星固定（空对地）5.441 移动（航空移动除外）		• 固定业务的特性，见建议书ITU-R F.758。 • 可将建议书ITU-R S.1328作为卫星固定业务共用研究的基础。 • 卫星数据中继系统特性，见建议书ITU-R SA.1155；保护标准见建议书ITU-R SA.1414。 • 固定业务协调研究，共用研究和干扰评估的参考天线方向图，见建议书ITU-R F.699。某些特殊的模型，见建议书ITU-R F.1245和ITU-R F.1336。 • FWS的特性，见建议书ITU-R F.1101。
10.95~11.2 GHz 固定 卫星固定（空对地）5.441 5.484B 5.484A 5.484B（地对空）5.484 移动（航空移动除外）	**10.95~11.2 GHz** 固定 卫星固定（空对地）5.484A 移动（航空移动除外）	5.484B	• 工作共用频段的NGSO空间电台对固定业务保护标准的确定，见建议书ITU-R F.1108。 • 对与各种空间电台共用频段的固定业务系统保护的国际电联建议书中的PFD标准，见建议书ITU-R F.1403。 • 为了保护固定业务在10.7~12.75 GHz频段不受总集干扰的影响，保护标准见建议书ITU-R F.1494。 • 用于协调研究，共用研究以及干扰评估的地球站参考天线方向图，空间电台天线方向图，见建议书ITU-R S.731；空间电台发射参考方向图，见建议书ITU-R S.465；交叉极化方向图，见建议书ITU-R S.672。必要时，NGSO地球站参考方向图，见建议书ITU-R S.1428。
11.2~11.45 GHz 固定 卫星固定（空对地）5.441 （地对空）5.484 移动（航空移动除外）	**11.2~11.45 GHz** 固定 卫星固定（空对地）5.441 移动（航空移动除外）	5.484A 5.484B	• 甚小口径天线地球站特性，见建议书ITU-R S.725。 • 卫星固定业务的HEO特性，见建议书ITU-R S.1758。 • 研究一个卫星固定业务网络受到其他卫星固定业务网络干扰时的最大允许干扰电平，见建议书ITU-R S.1323。
11.45~11.7 GHz 固定 卫星固定（空对地）5.441 5.484A 5.484B（地对空）5.484 移动（航空移动除外）	**11.45~11.7 GHz** 固定 卫星固定（空对地）5.441 移动（航空移动除外）	5.484A 5.484B	• 用于对不可接受干扰源的识别，卫星固定业务临时使用向载波传输的地球站传输的载波标识系统的特性，见建议书ITU-R S.2062。 • 卫星固定业务频段内卫星固定业务临时使用向对地静止卫星轨道方向发射的接入程序，见建议书ITU-R S.2049

（续表）

1区	2区	3区	基本描述
11.7~12.5 GHz 固定 移动（航空移动除外） 广播 卫星广播 5.492	**11.7~12.1 GHz** 固定 5.486 卫星固定 （空对地） 5.484A 5.484B 5.488 移动（航空移动除外） 5.485	**11.7~12.2 GHz** 固定 移动（航空移动除外） 广播 卫星广播 5.492	• 可将建议书 ITU-R S.1328 作为 FSS 共用研究的基础。 • 固定业务的特性协调性见建议书 ITU-R F.758。 • 固定业务协调研究、共用研究和干扰评估的参考天线方向图，见建议书 ITU-R F.699。某些特殊的模型，见建议书 ITU-R F.1245 和 ITU-R F.1336。 • FWS 的特性，见建议书 ITU-R F.1101。 • 工作在共用频段的 NGSO 空间电台对固定业务保护标准的确定，见建议书 ITU-R F.1108。 • 对与空间电台共用频段的固定业务系统保护的国际电联建议书中的 PFD 标准，保护标准见建议书 ITU-R F.1403。 • 为了保护固定业务在 10.7~12.75 GHz 频段不受变集总干扰的影响，见建议书 ITU-R F.1494。 • 用于协调研究、共用研究以及干扰评估的地球站参考天线方向图，见建议书 ITU-R S.465；交叉极化方向图，见建议书 ITU-R S.731；空间电台天线特性见建议书 ITU-R S.672。必要时，NGSO 地球站参考方向图见建议书 ITU-R S.1428。 • 基小口径天线地球站特性，见建议书 ITU-R S.725。 • FSS 的 HEO 特性，见建议书 ITU-R S.1758。 • 研究一个卫星固定业务网络受到其他卫星固定业务网络干扰的最大允许干扰电平，见建议书 ITU-R S.1323。 • 用于确定不可接受干扰源的识别，卫星固定业务时使用载波地球站传输的载波特性，见建议书 ITU-R S.2062。 • 卫星固定业务频段内卫星固定业务临时使用向对地静止卫星轨道空间向发射的接入程序，见建议书 ITU-R S.2049
	12.1~12.2 GHz 卫星固定 （空对地） 5.484A 5.484B 5.488 5.485 5.489		
	12.2~12.7 GHz 固定 移动（航空移动除外） 广播 卫星广播 5.492	**12.2~12.5 GHz** 固定 卫星固定（空对地）5.484B 移动（航空移动除外） 广播 5.487 5.484A	
5.487 5.487A			

（续表）

1区	2区	3区	基本描述
12.5~12.75 GHz 5.484A 卫星固定 （空对地） 5.484B （地对空）（航空移动除外） 5.494　5.495　5.496	5.487A　5.488　5.490 **12.7~12.75 GHz** 固定 卫星固定 （地对空） 5.484B 移动（航空移动除外）	**12.5~12.75 GHz** 固定 卫星固定 （空对地） 5.484B 5.484A 移动（航空移动除外） 卫星广播　5.493	• 可将建议书 ITU-R S.1328 作为卫星固定业务共用研究的基础。 • 固定业务协调研究，共用研究和干扰评估的参考天线方向图，见建议书 ITU-R F.699。某些特殊的模型，见建议书 ITU-R F.1245 和 ITU-R F.1336。 • FWS 的特性，见建议书 ITU-R F.1101。 • 工作在共用频段的 NGSO 空间电台业务的空间网络共用频段的国际电台联网保护的国际电联建议书中的 PFD 标准，见建议书 ITU-R F.1108。 • 对各种空间业务的空间网络共用频段的国际电台联网保护的国际电联建议书中的 PFD 标准，见建议书 ITU-R F.1403。 • 为了保护固定业务在 10.7~12.75 GHz 频段不受集中变集总干扰总影响，保护标准见建议书 ITU-R F.1494。 • 用于协调研究、共用研究以及干扰评估的地球站参考天线方向图，见建议书 ITU-R S.731; 空间电台参考天线特性，见建议书 ITU-R S.672。必要时，NGSO 地球站参考方向图见建议书 ITU-R S.1428。 • 甚小口径天线地球站特性，见建议书 ITU-R S.725。 • 卫星固定业务的 HEO 特性，见建议书 ITU-R S.1758。 • 研究一个卫星固定业务网络受到其他卫星固定业务网络干扰时的最大允许干扰电平，见建议书 ITU-R S.1323。 • 卫星固定业务临时使用建议书 ITU-R S.2062。 • 卫星固定业务频段内卫星固定业务临时使用向对地静止卫星轨道空间站方向发射的接入程序，见建议书 ITU-R S.2049。
12.75~13.25 GHz	固定 卫星固定（地对空）　5.441 移动 空间研究（深空）（空对地）		• 固定业务的特性，见建议书 ITU-R F.758。 • 可将建议书 ITU-R S.1328 作为卫星固定业务共用研究的基础。 • 射电天文参考天线方向图，见建议书 ITU-R RA.1631。 • 深空研究的空间电台和地球站特性，见建议书 ITU-R SA.509 和 ITU-R SA.1014，保护标准见建议书 ITU-R SA.1157。 • 固定业务协调研究，共用研究和干扰评估的参考天线方向图，见建议书 ITU-R F.699。某些特殊的模型，见建议书 ITU-R F.1245 和 ITU-R F.1336。 • FWS 的特性，见建议书 ITU-R F.1101。 • 工作在共用频段的 NGSO 空间电台业务的空间网络共用频段的对地球静止固定业务保护标准的确定，见建议书 ITU-R F.1108。 • 对各种空间业务的空间网络共用频段的对地球静止固定业务系统保护标准的国际电联建议书中的 PFD 标准，见建议书 ITU-R F.1403。 • 用于协调研究以及干扰评估的地球站参考天线方向图，见建议书 ITU-R S.731; 空间电台参考天线特性见建议书 ITU-R S.672。必要时，NGSO 地球站参考方向图见 ITU-R S.1428。

（续表）

1区	2区	3区	基本描述
13.25-13.4 GHz 卫星地球探测（有源） 航空无线电导航 5.497 空间研究（有源） 5.498A 5.499			• 甚小口径天线地球站特性，见建议书 ITU-R S.725。 • 卫星固定业务的 HEO 特性，见建议书 ITU-R S.1758。 • 研究一个卫星固定业务网络受到其他卫星固定业务网络干扰时的最大允许干扰电平，见建议书 ITU-R S.1323。 • 用于共用研究内的电视机系统特性（除移动业务的广播、电子新闻采集和电场生成以外），见建议书 ITU-R M.1824。 • 用于对不可接受干扰源的识别，卫星固定业务临时使用向载波地球站传输的载波特征标识系统的特性，见建议书 ITU-R S.2062。 • 卫星固定业务频段内卫星固定业务临时使用向对地静止卫星轨道空间发射方向入程序，见建议书 ITU-R S.2049
13.4-13.65 GHz 卫星地球探测（有源） 卫星固定（空对地） 5.499A 5.499B 无线电定位 空间研究 5.499C 5.499D 卫星标准频率和时间信号（地对空） 5.499E 5.500 5.501 5.501B	**13.4-13.65 GHz** 卫星地球探测（有源） 无线电定位 空间研究 5.499C 5.499D 卫星标准频率和时间信号（地对空） 5.499 5.500 5.501 5.501B		• 有源航天传感器的性能和干扰标准，见建议书 ITU-R RS.1166。 • 射电天文参考天线方向图，见建议书 ITU-R SA.509 和 ITU-R RA.1631。 • 卫星地球探测和卫星气象业务控制和数据传输系统的干扰标准，见建议书 ITU-R SA.514。 • 空间研究业务地球站的保护标准，见建议书 ITU-R SA.609。 • 卫星地球探测和卫星气象业务数据采集系统链路的共用和协调标准，见建议书 ITU-R SA.1164
	13.65-13.75 GHz 卫星地球探测（有源） 无线电定位 空间研究 5.501A 卫星标准频率和时间信号（地对空） 5.499 5.500 5.501 5.501B		• 有源航天传感器的性能和干扰标准，见建议书 ITU-R RS.1166。 • 射电天文参考天线方向图，见建议书 ITU-R SA.509 和 ITU-R RA.1631。 • 卫星地球探测和卫星气象业务控制和数据传输系统的干扰标准，见建议书 ITU-R SA.514。 • 空间研究业务地球站的保护标准，见建议书 ITU-R SA.609。 • 卫星数据中继系统特性见建议书 ITU-R SA.1414，保护标准，见建议书 ITU-R SA.1155。 • 卫星地球探测和卫星气象业务数据采集系统链路的共用和协调标准，见建议书 ITU-R SA.1164

（续表）

1区	2区	3区	基本描述
13.75~14 GHz	**卫星固定**（地对空） **无线电定位** **卫星地球探测** **卫星标准频率和时间信号**（地对空） **空间研究** 5.499　5.500　5.501　5.502　5.503	5.484A	• 射电天文参考天线方向图，见建议书 ITU-R SA.509 和 ITU-R RA.1631。 • 卫星地球探测和卫星气象业务控制和数据传输系统的干扰标准，见建议书 ITU-R SA.609。 • 空间研究业务地球站的保护标准，见建议书 ITU-R SA.609。 • 卫星数据中继系统特性，见建议书 ITU-R SA.1414；保护标准见建议书 ITU-R SA.1155。 • 卫星地球探测和卫星气象业务数据采集系统的共用和协调标准，见建议书 ITU-R SA.1164。 • 用于协调研究，共用研究以及干扰评估的地球站参考天线方向图，见建议书 ITU-R S.465；交叉极化方向图见建议书 ITU-R S.731；空间电台天线特性见建议书 ITU-R S.672。必要时，见建议书 NGSO 地球站参考方向图见建议书 ITU-R S.1428。 • 卫星固定业务的 HEO 特性，见建议书 ITU-R S.1758。 • 研究一个卫星固定业务网络受到其他卫星固定业务网络干扰时的最大允许干扰电平，见建议书 ITU-R S.1323。
14~14.25 GHz	**卫星固定**（地对空） 5.457A　5.457B　5.484A　5.484B　5.504 **无线电导航**　5.504 **卫星移动**（地对空）5.504B　5.504C **空间研究** 5.504A　5.505	5.484A　5.506　5.506B 5.506A	• 可将建议书 ITU-R S.1328 作为卫星固定业务共用研究的基础。 • 射电天文参考天线方向图，见建议书 ITU-R SA.509 和 ITU-R RA.1631。 • 空间研究业务地球站的保护标准，见建议书 ITU-R SA.609。 • 卫星数据中继系统特性，见建议书 ITU-R SA.1414；保护标准见建议书 ITU-R SA.1155。 • 用于协调研究，共用研究以及干扰评估的地球站参考天线方向图，见建议书 ITU-R S.465；交叉极化方向图见建议书 ITU-R S.731；空间电台天线特性见建议书 ITU-R S.672。必要时，见建议书 NGSO 地球站参考方向图见建议书 ITU-R S.1428。 • 基小口径天线地球站特性见建议书 ITU-R S.725。 • 卫星固定业务的 HEO 特性，见建议书 ITU-R S.1758。 • 在 5 925~6 425 MHz 和 14~14.5 GHz 频段与卫星固定业务卫星通信的船载地球站技术特性，见建议书 ITU-R S.1587。 • 研究一个卫星固定业务网络受到其他卫星固定业务网络干扰时的最大允许干扰电平，见建议书 ITU-R S.1323。 • 用于对不可接受干扰源的识别，卫星固定业务临时使用载放地球站传输的载波特征识别系统的特性，见建议书 ITU-R S.2062。 • 卫星固定业务频段内卫星固定业务临时使用向对地静止卫星轨道空间向对站方向发射的接入程序，见建议书 ITU-R S.2049。

（续表）

1区	2区	3区	基本描述
14.25~14.3 GHz	卫星固定（地对空） 5.457A 5.484A 5.484B 5.506A 5.506B 无线电导航 5.504 卫星移动（地对空） 5.504B 5.506A 5.508A 空间研究 5.504A 5.505 5.508	5.484B 5.506 5.506B	• 可将建议书 ITU-R S.1328 作为卫星固定业务共用研究的基础。 • 射电天文参考天线方向图，见建议书 ITU-R SA.509 和 ITU-R RA.1631。 • 空间研究业务地球站的保护标准，见建议书 ITU-R SA.609。 • 用于协调研究，共用研究以及干扰评估的地球站参考天线方向图，见建议书 ITU-R S.731；空间电台参考天线特性，见建议书 ITU-R S.672。交叉极化方向图见建议书 ITU-R S.465；NGSO 地球站参考方向图见建议书 ITU-R S.1428。 • 甚小口径天线地球站特性见建议书 ITU-R S.725。 • 卫星固定业务的 HEO 特性见建议书 ITU-R S.1758。 • 在 5 925～6 425 MHz 和 14～14.5 GHz 频段内卫星固定业务通信的船载地球站使用载波时的最大允许干扰电平，见建议书 ITU-R S.1587。 • 研究一个卫星固定业务网络受到其他卫星固定业务网络干扰时的最大允许干扰电平，见建议书 ITU-R S.1323。 • 用于对不可接受干扰的识别，见建议书 ITU-R S.2062。 • 卫星固定业务频段内卫星固定业务临时使用向对地静止卫星轨道空间方向发射的接入程序，见建议书 ITU-R S.2049。
14.3~14.4 GHz 固定 卫星固定 （地对空） 5.457A 5.457B 5.484A 5.484B 5.506 5.506B 移动（航空移动除外） 5.504B 5.506A 5.509A 卫星无线电导航 5.504A	**14.3~14.4 GHz** 固定 卫星固定 （地对空）5.457A 5.484A 5.484B 5.506 5.506B 卫星移动（地对空）5.506A 卫星无线电导航 5.504A	**14.3~14.4 GHz** 固定 卫星固定 （地对空）5.457A 5.506 5.506B 5.484B 5.506 移动（航空移动除外） 5.504B 5.506A 5.509A 卫星无线电导航 5.504A	• 固定业务的特性，见建议书 ITU-R F.758。 • 可将建议书 ITU-R S.1328 作为 FSS 共用研究的基础。 • 固定业务协调研究，共用研究和干扰评估的参考天线方向图，见建议书 ITU-R F.699。某些特殊模型，见建议书 ITU-R F.1245 和 ITU-R F.1336。 • FWS 的特性，见建议书 ITU-R F.1101。 • 工作在共用频段的 NGSO 空间电台对固定业务空间共用频段的固定业务保护标准的确定，见建议书 ITU-R F.1108。 • 对各种空间电台空间共用频段的固定业务系统保护的国际电信联盟建议书中的 PFD 标准，见建议书 ITU-R F.1403。 • 用于协调研究，共用研究以及干扰评估的地球站参考天线方向图，见建议书 ITU-R S.731；空间电台参考天线特性，见建议书 ITU-R S.1428。交叉极化方向图，见建议书 ITU-R S.465；交叉极化方向图见建议书 ITU-R S.672。必要时，NGSO 地球站参考方向图见建议书 ITU-R S.1428。 • 甚小口径天线地球站特性，见建议书 ITU-R S.725。 • 卫星固定业务的 HEO 特性，见建议书 ITU-R S.1758。

（续表）

1区	2区	3区	基本描述
			• 在5 925~6 425 MHz 和 14~14.5 GHz 频段与卫星固定业务卫星通信的船载地球站技术特性，见建议书ITU-R S.1587。 • 研究一个卫星固定业务网络受到其他卫星固定业务网络干扰时的最大允许干扰电平，见建议书ITU-R S.1323。 • 用于对不可接受干扰源的识别，卫星固定业务临时使用载波地球站的特性，见建议书ITU-R S.2062。 • 卫星固定业务频段内卫星固定业务临时使用向对地静止卫星轨道空间站方向发射的接入程序，见建议书ITU-R S.2049
14.4~14.47 GHz			
固定 卫星固定（地对空） 5.457A 5.457B 5.484A 5.484B 5.506 5.506B 移动（航空移动除外） 卫星移动（地对空）5.504B 5.506A 5.509A 空间研究（空对地）5.504A			• 固定业务的特性，见建议书ITU-R F.758。 • 可将建议书ITU-R S.1328 作为卫星固定业务共用研究的基础。 • 空间研究业务地球站的保护标准，见建议书ITU-R SA.609。 • 固定业务协调研究、共用研究和评估的参考天线方向图，见建议书ITU-R F.699。某些特殊的模型，见建议书ITU-R F.1245和ITU-R F.1336。 • FWS 的特性，见建议书ITU-R F.1101。 • 工作在共用频段的NGSO空间电台发射对固定业务保护标准的确定，见建议书ITU-R F.1108。 • 对各种空间业务的空间电台共用频段的固定业务系统保护的国际电联建议书中的PFD标准。 • 用于协调研究、共用研究以及干扰评估的地球站的参考天线方向图，见建议书ITU-R S.465；交叉极化方向，见建议书ITU-R S.731；空间电台参考天线特性，见建议书ITU-R S.672。必要时，NGSO地球站参考方向图见建议书ITU-R S.1428。 • 甚小口径天线站特性，见建议书ITU-R S.725。 • 卫星固定业务的HEO特性，见建议书ITU-R S.1758。 • 在5 925~6 425 MHz 和 14~14.5 GHz 频段与卫星固定业务卫星通信的船载地球站技术特性，见建议书ITU-R S.1587。 • 研究一个卫星固定业务网络受到其他卫星固定业务网络干扰时的最大允许干扰电平，见建议书ITU-R S.1323。 • 用于对不可接受干扰源的识别，卫星固定业务临时使用载波地球站的特性，见建议书ITU-R S.2062。 • 卫星固定业务频段内卫星固定业务临时使用向对地静止卫星轨道空间站方向发射的接入程序，见建议书ITU-R S.2049

（续表）

1区	2区	3区	基本描述
14.47~14.5 GHz	固定 卫星固定（地对空） 5.457A 5.484A 5.506 5.506B 移动（航空移动除外） 卫星移动（地对空） 5.504B 5.506A 5.509A 射电天文 5.149 5.504A		• 固定业务的特性，见建议书 ITU-R F.758。 • 可将建议书 ITU-R S.1328 作为卫星固定业务共用研究的基础。 • 射电天文参考天线方向图，见建议书 ITU-R SA.509 和 ITU-R RA.1631。 • RAS 与其他业务共用的干扰门限电平和保护标准，见建议书 ITU-R RA.769 的附件 1。 • 固定业务协调研究，共用研究和干扰评估的参考天线方向图，见建议书 ITU-R F.699。某些特殊的模型，见建议书 ITU-R F.1245 和 ITU-R F.1336。 • FWS 的特性，见建议书 ITU-R F.1101。 • 工作在共用频段的 NGSO 空间电台发射对固定业务保护标准的确定，见建议书 ITU-R F.1108。 • 对各种空间业务空间电台共用频段的固定业务系统保护的国际电联建议书中的 PFD 标准，见建议书 ITU-R F.1403。 • 用于协调研究，共用研究以及干扰评估的地球站参考天线方向图，见建议书 ITU-R S.731；空间电台天线特性，见建议书 ITU-R S.672。必要时，NGSO 地球站参考方向图见建议书 ITU-R S.1428。 • 甚小口径天线地球站特性，见建议书 ITU-R S.725。 • 卫星固定业务的 HEO 特性，见建议书 ITU-R S.1758。 • 在 5 925~6 425 MHz 和 14~14.5 GHz 频段与卫星固定业务卫星通信网的船载地球站技术特性，见建议书 ITU-R S.1587。 • 研究一个卫星固定业务网络受到其他卫星固定业务网络干扰时可以使用的最大允许干扰电平，见建议书 ITU-R S.1323。 • 用于对不可接受干扰的识别，卫星固定业务临时使用载波地球站传输的载波标示系统的特性，见建议书 ITU-R S.2062。 • 卫星固定业务频段内卫星固定业务临时使用向对地静止卫星轨道空间方向发射的接入程序，见建议书 ITU-R S.2049

（续表）

1区	2区	3区	基本描述
14.5-14.75 GHz 固定 卫星固定（地对空） 移动 空间研究	5.509B 5.509F 5.509G	5.509C　5.509D　5.509E 5.510	• 固定业务的特性，见建议书ITU-R F.758。 • 可将建议书ITU-R S.1328作为卫星固定业务共用研究的基础。 • 空间研究业务地球站的保护标准，见建议书ITU-R SA.609。 • 卫星数据中继系统特性，见建议书ITU-R SA.1414；保护标准，见建议书ITU-R SA.1155。 • 固定业务协调研究、共用研究和干扰评估的参考天线方向图，见建议书ITU-R F.699；某些特殊的模型，见建议书ITU-R F.1245和ITU-R F.1336。 • FWS的特性，见建议书ITU-R F.1101。 • 工作在共用频段的NGSO空间电台发射对固定业务保护标准的确定，见建议书ITU-R F.1108。 • 对与各种空间业务共用频段的固定电台共用研究建议书中的PFD标准，见建议书ITU-R F.1403。 • 用于协调研究、共用研究以及干扰评估的地球站参考天线方向图，见建议书ITU-R S.465；交叉极化方向图，见建议书ITU-R S.731；空间电台天线特性，见建议书ITU-R S.672。必要时，NGSO地球站参考方向图见建议书ITU-R S.1428。 • 卫星固定业务的HEO特性，见建议书ITU-R S.1758。 • 研究一个卫星固定业务网络受到其他卫星固定业务网络干扰时的最大允许干扰电平，见建议书ITU-R S.1323。 • 在不用于卫星广播业务馈线链路的卫星固定业务(地对空)中，开展主管部门间达成明确协议的双边协调的原则，以保护现有主管部门相关规划中航空移动业务系统，见建议书ITU-R S.2112。 • 用于对不可接受干扰源的识别，卫星固定业务临时使用向卫星轨道空间站传输的载波地球站系统的特性，见建议书ITU-R S.2062。 • 卫星固定业务频段内卫星固定业务临时使用向对地静止卫星轨道空间站方向发射的接入程序，见建议书ITU-R S.2049

第8章

国际电信联盟网站相关信息

8.1 概述

　　国际电信联盟的官方网站是其发布各类信息、组织讨论活动、提供服务以及出售各类出版物的综合平台。本章主要介绍从国际电信联盟官方网站可以获取的与空间无线电业务相关的信息。需要说明的是，由于国际电信联盟的官方网站的设计质量很高，很多功能可以通过单击不同的链接到达，为了本章行文方便，对重复出现的将加以说明。

　　由于国际电信联盟的正式语言是阿拉伯文、中文、英文、法文、俄文和西班牙文，国际电信联盟的官方网站也使用这 6 种语言提供服务。但是由于各种原因，以英文提供的信息最为完备，其他各种语言发布的信息由于要经过翻译等环节，均不如英文提供的信息全面。鉴于这种实际情况，本书以国际电信联盟官方网站的英文版为例进行介绍。

　　国际电信联盟网站部分内容对访问者有权限限制，最常见的是需要访问者提供 TIES 账号，有此类要求的信息往往在链接旁标有 TIES 图标。

　　国际电信联盟网站的首页提供进入各相关分支的链接，其中与空间无线电相关的信息绝大多数位于无线电通信部门的页面上。进入的方法可以通过单击图 8-1 中的 Radiocommunication 完成，也可以通过网址直接访问。

　　由于国际电信联盟网站每隔几年会进行重新设计，以下图示仅供读者访问该网站时参考使用。

图 8-1　进入无线电通信部门网页的方法

8.2　国际电信联盟无线电通信部门网站信息

在无线电通信部门网站，与空间无线电业务关系最为密切的是世界无线电通信大会（WRC）、空间业务部（Space Service Department）和研究组部（Study Groups）3个部门。无线电通信部门网页上方提供了空间业务部和研究组部的链接，右侧提供了世界无线电通信大会的链接（如图 8-2 所示）。

图 8-2　与空间无线电业务相关的重要链接

无线电通信部门每年举行大量的各种类型、各种级别的会议。关于这些会议的安排可以在无线电通信部门的网页右侧找到（如图 8-3 所示）。

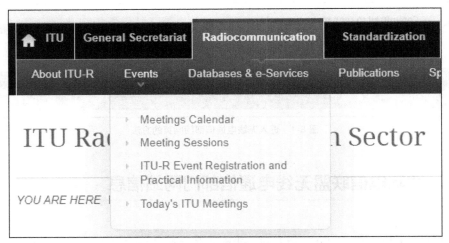

图 8-3　无线电通信部门举行的会议信息栏

图 8-3 中的"Meetings Calendar"一栏列出国际电联无线电通信局的会议安排，单击后可查看随后一年内的会议计划，需要注意的是：以深色字体书写的会议安排状态为已确定（confirmed），即会议的时间地点等安排不会再发生变化；而以浅色字体书写的会议安排状态为待确定（proposed），会议的时间地点有可能出现变化。图 8-3 中的"Meeting Sessions"一栏一般列出当日（或次日）的会议安排，包括会议的时间和会议室等具体信息。

8.2.1　空间业务部网页的信息

8.2.1.1　概述

空间业务部是无线电通信部门下属的负责协调和登记空间系统和地球站的职能部门。其网页内容主要有空间业务新闻、空间业务支持、无线电通信局《国际频率信息通报》、《国际频率信息通报》前言、成本回收、空间业务规划、空间业务数据库等内容，如图 8-4 所示。这些内容互相之间有重复之处，在以下出现重复的地方会加以说明。

8.2.1.2　空间业务新闻

本部分内容较少，主要列出国际电信联盟与空间业务相关的各类活动，如研讨会和培训班等。浏览者可以通过相关活动的链接下载研讨会或培训班的讲义和演示材料。

About SSD

The Space Services Department (SSD) is responsible for coordination and recording procedures for space systems and earth stations. The Department handles capture, processing and publication of data and carries out examination of frequency assignment notices submitted by administrations for inclusion in the formal coordination procedures or recording in the Master International Frequency Register (MIFR).

The Department is also responsible for managing the procedures for space related assignment or allotment plans of the ITU and for provision of assistance to administrations on all of the above issues.

Structure of SSD

- Space Publication and Registration Division (SPR)
- Space Systems Coordination Division (SSC)
- Space Notification and Plans Division (SNP)

BR IFIC & Preface

The BR International Frequency Information Circular (Space Services) (BR IFIC) is a service document in DVD-ROM format, published once every two weeks. The Preface describes the contents and the layout of the BR IFIC.

BR IFIC >
Preface >
BRIFIC online – beta version >

Space Plans

Information concerning planned satellite networks and in particular information related to provisions for space services subject to a Plan under Appendices 30, 30A and 30B of the Radio Regulations.

More >
Appendices 30/30A BSS Plan >
Appendix 30B FSS Plan >

Cost recovery

In accordance with Resolution 88 rev of the Plenipotentiary Conference (Marrakech, 2002) and Council Decision 482 modified (C2008), cost recovery is to apply to satellite network filings received by the Radiocommunication Bureau after 7 November 1998.

More >
Invoices Issued >
Free Entitlement >

Space Support

Information about electronic filing, space services publications and databases; also documents related to seminars and workshops organized by the Radiocommunication Bureau.

More >
FAQ >
Space software >

Non-geostationary-satellite networks

The following pages provide information on the regulatory procedures for the submission and registration of frequency assignments to non-geostationary-satellite networks, including information on small satellites, and on EPFD related issues.

NGSO satellite networks >
API for NGSO satellite networks >
EPFD Validation >

SNS and SNL Online

The SNS online (TIES account or subscription required) enables access to the data of planned and non-planned satellite networks, earth stations and radio astronomy stations. The SNL online (free access) provides a list of these networks and their associated official publications based on a set of query criteria.

SNS Online >
SNL Online >
Pilot ITU SpaceExplorer >

图 8-4　空间业务部介绍

8.2.1.3　空间业务支持

本部分提供空间网络电子资料的申报、空间业务公布信息和数据库以及各类研讨会和数据库信息。本部分包含"要闻""研讨会""EPFD""常见问题""文件支持""其他""相关资源"等栏目。

"要闻"栏目主要包括不需要协调的 API 卫星网络信息、NGSO 卫星网络信息、卫星网络文件的电子提交文件等信息。

"研讨会"栏目中包括 WRS-2020、WRS-18 太空研讨会、2017 年国际电信联盟卫星研讨会、国际电信联盟小卫星监管和通信研讨会以及其他研讨会。

"EPFD"栏目中包括 EIRP/PFD 掩码信息的 XML 格式定义、EPFD 数据和 EPFD 检测结果、EPFD 限度验证的一般信息、EPFD 软件和 EPFD 验证支持。

"常见问题"栏目中包括常见问题-提交和登记卫星网络和地面站的管理程序、卫星网络文件电子提交、BR IFIC DVD-ROM、太空服务网站。

"文件支持"栏目中包括获取协调协议的新工具、国际电信联盟小卫星备案程序、主动和被动空间传感器、卫星操作单位资料编制与提交。

"其他"栏目中包括命名原则、在 UAS CNPC 链接上提交信息、固定卫星服务中典型地面站的提交。

"相关资源"栏目中包括国际电联无线电通信局通知和空间业务软件。

8.2.1.4　无线电通信局《国际频率信息通报》

第 4 章已对此有专门介绍，此处重点介绍相关网站的情况。

国际电联无线电通信局《国际频率信息通报》是一项电子形式的服务型文件，按照《无线电规则》第 20.2 款到第 20.6 款以及第 20.15 款的要求，由国际电联无线电通信局每两周出版一期。

本部分网站内容的第一部分是对《国际频率信息通报》的简要介绍，以及通过国际电信联盟网上书店订购《国际频率信息通报》的相关链接。如图 8-5 所示，单击相关链接可以获取相关的信息。

此外，本栏目还包括"BR IFIC 信息""新闻""BR IFIC 内容""线上数据库""其他连接""特殊出版物""BR IFIC 下载"以及"BR IFIC 附加信息"8 个栏目。

"BR IFIC 信息"这一栏目主要内容如图 8-6 所示。

The BR International Frequency Information Circular (Space Services) (BR IFIC) is a service document in DVD-ROM format containing particulars of frequency allotments and assignments to space services.

It is published once every two weeks by the Radiocommunication Bureau in accordance with provision No. **20.2** to **20.6** and No. **20.15** of the Radio Regulations.DVDs containing BR IFIC are delivered to Administrations and BR IFIC subscribers. The ISO copy of the BR IFIC in DVD-ROM can also be downloaded by them.

Please contact the helpdesk spacehelp@itu.int for questions or difficulties regarding BR IFIC (Space Services).

NEW: The BR IFIC (Space services) online is available on Beta version

- Preface to the BR IFIC (Space Services)
- Circular letter CR/237 (26 October 2011)

- To order online the BR IFIC
- To order the Space Services WIC/IFIC - Annual collection

图 8-5　《国际频率信息通报》基本情况介绍

BR IFIC INFORMATION

› Table of contents of the BR IFIC

› BR IFIC Schedule of Publication

› Description of the databases

› Presentation for BR IFIC (Space Services)

› Presentation for Preface

图 8-6　"BR IFIC 信息"栏目

其中较重要的是"Table of contents"，单击这一链接后会前往《国际频率信息通报》的查询系统。这一系统可以向用户提供按照不同查询条件的组合查询相关信息的功能。通过勾选不同的"程序类型"选项可以选择不同的资料类型，如提前公布资料、协调资料等。需要指出的是，该查询系统默认选中所有的资料类型和卫星网络，但默认不选中地球站。查询系统的界面如图 8-7 所示。

图 8-7　BR IFIC 的查询界面

另外，单击"Schedule of publication"链接可以列出 BR IFIC 的年度公布计划，图 8-8 是 2023 年度的《国际频率信息通报》公布计划，包括编号和公布的日期。

Year 2023			
BRIFIC No.	Date of publication	BRIFIC No.	Date of publication
2987	10.01.2023	3000	11.07.2023
2988	24.01.2023	3001	25.07.2023
2989	07.02.2023	3002	08.08.2023
2990	21.02.2023	3003	22.08.2023
2991	07.03.2023	3004	05.09.2023
2992	21.03.2023	3005	19.09.2023
2993	04.04.2023	3006	03.10.2023
2994	18.04.2023	3007	17.10.2023
2995	02.05.2023	3008	31.10.2023
2996	16.05.2023	3009	14.11.2023
2997	30.05.2023	3010	28.11.2023
2998	13.06.2023	3011	12.12.2023
2999	27.06.2023		

图 8-8　BR IFIC 的 2023 年度公布计划

"特殊出版物"栏目中比较重要的是 609 决议磋商会议的相关链接。

世界无线电通信大会通过了 609 决议，并在 WRC-07 会议上进行了修改。根据这一决议，正在使用或计划使用 ARNS 系统的主管部门和 1 164～1 215 MHz 频段使用 RNSS 系统的主管部门之间要定期举行磋商会议，以达到保护 ARNS 系统的目的。"特殊出版物"栏目提供了 609 决议磋商会议的专用网站的链接、会议的职责范围以及截至目前所有会议的决定和集总 EPFD 计算结果。

8.2.1.5　《国际频率信息通报》前言

《国际频率信息通报》前言（Preface）是对 BR IFIC 光盘、SRS DVD 光盘以及空间网络系统数据库的内容和结构的解释性文件。在"BR IFIC 前言"栏目（如图 8-9 所示）中提供 6 种语言的文件全文下载地址。

Title	Type	Date	Name	from BRIFIC	File Size	Category
English	📄	October 2023	preface_e.pdf	BRIFIC 3006	9793 KB	Preface
Español	📄	Octubre de 2023	preface_s.pdf	BRIFIC 3006	10327 KB	Preface
Français	📄	Octobre 2023	preface_f.pdf	BRIFIC 3006	10439 KB	Preface
Русский	📄	октябрь 2023 г.	preface_r.pdf	BRIFIC 3006	11299 KB	Preface
عربي	📄	اكتوبر 2023	preface_a.pdf	BRIFIC 3006	12621 KB	Preface
中文	📄	2023 年10月	preface_c.pdf	BRIFIC 3006	11347 KB	Preface

图 8-9　"BR IFIC 前言"的下载界面

8.2.1.6　成本回收

按照国际电信联盟全权代表大会 88 号决议，以及理事会 482 号决议的要求，从 1998 年 11 月 7 日起，对向国际电联无线电通信局申报的卫星网络资料征收成本回收费用，如图 8-10 所示。

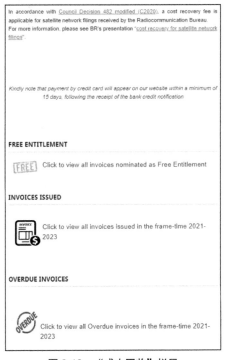

图 8-10　"成本回收"栏目

如图 8-10 所示，在"成本回收"栏目中单击" "图标，输入主管部门缩写后，可以查询到 2021—2023 年期间开具的所有发票，包括卫星网络资料的类别、发票编号、发票开具日期、发票金额、发票到期的时间以及是否缴费等情形。单击" "图标，可以查询到近几年各主管部门报送的年度免费网络的名称。单击" "图标，可以查看 2021—2023 年度已经过期的发票以及对应的卫星网络名称。

"成本回收"栏目中还提供以下相关信息：

- 相关文件的下载链接。其中包括 482 号决议的各个版本，其他理事会和全权代表大会的决定，以及解释修订情况的 CR/295 和 CR/245 号决议；

- 如何利用 SpaceCap 软件估算卫星网络成本回收费用的方法；
- 理事会关于卫星网络成本回收特设组的链接。

8.2.1.7　空间业务规划

空间业务规划的链接提供关于按照《无线电规则》附录 30、附录 30A 和附录 30B 所规定的程序和规则申报卫星广播业务和卫星固定业务规划的相关信息。单击图 8-11 中的"Space Plans"链接后，可以打开"空间业务规划"栏目。

图 8-11　"空间业务规划"栏目

其中"Appendices 30&30A BSS Plan"和"Appendix 30B FSS Plan"两个链接分别指向卫星广播业务规划和卫星固定业务规划的页面，分别提供相关的工具软件，如"Space Plans Systems"（SPS）软件等工具和卫星广播业务、卫星固定业务规划卫星网络的周报数据文件。"Master Register"链接列出了已经投入使用的卫星广播业务、卫星固定业务规划卫星网络。

由于《无线电规则》附录 30、附录 30A 和附录 30B 的规则比较复杂，为了帮助各主管部门熟悉这些规则，国际电信联盟曾多次举办研讨会和培训班。在"Seminar Papers"链接中，提供了大量的研讨会的会议材料，供大家学习使用。

8.2.1.8　空间业务数据库

（1）空间网络列表

空间网络列表（SNL）列出了计划中的和现实的空间电台、地球站和射电天文台的基本信息。SNL 包括不同的节，分别纳入了提前公布资料、协调资料和通知资料等，同时还包括这些资料的 backlog。SNL 的详细信息可以在 232 号通函中找到。

　　SNL 分为 A、B、C 3 个部分。A 部分提供了频谱的使用、对地静止轨道和非对地静止轨道的占用信息。B 部分提供了与空间服务有关的所有参考出版物（特殊部分和部分）的信息。C 部分提供了国际电联无线电通信局已收到但尚未公布的网络资料。下面分别介绍 SNL 3 个部分的情况。

　　如图 8-12 所示，SNL 的 A 部分的重要功能是以频段和轨位为条件查询卫星网络的列表。制定空间网络清单的目的在于，全面地向各主管部门通报规划的或现有的空间台站和地球站，尤其是提供有关频谱使用、对地静止轨道的占有以及所有与空间业务相关的参照公布资料上（特节与各部分）的非对地静止轨道的信息。

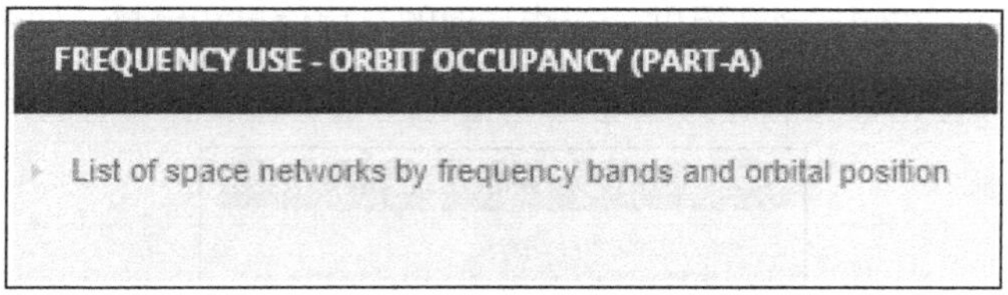

FREQUENCY USE - ORBIT OCCUPANCY (PART-A)

> List of space networks by frequency bands and orbital position

图 8-12　SNL 的 A 部分

　　SNL 的 B 部分是空间网络查询系统。"Query by Special Section name"这一链接使浏览者能够按照特节号或主管部门编号查询卫星网络资料。"Query by group of Special Sections"能使用户在按照特节号和部分查询的基础上，通过选择其他附加的筛选条件进行检索。单击"Definition of the Special Sections"会跳转到"special Section_e.pdf"文件预览界面，可以通过页面进行文件的下载。其他的筛选条件位于页面的下方，如图 8-13 所示。

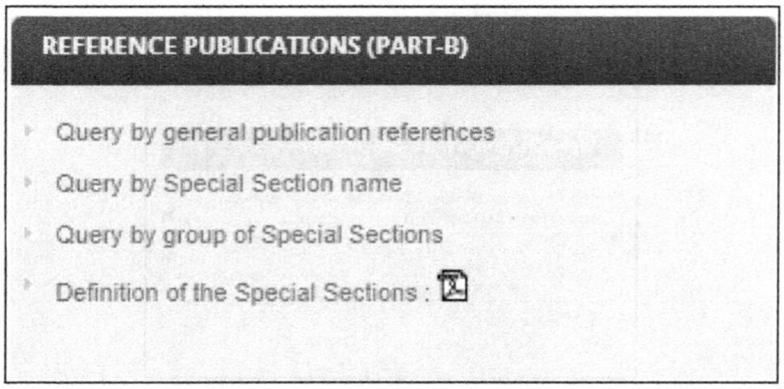

REFERENCE PUBLICATIONS (PART-B)

> Query by general publication references
> Query by Special Section name
> Query by group of Special Sections
> Definition of the Special Sections : 📄

图 8-13　SNL 的 B 部分

按照《无线电规则》55 号决议的要求，国际电联无线电通信局应在收到协调请求和通知后 30 天内，将这些"已收悉"的资料在《国际频率信息通报》和网站上公布。SNL 的 C 部分是为了公布这些资料设置的网络链接，相关的公布信息可以通过单击图 8-14 中的链接访问。

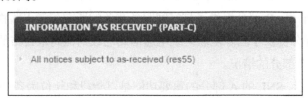

图 8-14　SNL 的 C 部分

单击"All notices subject to as-received(res55)"就可以访问国际电联无线通信局已经收悉，但尚未在《国际频率信息通报》中公布的卫星网络的协调请求资料。

在 SNL 页面的右侧，网站提供了一些其他的有用信息和链接，如图 8-15 所示。前面没有介绍到的主要有：

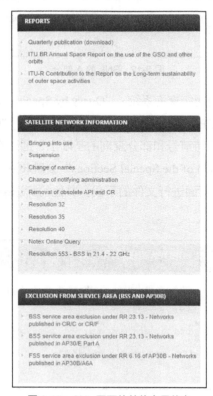

图 8-15　SNL 页面的其他有用信息

① 国际电信联盟关于对地静止轨道和其他轨道使用的年度空间报告;

② ITU-R 对《外层空间活动长期可持续性报告》的贡献;

③ 投入使用的卫星网络列表;

④ 停止使用的卫星网络列表;

⑤ 卫星网络名称的更改;

⑥ 卫星网络通知主管部门的更改;

⑦ 按照《无线电规则》第 6.1.6 款网络出版的 AP30B/A6A 排除 FSS 服务区域;

⑧ 在 21.4~22 GHz 的 BSS;

⑨ 按照《无线电规则》第 23.13 款网络出版的 AP30B/E A 部分排除 BSS 服务区域;

⑩ 按照《无线电规则》第 3.13 款网络出版的 CR-C 或者 CR-F 排除 BSS 服务区域。

（2）空间网络系统

空间网络系统（SNS）在线查询系统是国际电联无线电通信局提供的一项注册在线服务。数据库包含超过 4 400 份静止轨道卫星、2 700 份非静止轨道卫星和 7 700 份地球站的卫星网络资料。SNS 是需要按年注册的服务，同时对 TIES 注册用户免费开放。

整个在线查询系统的界面分为以下几部分。

SNS 在线查询系统第一部分提供对于该系统的描述文档的下载链接（如图 8-16 所示），另外还提供了 SNS 数据库数据结构变动的描述，这两部分均为 PDF 文档。

SNS Database	
Description (Pdf document:see Section III)	View the description of the SNS database (INGRES and MS/ACCESS) in a PDF document: Section III of the Preface
SNS Database Changes	View the description of structural changes to SNS database (INGRES and MS/ACCESS)

图 8-16　SNS 数据库介绍

SNS 查询系统第二部分提供查询功能（如图 8-17 所示），这也是整个系统的核心。这部分主要有以下几种查询功能。

Query Systems	
General Query System (non-planned bands)	Navigate through SNS database using predefined queries to retrieve a list of satellites or earth stations. Select a specific satellite or earth station and view all the beams/antennas, frequencies, emissions, coordination information for the selection.
Space Plans Query System	allows you to navigate through the SNS database (planned service)using predefined queries. Use the system in case you want to retrieve a list of satellites in the planned services and then 'navigate' through a specific satellite. View all the beams, frequencies, emissions, coordination information of the selected station.
Query for retrieving database for SPACECAP	Retrieve database to create First Notification space station notice or to update coordination status at Resubmission of space station notice by SPACECAP (CR/493 refers).
Suppressed and Removed Notices Query System	Display notices in the SNS database which have been suppressed or removed. Use the query in case you want to retrieve a list of suppressed or removed satellites or earth stations.
Advance Publication Query System	Retrieve advance publication data from the database. Based on your input parameters retrieve a list of satellites and get the summary information of your selection. To get information on API subject to coordination, use the next link **SpaceWISC API Query**.
SpaceWISC API Query	Retrieve advance publication subject to coordination data submitted through the SpaceWISC Web Application. Based on your input parameters retrieve a list of satellites and get the summary information of your selection.
Res49/Res552 Publication Query System	Retrieve Due Dilligence publication data from the database. Based on your input parameters retrieve a list of satellites and get the summary information of your selection
Removal of obsolete API and CR	Display the list of obsolete information on Advance Publication Information and Coordination Requests which have been removed from SRS and SPS databases.
Regulatory Dates and Unique Frequency Bands	Display the list of Regulatory Dates by Unique Frenquencies on Coordination and Notification Filings.
Notex Online Query	Notex Online Query provides information on the status of 11.32A examination as well as the status of assignments recorded under 11.41 in application of No. 11.41A.
Special Query System	Use complex queries to retrieve data specifying parameters as frequency range, longitude, etc. Launch queries to find slots for geostationary satellites, or find the satellites working in specified frequency range.
Query Search and Query Builder	Find predefined queries with selected data items and/or create your own query using Query Builder.
Graphics System	Have access to gain diagrams, gain versus orbit diagrams and service area diagrams of satellite beams (available only using Graphical Interference Management System - GIMS). View available earth station coordination contour diagrams using the General Query System and selecting 'Earth Station' from the radio buttons.

图 8-17　SNS 查询系统

① 通用查询系统（非规划频段）

通过单击"General Query System (non-planned bands)"链接，可以进入该系统的主界面，如图 8-18 所示。

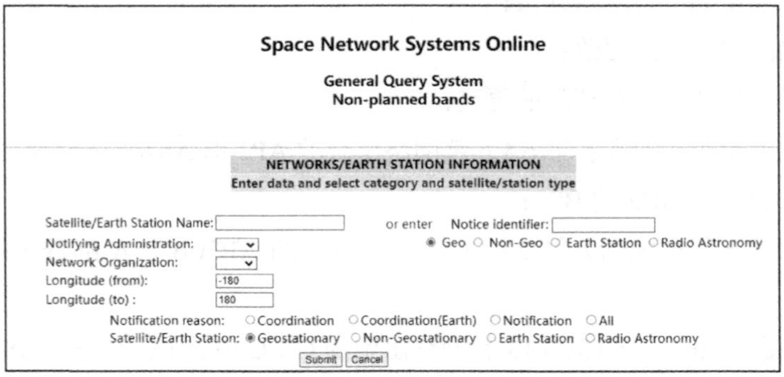

图 8-18　通用查询系统

系统可以通过卫星/地球站名称（或通知编号）、通知主管部门、网络组织、经度范围、资料的类型、处理的状态以及卫星、地球站的类型的不同组合满足使用者不同的查询需求。

② 空间规划查询系统

如图 8-19 所示，系统可以通过卫星名称、通知主管部门、网络组织、经度范围以及资料的类型（卫星广播业务规划和列表或卫星固定业务规划）的不同组合满足使用者不同的查询需求。

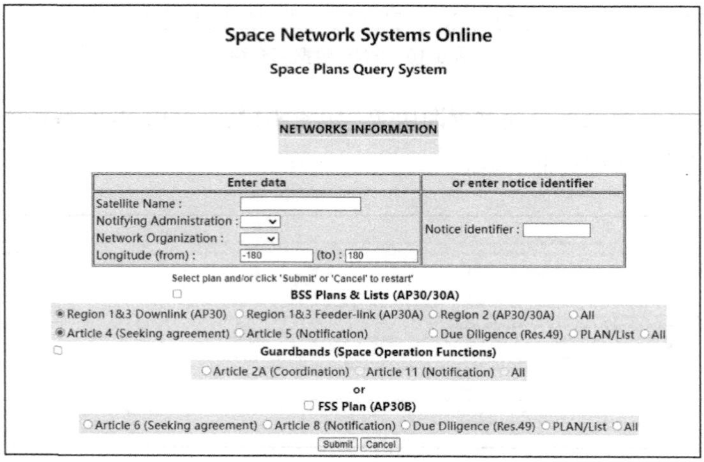

图 8-19　空间规划查询系统

③ SpaceCap 数据库查询系统

如图 8-20 所示，使用者可以通过勾选检索首次通知的 API 数据库、首次通知的协调请求数据库、重新提交的 Part Ⅲ-S 数据库，通过填写卫星网络名称检索上述信息，使用 SpaceCap 数据库生成第一次通知资料或更新重新提交通知资料的协调状态（参见 CR/483）。

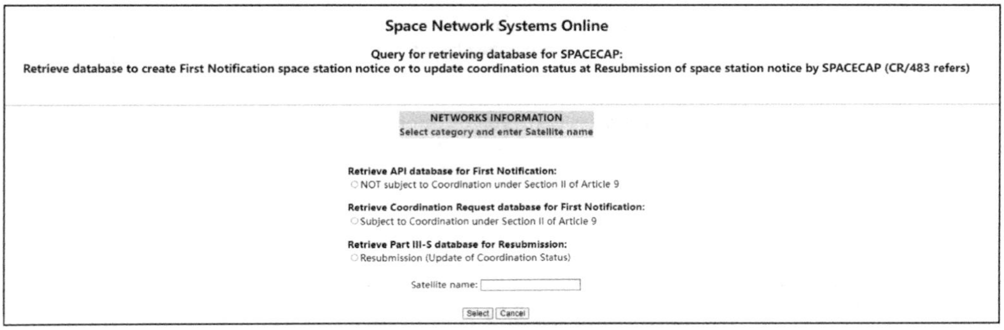
Space Network Systems Online

Query for retrieving database for SPACECAP:
Retrieve database to create First Notification space station notice or to update coordination status at Resubmission of space station notice by SPACECAP (CR/483 refers)

NETWORKS INFORMATION
Select category and enter Satellite name

Retrieve API database for First Notification:
○ NOT subject to Coordination under Section II of Article 9

Retrieve Coordination Request database for First Notification:
○ Subject to Coordination under Section II of Article 9

Retrieve Part III-S database for Resubmission:
○ Resubmission (Update of Coordination Status)

Satellite name:

Select　Cancel

图 8-20　SpaceCap 数据库查询系统

④ 失效卫星网络查询系统

如图 8-21 所示，系统可以通过卫星/地球站名称（或通知编号）、通知主管部门、网络组织、经度范围、资料的类型、处理的状态以及卫星、地球站的类型的不同组合满足使用者不同的查询需求。

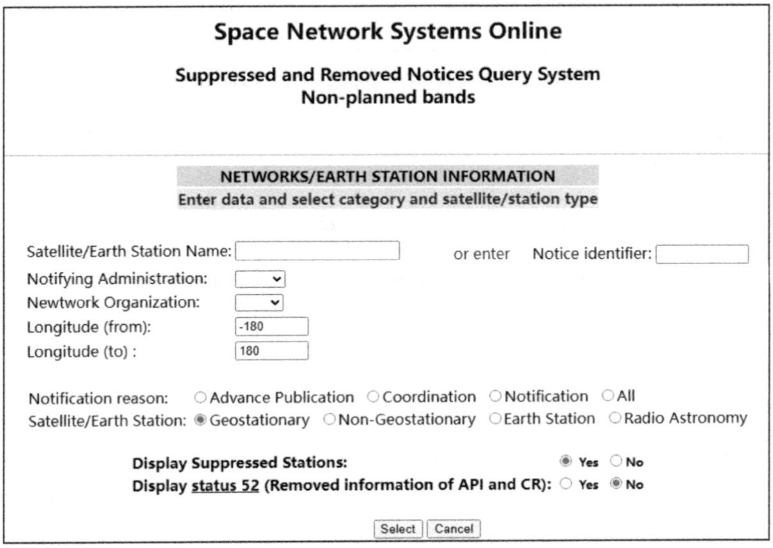
Space Network Systems Online

Suppressed and Removed Notices Query System
Non-planned bands

NETWORKS/EARTH STATION INFORMATION
Enter data and select category and satellite/station type

Satellite/Earth Station Name:　　or enter　Notice identifier:
Notifying Administration:
Newtwork Organization:
Longitude (from): -180
Longitude (to) : 180

Notification reason: ○ Advance Publication ○ Coordination ○ Notification ○ All
Satellite/Earth Station: ◉ Geostationary ○ Non-Geostationary ○ Earth Station ○ Radio Astronomy

Display Suppressed Stations: ◉ Yes ○ No
Display status 52 (Removed information of API and CR): ○ Yes ◉ No

Select　Cancel

图 8-21　非规划频段失效卫星网络查询系统

⑤ 提前公布资料查询系统

如图 8-22 所示，系统可以通过卫星网络名称、通知主管部门、网络组织、经度范围、频率范围、接收日期以及卫星轨道类型的不同组合满足使用者不同的查询需求。

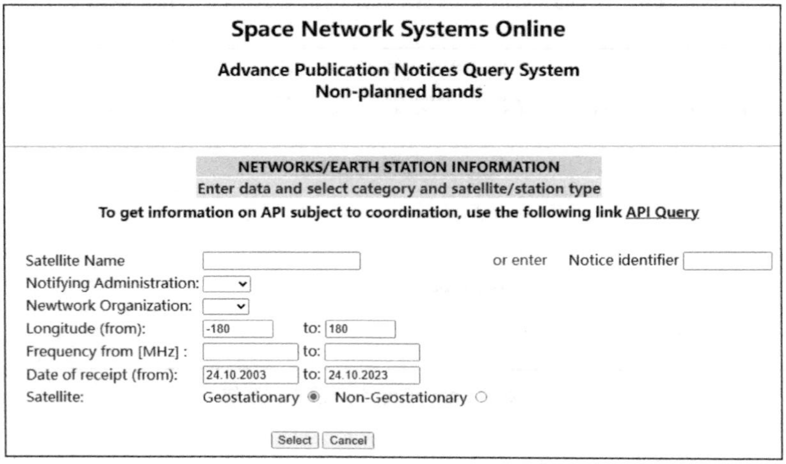

图 8-22　非规划频段提前公布资料查询系统

⑥ 决议 49 或决议 552 信息查询系统

如图 8-23 所示，系统可以通过卫星网络名称、卫星商业名称、通知主管部门、网络组织、经度范围以及卫星轨道类型的不同组合满足使用者不同的查询需求。

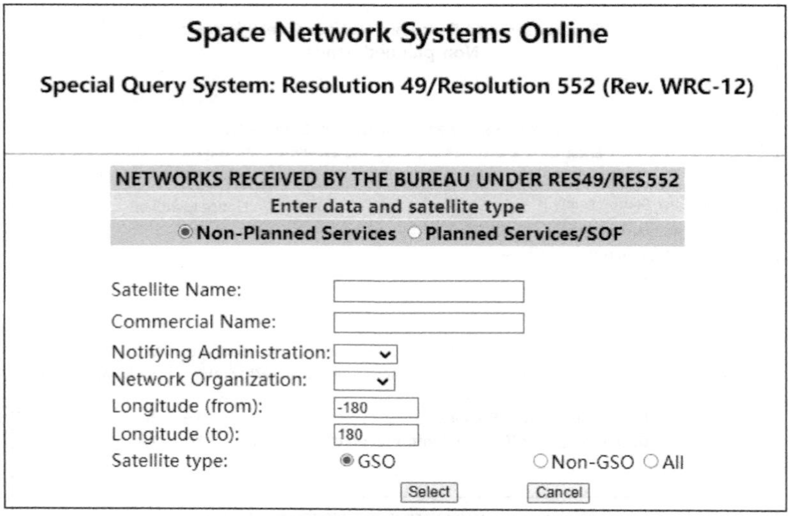

图 8-23　决议 49 或决议 552 信息查询系统

⑦ 已删除的 API 和 C 资料信息查询

如图 8-24 所示，使用者可以通过卫星名称、通知主管部门、网络组织和删除时的 IFIC 期号，查询过期的 API 和 C 资料信息。网站可以显示已从 SRS 和 SPS 数据库中删除的 API 和 C 资料信息列表。

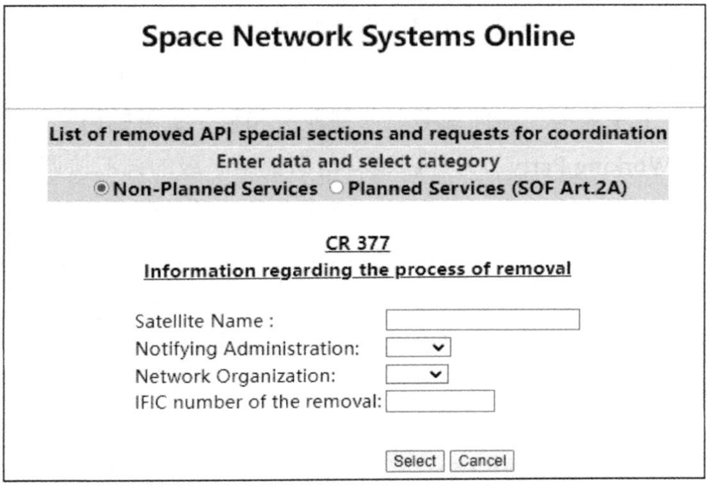

图 8-24　已删除的 API 和 C 资料信息查询

⑧ 卫星网络资料各频段规划时限查询

如图 8-25 所示，使用者通过卫星名称、通知主管部门、网络组织、经度范围或者通过标识符，同时勾选资料和卫星类型，来查询协调和通知资料各频段的规划时限。

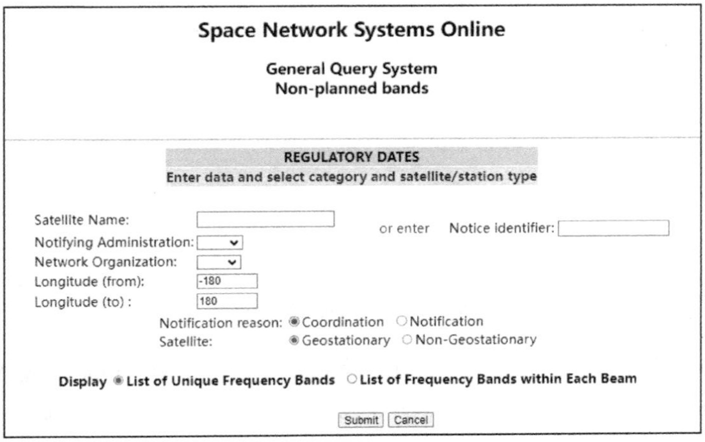

图 8-25　卫星网络资料规划时限

8.2.2　相关研究组网站的信息

开展相关研究是国际电联无线电通信部门的重要职责之一。无线电通信全会（RA）是负责无线电通信研究组结构、计划并批准研究成果的机构。无线电通信全会每 3~4 年召开一次，会期通常同世界无线电通信大会连在一起。按照无线电通信全会第 4 号决议的规定，无线电通信部门目前共有 6 个研究组，分别负责频谱管理、电波传播、卫星业务、地面业务、广播业务和科学业务的研究，每个研究组下设若干工作组（Working Party），另外还设有与研究组平级的词汇协调委员会（CCV）。每个研究组和工作组均有其专门的网站。空间业务涉及的研究组较多，如第四研究组、第七研究组和特别委员会等。由于在网站上操作时，各组的使用方法和结构大同小异，在此以第四研究组为例介绍研究组网站的功能和使用方法。

首先第四研究组网站提供了第四研究组的主要研究领域。单击"More"会跳转到 PDF 文件，如图 8-26 所示。

```
Satellite services                                    itu.int/go/itu-r/sg4

Scope

Systems and networks for the fixed-satellite service, mobile-satellite service,
broadcasting-satellite service and radiodetermination-satellite service.

Structure

Three Working Parties (WPs) carry out studies on Questions assigned to Study Group
(SG) 4:

    WP 4A    Efficient orbit/spectrum utilization for the fixed-satellite service (FSS)
             and broadcasting-satellite service (BSS)

    WP 4B    Systems, air interfaces, performance and availability objectives for the
             fixed-satellite service (FSS), broadcasting-satellite service (BSS) and
             mobile-satellite service (MSS), including IP-based applications and
             satellite news gathering (SNG)

    WP 4C    Efficient orbit/spectrum utilization for the mobile-satellite service
             (MSS) and the radiodetermination-satellite service (RDSS).[1]
```

图 8-26　第四研究组概况

如图 8-27 所示，第四研究组网站还提供该组负责的课题（Questions）、建议书和报告书的链接，单击后可以看到相应的文件列表。上述课题、建议书和报告书均可以免费下载。

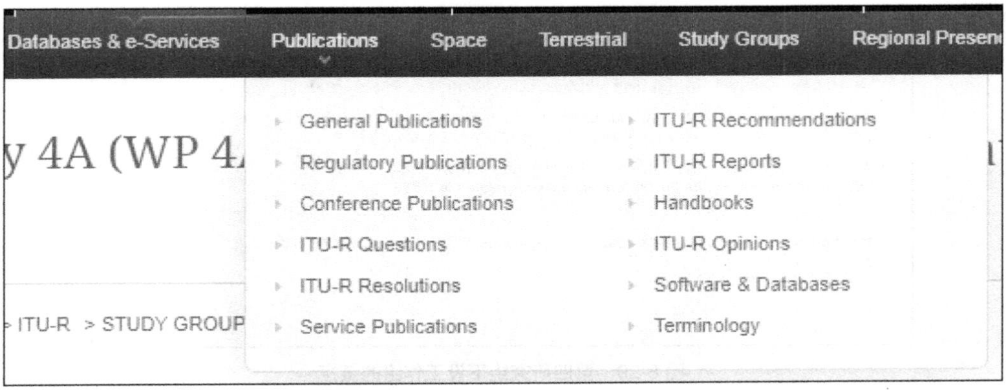

图 8-27　第四研究组课题、建议书和报告书的链接

如图 8-28 所示，第四研究组网站还提供下一次研究组会议的会议信息，同时还提供进入研究组/工作组共享站点等的链接。

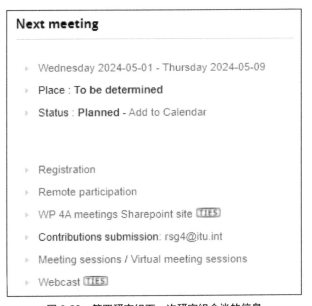

图 8-28　第四研究组下一次研究组会议的信息

通过图 8-29 所示的链接可以访问第四研究组下设的 3 个工作组（4A、4B 和 4C）的站点。

单击图 8-29 中的第一个链接可以进入 4A 工作组的网站。4A、4B 和 4C 工作组网站的结构和使用方法与第四研究组的大同小异，这里不再赘述。

图 8-29　第四研究组下设工作组的链接

图 8-30 中所示的链接提供第四研究组的各类文件，如输入文稿（Contributions）、研究组会议纪要（Summary Record）、行政文件（Administrative Documents）、信息文件（Information Documents）以及临时文件（Temporary Documents）。各类相关的行政通函也可以在这里获取。

图 8-30　第四研究组的各类文件

单击图 8-30 中的输入文稿（Contributions）链接，可以进入下载输入文稿的页面。如图 8-31 所示，该列表包含了文稿编号、收到文稿日期、文稿提交者和文稿题目。单击文稿编号可以进入文稿下载页面并下载文稿。如果需要下载多篇文稿，可以勾选图 8-31 左边的方框，并单击最下方的"Zip and download"选项，网站会将所选的文稿打包后供用户下载。其他类型的文稿获取方式与此类似。

其他研究组的研究内容同空间业务或多或少有所关联，其网站结构和使用方法与第四研究组基本相同，读者可以参照第四研究组网站的介绍使用这些网站获取所需的信息。

Results:667 total items.

Result page: 1 · 2 · 3 · 4 · 5 · 6 · 7 · 8 · 9 · 10 · 11 · 12 · 13 · 14 · Next ▶

Contributions ▼

Number	Title	Source	All/Question Filter... ▾	Date
[467]	Proposed updates to working document towards a preliminary/draft new Recommendation ITU-R S.[INTERFERENCE-NGSO]	OneWeb		2023-06-20
[466]	Working document towards a draft new Report on Article 22 epfd limits Issues [EPFD_LIMITS_ISSUES] - Analysis of the issues related to Article 22 epfd limits	Tonga (Kingdom of) · Ecuador		2023-06-20
[465]	Working document towards a preliminary draft new Report on WRC-23 agenda item 7, Topic A	Tonga (Kingdom of) · Lithuania (Republic of)	AI7A	2023-06-20
[464]	Working document towards a preliminary draft new Report ITU-R S.[SCALING_FACTOR] - Studies on the pfd scaling factor to be applied to non-GSO FSS constellations with 1 000 or more space stations operating in the 17.3-19.3 GHz band	Tonga (Kingdom of)		2023-06-20
[463]	Working document towards a preliminary draft revision of Recommendation ITU-R S.1503 - Focus on Worst-Case Geometry - Reasons why there is no need to modify S.1503 to introduce testing at geometries other than the Worst-Case Geometry	Tonga (Kingdom of)		2023-06-20
[462]	Working document towards a preliminary draft revision of Recommendation ITU-R S.1503 - Focus on Alpha Tables - Analysis of the ability of the current Alpha Tables algorithm to closely match typical satellite selection strategies and maximize efficient use of spectrum	Tonga (Kingdom of)		2023-06-20
[461]	Proposed updates to working document towards a preliminary/draft new Recommendation ITU-R S.[INTERFERENCE-NGSO]	Tonga (Kingdom of)		2023-06-20
[460]	Draft revision of Recommendation ITU-R S.1503-3	Tonga (Kingdom of)		2023-06-20
[459]	Proposed draft revision to Recommendation ITU-R S.1428	Tonga (Kingdom of)		2023-06-20
[458]	Proposed draft revision to Recommendation ITU-R BO.1443	Tonga (Kingdom of)		2023-06-20
[457]	Methodology to adapt the operation of all non-GSO FSS systems to meet the aggregate interference	ViaSat, Inc.		2023-06-20
[456]	Discussion on possible methodologies to compute the aggregate interference from non-GSO systems	ViaSat, Inc.		2023-06-20
[455]	Study on limits on non-GSO-to-GSO transmissions in the 27.5-29.1 and 29.5-30.0 GHz bands to protect non-GSO FSS space stations	Inmarsat Global Limited		2023-06-20
[454]	Orbital tolerance - Analysis of ITHA altitude of different operational non-GSO systems	Inmarsat Global Limited		2023-06-20
[453]	Preliminary draft revision of Recommendation ITU-R S.1503-3 - Clarifications of the options available to administrations to define a non-GSO earth station antenna pattern	France		2023-06-20
[452]	Working document towards a preliminary draft revision of Recommendation ITU-R S.1503 - Back lobe gain values in reference GSO antenna patterns to be used for the computation of EPFD statistics	France		2023-06-20
[451]	Draft new Report on fuselage attenuation for earth stations in motion (ESIM) in the 27.5-29.5 GHz band	ViaSat, Inc.		2023-06-20
[450]	Proposed modifications to the working document towards a preliminary draft new Report on WRC-23 agenda item 7, Topic A - Tolerances for certain orbital characteristics of non-GSO space stations in the FSS, BSS, and MSS	Canada	AI7A	2023-06-20
[449]	Submission of satellite system characteristics as per recommends 4 of Recommendation ITU-R S.1323-4 - Satellite system characteristics to be considered in frequency sharing analyses within the fixed-satellite service	Canada		2023-06-20

图 8-31　输入文稿的界面

附录1

国际电信联盟无线电通信部门简介

1 概述

国际电信联盟（ITU）是主管信息通信技术（ICT）事务的联合国机构，负责划分无线电频谱和卫星轨道位置等全球资源，制定技术标准以确保通信网络和技术的无缝互联，并努力为世界欠发达地区提供 ICT 接入。

国际电信联盟现有 193 个成员国及包括公司、大学、国际或区域性电信组织在内的约 900 个部门成员、部门准成员和学术机构，其总部设在瑞士日内瓦，并在世界各地设有 12 个区域和地区代表机构。国际电信联盟的工作语言为英文、法文、西班牙文、中文、俄文和阿拉伯文。

国际电信联盟的前身为国际电报联盟，是由法国、德国、俄罗斯等 20 个国家为顺利实现国际电报通信于 1865 年 5 月 17 日在巴黎成立的。1932 年，70 个国家的代表在西班牙马德里召开会议，把"国际电报联盟"更名为"国际电信联盟"，并沿用至今。1947 年国际电信联盟成为联合国的专门机构。

为适应电信科学技术发展的需要，国际电报联盟成立后，相继产生了 3 个咨询委员会：1924 年在巴黎成立了国际电话咨询委员会（CCIF）；1925 年在巴黎成立了国际电报咨询委员会（CCIT）；1927 年在华盛顿成立了国际无线电咨询委员会（CCIR）。1956 年，国际电话咨询委员会和国际电报咨询委员会合并成为国际电报电话咨询委员会（CCITT）。经过 100 多年的变迁，1992 年 12 月，为适应不断变化的国际电信环境，国际电信联盟对其体制、机构和职能进行了改革。改革后的最高权力机构是全权代表大会（Plenipotentiary Conference）。全权代表大会下设理事会（Council）、总秘书处（General Secretariat）、无线电通信部门（ITU-R）、电信标准部门（ITU-T）和电信发展部门（ITU-D）等。其中，无线电通信部门所承担的职责是确保所有无线电通信业务

（包括使用卫星轨道的无线电通信业务）合理、公平、有效和经济地使用频谱，开展有关无线电通信事宜的研究并批准相关建议书。

国际电信联盟每年召开 1 次理事会；每 4 年召开 1 次全权代表大会、世界电信标准大会和世界电信发展大会；每 3～4 年召开 1 次世界无线电通信大会（WRC）。

我国于 1920 年加入国际电报联盟，1932 年派代表参加了于马德里召开的国际电报联盟全权代表大会。1947 年于美国大西洋城召开的全权代表大会上，我国被选为行政理事会的理事国和国际频率登记委员会委员。中华人民共和国成立后，我国的合法席位一度被非法剥夺。直到 1972 年 5 月 30 日，国际电信联盟第 27 届行政理事会才正式恢复了我国在国际电信联盟的合法权利和席位，并先后由原邮电部、信息产业部及目前的工业和信息化部代表国家参加国际电信联盟的各项活动。

国际电信联盟无线电通信局（BR）作为国际电信联盟无线电通信部门的执行机构，负责协调无线电通信业务，并在国际层面进行无线电频谱和卫星轨道资源的管理，在无线电频谱和卫星轨道国际管理方面发挥着至关重要的作用。

2　无线电通信局

无线电通信局管理并负责的事务包括：

（1）为世界无线电通信大会、无线电通信全会（RA）和研究组（SG）提供行政和技术支持；

（2）《无线电规则》和各种区域性协议条款的应用和执行；

（3）记录并登记频率指配以及空间业务的轨道特性，维护《国际频率登记总表》；

（4）按照公平、有效、经济地使用无线电频谱和卫星轨道的原则，调查并帮助解决有害干扰问题，为成员国提供建议；

（5）负责协调由无线电通信部门拟定的通函、文件和出版物的准备、编辑和分发工作；

（6）就国家频率管理和无线电通信提供技术信息和组织研讨会，并在援助发展中国家的问题上与电信发展局密切合作。

3　世界无线电通信大会以及世界无线电通信大会的筹备会议

（1）世界无线电通信大会每 3～4 年举行一次，负责审议并在必要时修订《无线电规则》（RR）。会议议程的大致范围是提前 4～6 年确定的，国际电信联盟理事会在大会前两年制定出得到多数成员国认可的最终议程。

根据《国际电信联盟组织法》规定的职责范围，世界无线电通信大会的主要职责包括：

① 修订《无线电规则》和相关的频率指配和频率分配规划；

② 研究世界性无线电通信问题；

③ 向无线电规则委员会（RRB）和无线电通信局做出指示，并审议其活动；

④ 为筹备未来的世界无线电通信大会,确定供无线电通信全会及其研究组研究的课题。

（2）世界无线电通信大会筹备会议（CPM）是将各主管部门、特别委员会、无线电通信研究组及其他来源提交并供其审议的有关规则、技术、操作和程序问题的文稿加以综合，尽可能将原资料中的不同方法折中。折中后将不同意见包括在内，或者在各种方法不能折中时，包括不同意见及其理由，从而形成一份综合性报告，以支持世界无线电通信大会的工作。

4 无线电通信全会

无线电通信全会负责与无线电通信研究组有关的事务，通常每 2~3 年举行一次，主要职责有：

（1）向研究组分配大会筹备工作和其他课题；

（2）应对国际电信联盟大会的其他要求；

（3）就适宜的议题向未来的 WRC 提出建议；

（4）批准和发布 ITU-R 建议书以及研究组制定的 ITU-R 课题；

（5）确定研究组的工作计划，并根据需要解散或成立研究组。

5 无线电规则委员会

无线电规则委员会由 12 名委员组成。委员由全权代表大会选出，独立或兼职地履行职责。无线电规则委员会通常每年在日内瓦召开 4 次会议。无线电通信局主任担任委员会的执行秘书。

无线电规则委员会的职责包括：

（1）批准无线电通信局在实施《无线电规则》条款和登记成员国频率指配时使用的《程序规则》；

（2）研究解决无线电通信局转交的在应用《无线电规则》和《程序规则》时无法解决的问题；

（3）审议无线电通信局应主管部门的要求就未解决的干扰问题进行调查的报告，并形成解决问题的建议；

（4）向世界无线电通信大会和无线电通信全会提供咨询意见；

（5）研究讨论对无线电通信局所做的频率指配决定的异议；

（6）履行相关大会或理事会规定的附加职责。

6　无线电通信顾问组

根据国际电信联盟《国际电信联盟组织法》和《国际电信联盟公约》的规定，无线电通信顾问组（RAG）对以下事宜进行研究，并向无线电通信局主任提供咨询意见：

（1）审议部门内部通过的工作重点和战略；

（2）为研究组的工作提供指导；

（3）为加强与其他组织和国际电信联盟其他部门的合作与协调提出措施。

无线电通信顾问组的正副主席在无线电通信全会上选举产生。

7　无线电通信研究组

无线电通信研究组为世界无线电通信大会通过的决定奠定技术基础，制定与无线电通信事宜相关的全球标准（建议书）、报告和手册。

2007 年无线电通信全会决定设立的 ITU-R 研究组如下：

（1）1 研究组（SG 1）：频谱管理（Spectrum Management）；

（2）3 研究组（SG 3）：无线电波传播（Radio wave Propagation）；

（3）4 研究组（SG 4）：卫星业务（Satellite Services）；

（4）5 研究组（SG 5）：地面业务（Terrestrial Services）；

（5）6 研究组（SG 6）：广播业务（Broadcasting Services）；

（6）7 研究组（SG 7）：科学业务（Science Services）；

（7）词汇协调委员会（Coordination Committee for Vocabulary，CCV）；

（8）大会筹备会议（Conference Preparatory Meeting，CPM）。

根据特殊需求，可建立上述研究组的联合任务组。

各研究组下设的工作组有：

（1）第 1 研究组（SG 1）下设 3 个工作组，即：

① 1A 工作组（WP 1A）：频谱工程技术；

② 1B 工作组（WP 1B）：频谱管理方法和经济战略；

③ 1C 工作组（WP 1C）：频谱监测。

（2）第 3 研究组（SG 3）下设 4 个工作组，即：

① 3J 工作组（WP 3J）：传播要素；

② 3K 工作组（WP 3K）：点对面传播；

③ 3L 工作组（WP 3L）：电离层传播及无线电噪声；

④ 3M 工作组（WP 3M）：点对点和地对空传播。

（3）第 4 研究组（SG 4）下设 3 个工作组，即：

① 4A 工作组（WP 4A）：将频谱/轨道有效用于卫星固定业务和卫星广播业务；

② 4B 工作组（WP 4B）：卫星固定业务、卫星广播业务和卫星移动业务系统、空中接口、性能和可用性指标，其中包括基于 IP 的应用和卫星新闻采集；

③ 4C 工作组（WP 4C）：将频谱/轨道有效用于卫星移动业务和卫星无线电定位业务。

（4）第 5 研究组（SG 5）下设 4 个工作组，即：

① 5A 工作组（WP 5A）：除 IMT 外的 30 MHz 以上频段的陆地移动业务、固定业务中的无线接入、业余和卫星业余业务；

② 5B 工作组（WP 5B）：包括全球水上遇险和安全系统（GMDSS）在内的水上移动业务、航空移动业务和无线电测定业务；

③ 5C 工作组（WP 5C）：固定无线系统、高频（HF）和 30 MHz 以下频段的其他固定和陆地移动业务系统；

④ 5D 工作组（WP 5D）：国际移动通信系统。

（5）第 6 研究组（SG 6）下设 3 个工作组，即：

① 6A 工作组（WP 6A）：地面广播传输；

② 6B 工作组（WP 6B）：广播业务组合与接入；

③ 6C 工作组（WP 6C）：节目制作与质量评估。

（6）第 7 研究组（SG 7）下设 4 个工作组，即：

① 7A 工作组（WP 7A）：时间信号和频率标准发射，发射标准时间和频率信号的系统和应用（地面和卫星）；

② 7B 工作组（WP 7B）：空间无线电通信应用，用于空间操作、空间研究、地球探测卫星和气象卫星服务的遥控、跟踪和遥测数据传输/接收系统；

③ 7C 工作组（WP 7C）：遥感系统，地球探测卫星服务和 methods 服务系统中的主动和被动遥感应用，以及空间研究传感器，包括行星传感器；

④ 7D 工作组（WP 7D）：射电天文学，地面和天基射电天文学和雷达天文学传感器，包括空间甚长基线干涉测量。

8 无线电通信研讨会

无线电通信局每两年在日内瓦举行一次有关频谱管理的国际研讨会，同时特别针对发展中国家的具体需要组织召开区域性研讨会。无线电通信研讨会的主要目标是通过培训、情况通报、研讨、制定手册和提供频谱自动化管理工具等手段，在频谱管理活动方面向成员国提供帮助，在频率指配的协调和登记以及《无线电规则》应用方面扩大为成员国提供帮助的范围，同时特别关注发展中国家以及新加入国际电信联盟的国家的需求。

附录 2

国际电信联盟无线电管理法规简介

　　国际电信联盟无线电管理法规主要是指《国际电信联盟组织法》《国际电信联盟公约》《国际电联大会、全会和会议的总规则》，以及决定、决议和建议等一些基本文件以及《国际电信规则》与《无线电规则》。《国际电信联盟组织法》《国际电信联盟公约》等基本文件规定了国际电信联盟的基本准则、组织机构以及运作方法等基本问题，其中也包括对无线电通信部门机构、体制和职能所做出的明确规定。《国际电信联盟组织法》是基本法则，其条款由《国际电信联盟公约》补充。

　　《国际电信规则》和《无线电规则》作为两项行政规则，是《国际电信联盟组织法》和《国际电信联盟公约》在各自业务领域的具体补充。按照《国际电信联盟组织法》第 4 条的规定，成员国必须遵守这两项行政规则的条款。个别情况下，如《国际电信联盟组织法》与《国际电信联盟公约》和行政规则的条款有矛盾之处，应以《国际电信联盟组织法》为准；如《国际电信联盟公约》和行政规则的条款有矛盾之处，应以《国际电信联盟公约》为准。

　　在《国际电信联盟组织法》和《国际电信联盟公约》规定的总框架和原则下，《无线电规则》作为具体规定各类无线电业务开展方式的国际条约，对签约国具有强制性的约束力，是各国在国际无线电管理活动中的行为准则。

　　上述文件具体内容略。